面向新工科高等院校大数据专业系列教材

信息技术新工科产学研联盟数据科学与大数据技术工作委员会　推荐教材

Python Web Crawler Technology and Practice

Python网络爬虫技术与实践

吕云翔　张　扬　杨　壮

姚泽良　韩延刚　李彬涵 / 等编著

徐　羿　黄逸菲

机械工业出版社

CHINA MACHINE PRESS

本书介绍如何使用 Python 语言进行网络爬虫程序的开发，从 Python 语言的基本特性入手，详细介绍了 Python 爬虫程序开发的各个方面，包括 HTTP、HTML、JavaScript、正则表达式、自然语言处理、数据科学等不同领域的内容。全书共 14 章，分为基础篇、进阶篇、提高篇和实战篇四个部分，内容覆盖网络抓取与爬虫编程中的主要知识和技术。同时，本书在重视理论基础的前提下，从实用性和丰富度出发，结合实例演示了编写爬虫程序的核心流程。

本书适合 Python 语言初学者、网络爬虫技术爱好者、数据分析从业人员以及高等院校计算机科学、软件工程等相关专业的师生阅读。

本书配有授课电子课件，需要的教师可登录 www.cmpedu.com 免费注册，审核通过后下载，或联系编辑索取（微信：13146070618，电话：010-88379739）。

图书在版编目（CIP）数据

Python 网络爬虫技术与实践 / 吕云翔等编著. —北京：机械工业出版社，2023.5

面向新工科高等院校大数据专业系列教材

ISBN 978-7-111-72846-7

Ⅰ. ①P… Ⅱ. ①吕… Ⅲ. ①软件工具-程序设计-教材 Ⅳ. ①TP311.561

中国国家版本馆 CIP 数据核字（2023）第 050817 号

机械工业出版社（北京市百万庄大街 22 号 邮政编码 100037）

策划编辑：郝建伟　　责任编辑：郝建伟　胡　静

责任校对：张亚楠　解　芳　　责任印制：张　博

北京建宏印刷有限公司印刷

2023 年 6 月第 1 版第 1 次印刷

184mm×260mm・17.25 印张・449 千字

标准书号：ISBN 978-7-111-72846-7

定价：69.90 元

电话服务　　网络服务

客服电话：010-88361066　　机　工　官　网：www.cmpbook.com

010-88379833　　机　工　官　博：weibo.com/cmp1952

010-68326294　　金　书　网：www.golden-book.com

封底无防伪标均为盗版　　机工教育服务网：www.cmpedu.com

面向新工科高等院校大数据专业系列教材
编委会成员名单

（按姓氏拼音排序）

出版说明

党的二十大报告指出"加快发展数字经济，促进数字经济和实体经济深度融合，打造具有国际竞争力的数字产业集群。"当前，我国数字经济建设加速推进，作为数字经济建设的主力军，大数据专业人才需求迫切，高校大数据专业建设的重要性日益凸显，并呈现出以下四个特点：实用性、交叉性较强，专业设立日趋精细化、融合化；专业建设上高度重视产学合作协同育人，产教融合发展迅猛；信息技术新工科产学研联盟制定的《大数据技术专业建设方案》，使得人才培养体系、专业知识体系及课程体系的建设有章可循，人才培养日益规范化、标准化；大数据人才是具备编程能力、数据分析及算法设计等专业技能的专业化、复合型人才。

作为一个高速发展中的新兴专业，大数据专业的内涵和外延不断丰富和延伸，广大高校亟需能够系统体现大数据专业上述四个特点的教材。基于此，机械工业出版社联合信息技术新工科产学研联盟，汇集国内专家名师，共同成立教材编写委员会，组织出版了这套《面向新工科高等院校大数据专业系列教材》，全面助力高校新工科大数据专业建设和人才培养。

这套教材依照《大数据技术专业建设方案》组织编写，体现了国内大数据相关专业教学的先进理念和思想；覆盖大数据技术专业主干课程的同时，延伸上下游，涵盖云计算、人工智能等专业的核心课程，能够更好地满足高校大数据相关专业多样化的教学需求；引入优质合作企业的技术、产品及平台，体现产学合作、协同育人的理念；教学配套资源丰富，便于高校开展教学实践；系列教材主要参编者皆是身处教学一线、教学实践经验丰富的名师，教材内容贴合教学实际。

我们希望这套教材能够充分满足国内众多高校大数据相关专业的教学需求，为培养优质的大数据专业人才提供强有力的支撑。并希望有更多的志士仁人加入到我们的行列中来，集智汇力，共同推进系列教材建设，在建设数字社会的宏大愿景中，贡献出自己的一份力量！

面向新工科高等院校大数据专业系列教材编委会

前言

网络爬虫是一种数据采集技术，也是一种能够按照一定规则自动抓取互联网上信息的程序或脚本。一个常见的应用是搜索引擎的爬虫，它为搜索引擎爬取互联网上众多的网页，以便用户能够精确地在互联网上找到自己想要的内容。一般来讲，传统爬虫都是从一个或若干个初始网页的 URL 开始，不断分析页面上的元素并抓取需要的内容，或沿着层级不断深入抓取，或在页面同级遍历抓取，直到满足一定条件才会停止。爬虫在大数据的核心技术中也具有至关重要的作用，除了购买的数据集之外，爬虫爬取数据也是获取数据的一条主要途径。此外，所有被爬虫抓取到的数据都会被系统存储，进行一定的分析、过滤，并建立索引，以便之后的查询、检索和使用。

Python 是一种解释型、面向对象的、动态数据类型的高级程序设计语言，Python 语法简洁、功能强大，在众多高级语言中拥有十分出色的编写效率，同时还拥有活跃的开源社区和海量程序库，十分适合用来进行网络内容的抓取和处理。本书将以 Python 语言为基础，由浅入深地探讨网络爬虫技术，同时，通过具体的程序编写和实践来帮助读者了解与学习 Python 爬虫。

本书共分为 14 章，第 1 章、第 2 章介绍了 Python 语言和爬虫编写的基础知识。第 3 章介绍了静态网页采集。第 4 章讨论了 Python 对文件和数据的存储，涉及数据库的相关知识。第 5、6 章的内容针对相对复杂一些的爬虫抓取任务，主要着眼于动态网页内容的抓取、表单登录和验证码等方面。第 7 章涉及了对抓取到的原始数据的深入处理和分析。第 8～10 章旨在对爬虫程序进行更深入的探讨，基于爬虫介绍了多个不同主题的内容。第 11～14 章通过一些实战的例子来深入讨论如何应用爬虫编程的理论知识。

本书的主要特点如下。

- 内容全面，结构清晰：本书详细介绍了网络爬虫技术的方方面面，讨论了数据抓取、数据处理和数据分析的整个流程。全书结构清晰，坚持理论知识与实践操作相结合。
- 循序渐进，生动简洁：从最简单的 Python 程序示例开始，在网络爬虫的核心主题之下一步步深入，兼顾内容的广度与深度。在行文中，使用生动简洁的阐述方式，力争详略得当。
- 示例丰富，实战性强：网络爬虫是实践性、操作性非常强的技术，本书将提供丰富的代码来作为读者的参考，同时对必要的术语和代码进行解释。从实际出发，选取实用性、趣味性兼具的主题进行网络爬虫实践。

- 内容新颖，不落窠臼：本书中程序代码均采用 Python 3 版本，并使用了目前主流的各种 Python 框架和库来编写，注重内容的时效性。网络爬虫需要动手实践才能真正理解，本书最大限度地保证了代码与程序示例的易用性和易读性。

本书的编者为吕云翔、张扬、杨壮、姚泽良、韩延刚、李彬涵、徐羿、黄逸菲，曾洪立参与了部分内容的编写及资料整理工作。

由于编者水平有限，疏漏和不足之处在所难免，欢迎广大读者与我们交流讨论（yunxianglu@hotmail.com）。

编 者

目录

出版说明

前言

基 础 篇

进 阶 篇

提 高 篇

实 战 篇

基 础 篇

第1章 Python基础及网络爬虫

网络爬虫（Web Crawler），有时候也叫网络蜘蛛（Web Spider），是指这样一类程序——它们可以自动连接到互联网站点，并读取网页中的内容或者存放在网络上的各种信息，并按照某种策略对目标信息进行采集（如对某个网站的全部页面进行读取）。实际上，Google 搜索本身就建构在爬虫技术之上，像 Google、百度这样的搜索引擎会通过爬虫程序来不断更新自身的网站内容和对其他网站的网络索引。某种意义上说，我们每次通过搜索引擎查询一个关键词，就是在搜索引擎服务器的爬虫程序所“爬”到的信息中进行查询。当然，搜索引擎背后所使用的技术十分复杂，其爬虫技术通常也不是一般的个人所开发的小型程序所能比拟的。不过，爬虫程序本身其实并不复杂，只要懂一点编程知识，了解一点 HTTP 和 HTML，就可以写出属于自己的爬虫，实现很多有意思的功能。

在众多编程语言中，本书选择 Python 来编写爬虫程序，Python 不仅语法简洁，便于上手，而且拥有庞大的开发者社区和浩如烟海的模块库，对于普通的程序编写而言是极为便利的。虽然 Python 与 C/C++等语言相比可能在性能上有所欠缺，但毕竟瑕不掩瑜，是目前最好的选择。

学习目标

1．了解 Python 及其基础语法。
2．熟悉互联网与 HTTP（超文本传输协议）。
3．掌握爬虫的运行原理。
4．掌握 Python 环境的配置方法。

1.1 了解 Python 语言

Python 是目前最为流行的编程语言之一，下面对它的历史和发展做一些简单介绍，然后介绍 Python 的基本语法，对于没有 Python 编程经验的读者而言，可以借此对 Python 有一个初步的了解。

1.1.1 Python 是什么

Guido van Rossum 在 1989 年发明了 Python，而 Python 的第一个公开发行版发行于 1991 年。因为 Guido 是一部电视剧“Monty Python's Flying Circus”的爱好者，因此他将这种新的脚本语言命名为 Python。

从最根本的角度来说，Python 是一种解释型的、面向对象的、动态数据类型的高级程序设计语言。值得注意的是，Python 是开源的，源代码遵循 GPL（GNU General Public License）协议，这就意味着它对所有个人开发者是完全开放的，这也使得 Python 在开发者中迅速流行开来，来自全球各地的 Python 使用者为这门语言的发展贡献了很多力量。Python 的哲学是优雅、明确和简单。著名的“Zen of Python”（Python 之禅）这样说道：

“优美胜于丑陋，
明了胜于晦涩，
简洁胜于复杂，
复杂胜于凌乱，
扁平胜于嵌套，
间隔胜于紧凑，
可读性很重要，
即便假借特例的实用性之名，也不可违背这些规则，
不要包容所有错误，除非你确定需要这样做，
当存在多种可能，不要尝试去猜测，
而是尽量找一种，最好是唯一一种明显的解决方案，
虽然这并不容易，因为你不是 Python 之父。
做也许好过不做，但不假思索就动手还不如不做。
如果你无法向人描述你的方案，那肯定不是一个好方案；反之亦然。
命名空间是一种绝妙的理念，我们应当多加利用。”

2000 年发布了 Python 2.0 版本，Python 3.0 版本则于 2008 年发布，这一新版本不完全兼容之前的 Python 源代码。目前接触较多的是 Python 2.7 与 Python 3.5，以及更新一点的 Python 3.6，Python 3 在 Python 2 的基础上做出了不少很有价值的改进，Python 3.5 和 Python 3.6 也已逐步成为 Python 的主流版本，本书将完全使用 Python 3 作为开发语言。

1.1.2 Python 的应用现状

Python 的应用范围十分广泛，著名的应用案例包括：

- Reddit，社交分享网站，美国最热门的网站之一。
- Dropbox，文件分享服务。
- Pylons，Web 应用框架。
- TurboGears，另一个 Web 应用快速开发框架。
- Fabric，用于管理 Linux 主机的程序库。

- Mailman，使用 Python 编写的邮件列表软件。
- Blender，以 C 与 Python 开发的开源 3D 绘图软件。

国内的例子也很多，著名的豆瓣网（国内一家受年轻人欢迎的社交网站）和知乎（国内著名问答网站）都大量使用了 Python 进行开发。可见，Python 在业界的应用可谓五花八门，总结起来，在系统编程、图形处理、科学计算、数据库、网络编程、Web 应用、多媒体应用等各个方面都有 Python 的身影。在 2017 年的 IEEE Spectrum Ranking 中，Python 力压群雄，成为最流行的编程语言。众所周知，学习一门程序语言最有效的方法就是边学边用，边用边学。相信读者通过对 Python 爬虫的逐步学习，能够很好地提高对整个 Python 语言的理解和应用。

📖 提示：为什么要使用 Python 来编写爬虫程序？Python 的简明语法和各式各样的开源库使得 Python 在网络爬虫方向得天独厚，对于个人开发爬虫程序而言，一般对性能的要求不会太高，因此，虽然一般认为 Python 在性能上难以与 C/C++和 Java 相比，但总的来说，使用 Python 有助于更好更快地实现所需要的功能。另外，考虑到 Python 社区贡献了很多各有特色的库，很多都能直接拿来编写爬虫程序，因此，Python 的确是目前最好的选择。

1.2　配置安装 Python 开发环境

在开始探索 Python 的世界之前，我们首先需要在自己的机器上安装 Python。值得高兴的是，Python 不仅免费、开源，而且坚持轻量级，安装过程并不复杂。如果使用 Linux 系统，可能已经内置了 Python（虽然版本有可能是较旧的），使用苹果计算机（macOS 系统）的话，一般也已经安装了命令行版本的 Python 2.x。在 Linux 或 macOS X 系统上检测 Python 3 是否已安装的最简单办法是使用终端命令，在 Terminal 应用中输入 python 3 命令并按〈Enter〉键执行，观察是否有对应的提示出现。至于 Windows 系统，在 Windows 10 等版本上并没有内置 Python，因此必须手动安装。

1.2.1　在 Windows 上安装

访问 Python 官网并下载与计算机架构对应的 Python 3 安装程序，一般而言只要有新版本，就应该选择最新的版本。这里需要注意的是选择对应架构的版本，首先搞清楚自己的系统是 32 位还是 64 位的，见图 1-1。

Windows x86-64 embeddable zip file	Windows	for AMD64/EM64T/x64	04cc4f6f6a14ba74f6ae1a8b685ec471	7190516	SIG
Windows x86-64 executable installer	Windows	for AMD64/EM64T/x64	9e96c934f5d16399f860812b4ac7002b	31776112	SIG
Windows x86-64 web-based installer	Windows	for AMD64/EM64T/x64	640736a3894022d30f7babff77391d6b	1320112	SIG
Windows x86 embeddable zip file	Windows		b0b099a4fa479fb37880c15f2b2f4f34	6429369	SIG
Windows x86 executable installer	Windows		2bb6ad2ecca6088171ef923bca483f02	30735232	SIG
Windows x86 web-based installer	Windows		596667cb91a9fb20e6f4f153f3a213a5	1294096	SIG

图 1-1　Python.org/download 页面（部分）

根据安装程序的导引，我们一步步进行，就能完成整个安装。如果最终看到类似图 1-2 这样的提示，就说明已经安装成功。

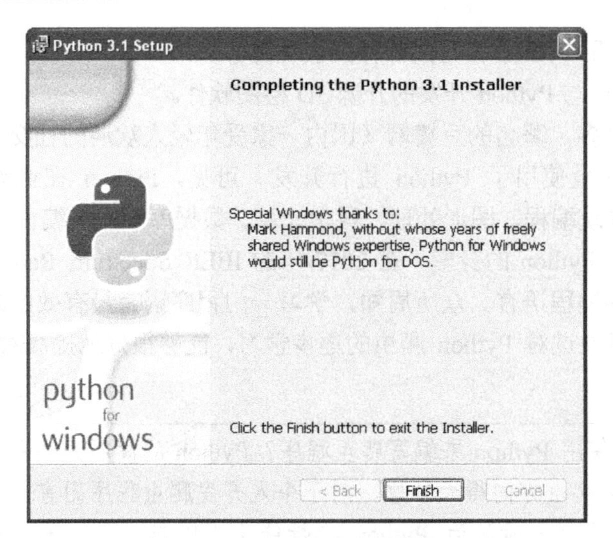

图 1-2 Python 安装成功的提示

这时检查“开始”菜单，就能看到 Python 3.4 的应用程序，见图 1-3，其中有一个 IDLE（意为 integrated development environment）程序，用户可以单击此项目，开始在交互式窗口中使用 Python Shell，见图 1-4。

图 1-3 安装完成后的“开始”菜单

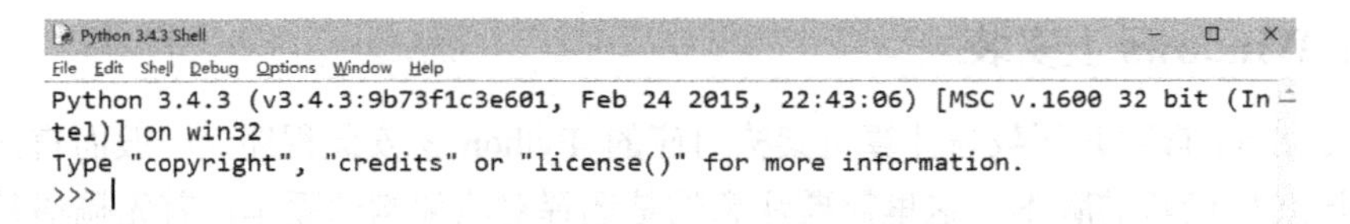

图 1-4 IDLE 的界面

1.2.2 在 Ubuntu 和 MacOS 上安装

Ubuntu 是诸多 Linux 发行版中受众较多的一个系列。我们可以通过 Applications（应用程序）中的添加应用程序进行安装，在其中搜索 Python 3，并在结果中找到对应的包，进行下载。如果安装成功，我们将在 Applications 中找到 Python IDLE，进入 Python Shell 中。

访问 Python 官网并下载对应的 Mac 平台安装程序，根据安装包的提示进行操作，最终将看到类似图 1-5 的成功提示。

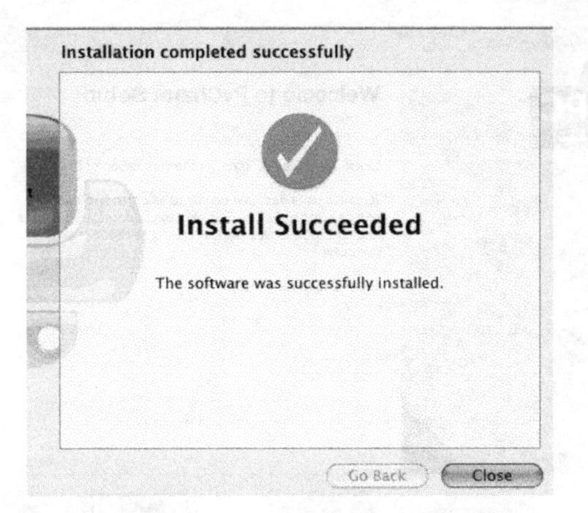

图 1-5　Mac 上的安装成功提示

关闭该窗口，并进入 Applications（或者是从 LaunchPad 页面打开）中，就能找到 Python Shell IDLE，启动该程序，看到的结果应该和 Windows 平台上的结果类似。

1.2.3　IDE 的使用：以 PyCharm 为例

虽然 Python 自带的 IDLE Shell 是绝大多数人对 Python 的第一印象，但如果通过 Python 语言编写程序、开发软件，它并不是唯一的工具，很多人更愿意使用一些特定的编辑器或者由第三方提供的集成开发环境软件（IDE）。借助 IDE 的力量，我们可以提高开发的效率，但对开发者而言，只有最适合自己的，而没有“最好的”，习惯一种工具后再接受另一种工具总是不容易的。下面简单介绍 PyCharm——一个由 JetBrains 公司出品的 Python 开发工具，谈谈它的安装和配置。用户可以在官网中下载到该软件。

Pycharm 支持 Windows、Mac、Linux 三大平台，并提供 Professional 和 Community Edition 两种版本可供选择（见图 1-6）。其中前者需要购买正版（提供免费试用），后者可以直接下载使用。前者功能更为丰富，但后者也足以满足一些普通的开发需求。

图 1-6　PyCharm 的下载页面

选择对应的平台并下载后，安装程序（见图 1-7）将会导引用户完成安装，安装完成后，从“开始”菜单中（对于 Mac 和 Linux 系统是从 Applications 中）打开 PyCharm，用户就可以创建自己的第一个 Python 项目了（见图 1-8）。

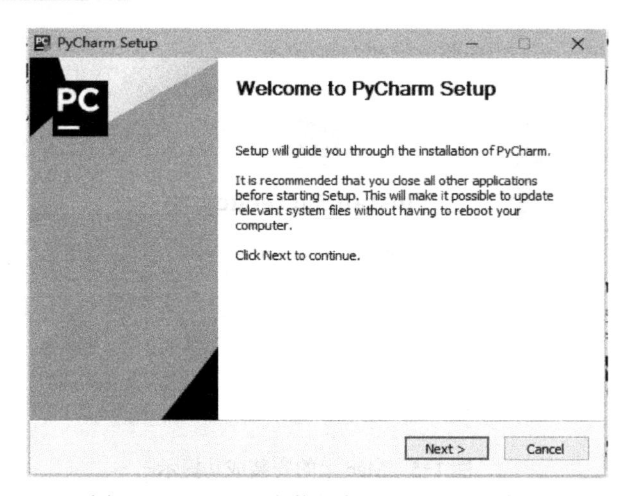

图 1-7　PyCharm 安装程序（Windows 平台）

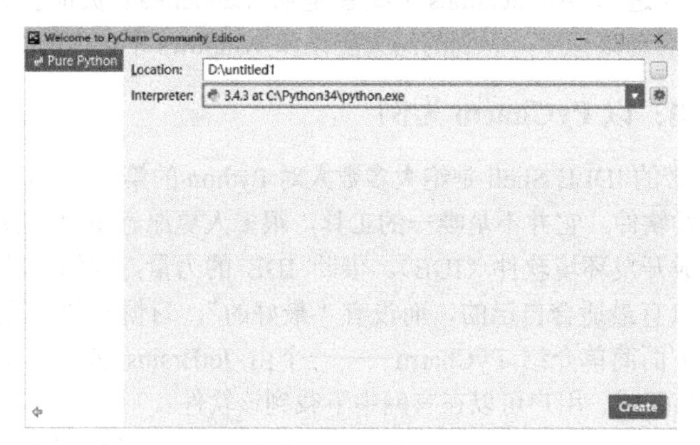

图 1-8　PyCharm 创建新项目

创建项目后，还需要进行一些基本的配置。可以在菜单栏中使用 File→Settings 打开 PyCharm 设置。

首先是修改一些 UI 上的设置，比如更改界面主题，见图 1-9。

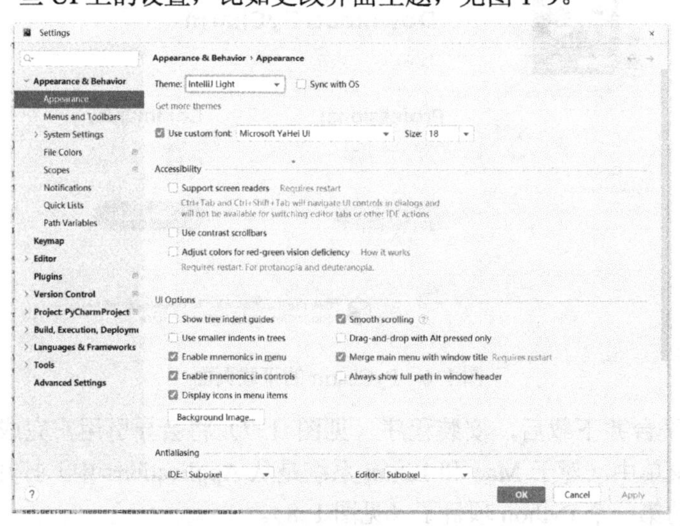

图 1-9　PyCharm 更改界面主题

在编辑界面中显示代码行号，见图 1-10。

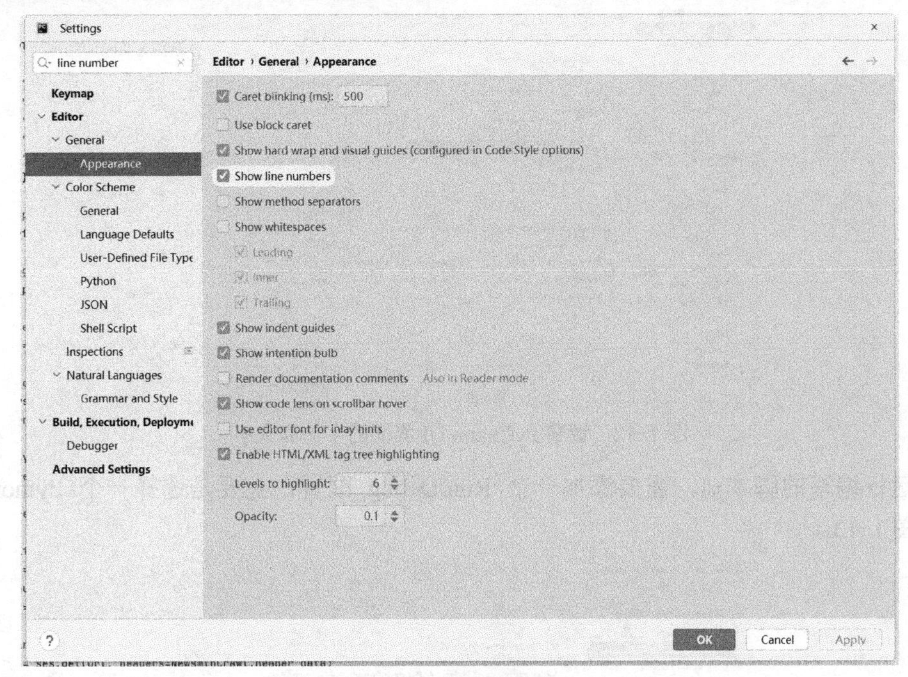

图 1-10　PyCharm 设置为显示代码行号

修改编辑区域中代码的字体和大小，见图 1-11。

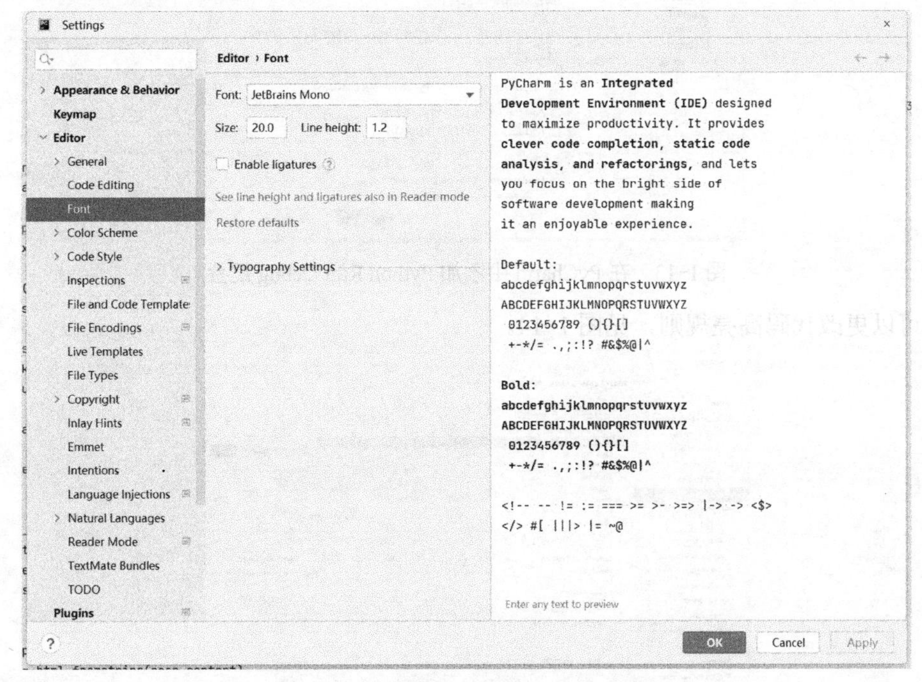

图 1-11　PyCharm 设置代码字体和大小

如果是想要设置软件 UI 中的字体和大小，可在 Appearance&Behavior 中修改，见图 1-12。

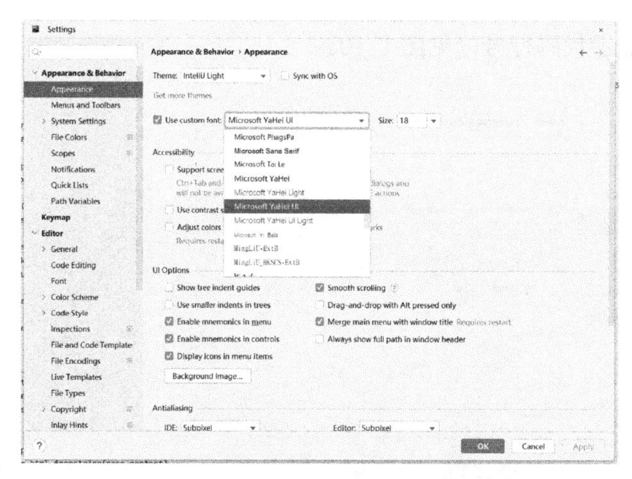

图 1-12　调整 PyCharm UI 界面的字体和大小

在运行编写的脚本前，需要添加一个 Run/Debug 配置，主要是选择一个 Python 解释器，见图 1-13。

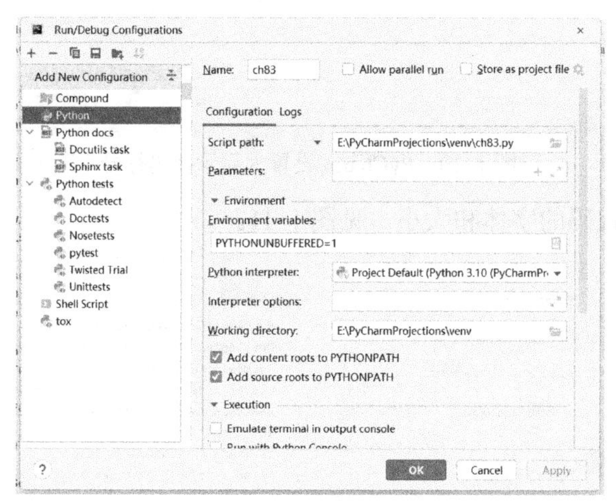

图 1-13　在 PyCharm 中添加 Python Run/Debug 配置

还可以更改代码高亮规则，见图 1-14。

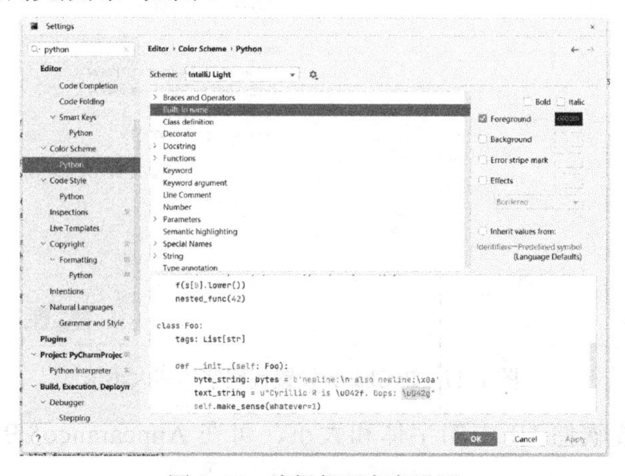

图 1-14　编辑代码高亮设置

最后，PyCharm 提供了一种便捷的包安装界面，使得用户不必使用 pip 或者 easyinstall 命令（两个常见的包管理命令）。在设置中找到当前的 Python Interpreter，单击右侧的“+”按钮（见图 1-15），搜索想要安装的包名，单击安装即可。

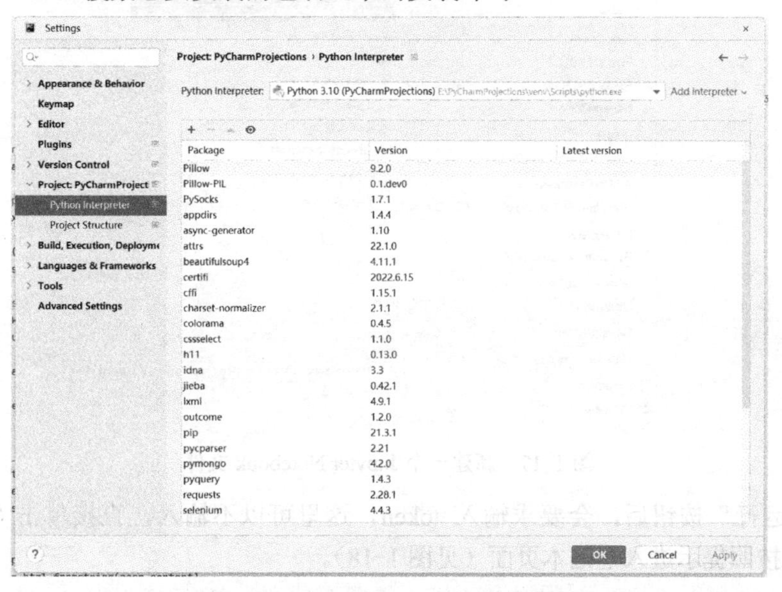

图 1-15　Python Interpreter 安装的包

1.2.4　Jupyter Notebook 简介

Jupyter Notebook 并不是一个 IDE 工具，正如它的名字，这是一个类似于“笔记本”的辅助工具。Jupyter 是面向编程过程的，而且由于其独特的“笔记”功能，代码和注释在这里会显得非常整齐直观。可以使用“pip install jupyter”命令来安装。在 PyCharm 中也可以通过 Python Interpreter 管理来安装，见图 1-16。

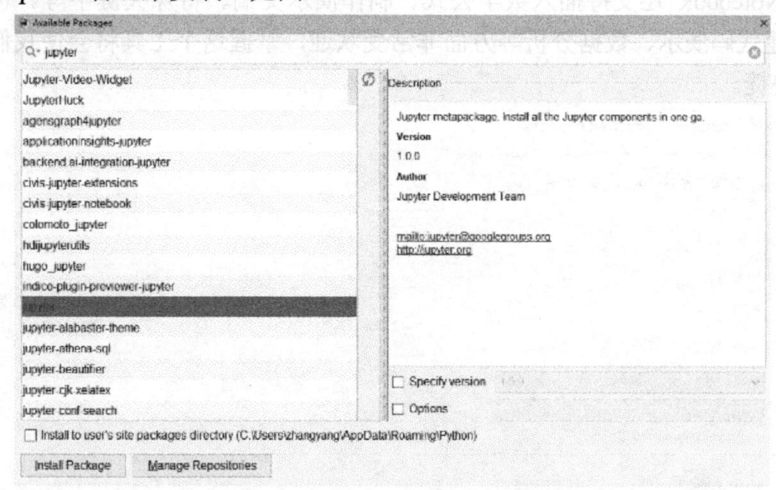

图 1-16　通过 PyCharm 安装 Jupyter

如果在安装过程中碰到了问题，可访问 Jupyter 官网获取更多信息。

在 PyCharm 中新建一个 Jupyter Notebook 文件，见图 1-17。

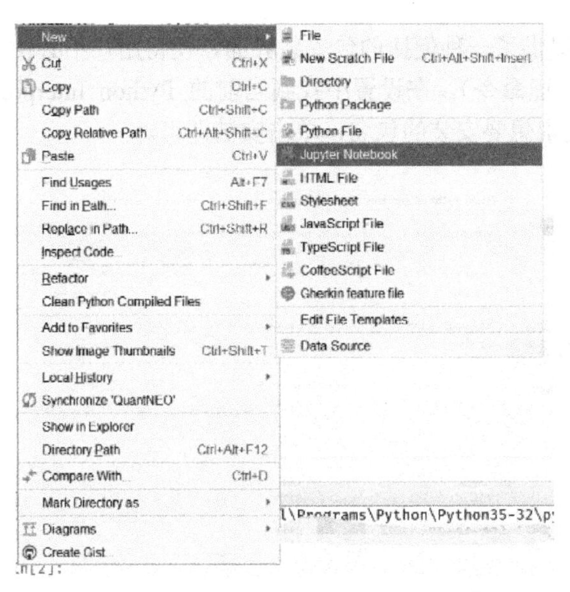

图 1-17　新建一个 Jupyter Notebook 文件

单击“运行”按钮后，会要求输入 token，这里可以不输入，直接单击“Run Jupyter Notebook”，按照提示进入笔记本页面（见图 1-18）。

```
[I 19:43:17.704 NotebookApp] Use Control-C to stop this server and shut down all kernels (twice to skip confirmation).
[C 19:43:17.711 NotebookApp]

    Copy/paste this URL into your browser when you connect for the first time,
    to login with a token:
```

图 1-18　Run Jupyter Notebook 后的提示

Notebook 文档被设计为由一系列单元（Cell）构成，主要有两种形式的单元：代码单元用于编写代码，运行代码的结果显示在本单元下方；Markdown 单元用于文本编辑，采用 Markdown 的语法规范，可以设置文本格式、插入链接、图片甚至数学公式，见图 1-19。

Jupyter Notebook 还支持插入数学公式、制作演示文稿、特殊关键字等。也正因如此，Jupyter 在创建代码演示、数据分析等方面非常受欢迎，掌握这个工具将会使我们的学习和开发更为轻松快捷。

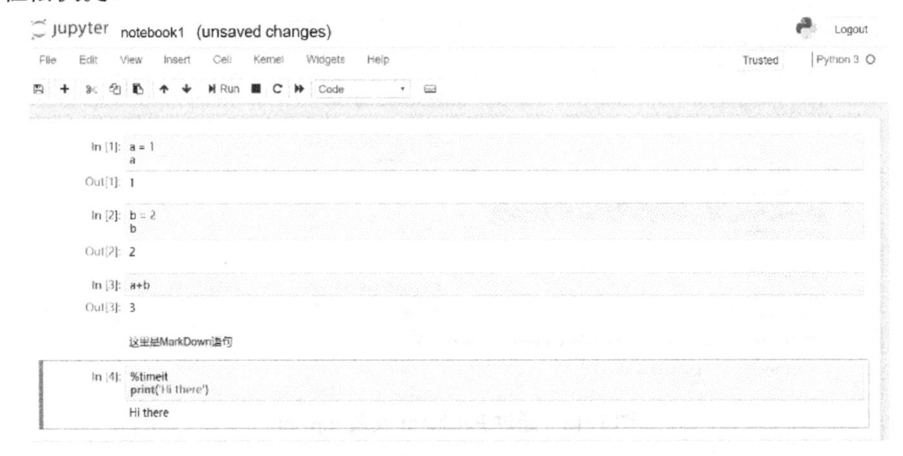

图 1-19　Notebook 的编辑页面

1.3 Python 基本语法介绍

下面先讲解 Python 的基础知识和语法，如果读者已经有使用其他语言编程的基础，理解这些内容将会非常容易，但由于 Python 本身的简洁设计，这些内容也十分容易掌握。

1.3.1 HelloWorld 与数据类型

输出一行“Hello, World!”，在 C 语言中需要的程序语句是这样的：

```
#include<stdio.h>
int main()
{
  printf("Hello, World!");
return 0;
}
```

而在 Python 里，可以用一行完成。

```
print('Hello, world!')
```

在 Python 中，每个值都有一种数据类型，但和一些强类型语言不同，并不需要直接声明变量的数据类型。Python 会根据每个变量的初始赋值情况分析其类型，并在内部对其进行跟踪。在 Python 中内置的主要数据类型包括：

- Number，数值类型。可以是 Integers（如 1 和 2）、Float（如 1.1 和 1.2）、Fractions（如 1/2 和 2/3），或者是 Complex Number（数学中的复数）。
- String，字符串，主要描述文本。
- List，列表，一个包含元素的序列。
- Tuple，元组，和列表类似，但是是不可变的。
- Set，一个包含元素的集合，其中的元素是无序的。
- Dict，字典，由一些键值对构成。
- Boolean，布尔类型，其值为 True 或 False。
- Byte，字节，例如一个以字节流表示的 JPG 文件。

从 Number 中的 int 开始，使用 type 关键字获取某个数据的类型：

```
print(type(1))# <class 'int'>
a = 1 + 2//3 # “//”表示整除
print(a) # 1
print(type(a))# <class 'int'>
```

提示：不同于 C 语言使用/*..*/或者 C++使用//的形式进行注释，Python 中的注释通过“#”开头的字符串体现。注释内容不会被 Python 解释器作为程序语句。

---

int 和 float 之间，Python 一般会使用是否有小数点来做区分：

```
a = 9**9 # “**”表示幂次
print(a) # 387420489
print(type(a))#<class 'int'>

b = 1.0
```

```
print(b) # 1.0
print(type(b))# <class 'float'>
```

这里需要注意的是，将一个 int 与一个 int 相加将得到一个 int。但将一个 int 与一个 float 相加则将得到一个 float。这是因为 Python 会把 int 强制转换为 float 以进行加法运算：

```
c = a + b
print(c)
print(type(c))
# 输出:
# <class 'float'>
# 387420490.0
# <class 'float'>
```

使用内置的关键字进行 int 与 float 之间的强制转换是经常用到的：

```
int_num = 100
float_num = 100.1
print(float(int_num))
print(int(float_num))
# 输出:
# 100.0
# 100
```

Python 2 中曾有 int 和 long（长整数类型）的区分，但在 Python 3 中，int 吸收了 Python 2.x 版本中的 int 和 long，不再对较大的整数和较小的整数做区分。有了数值，就有了数值运算：

```
a, b, c = 1, 2, 3.0
# 一种赋值方法，此时a 为1，b 为2，c 为3.0

print(a+b)   # 加法
print(a-b)   # 减法
print(a*c)   # 乘法
print(a/c)   # 除法
print(a//b)  # 整除
print(b**b)  # 求幂次
print(b%a)   # 求余
# 输出为:
# 3
# -1
# 3.0
# 0.3333333333333333
# 0
# 4
# 0
```

Python 中还有相对比较特殊的分数和复数，分数可以通过 fractions 模块中的 Fraction 对象构造：

```
import fractions # 导入分数模块
a = fractions.Fraction(1,2)
b = fractions.Fraction(3,4)
print(a+b) # 输出: 5/4
```

复数可以用使用函数 complex(real, imag) 或者是带有后缀 j 的浮点数来创建：

```
a = complex(1,2)
b = 2 + 3j
print(type(a),type(b))# <class 'complex'><class 'complex'>
print(a+b) # (3+5j)
print(a*b) # (-4+7j)
```

布尔类型本身非常简单，Python 中的布尔类型以 True 和 False 两个常量为值：

```
print(1<2) # True
print(1>2) # False
```

不过 Python 中对布尔类型和 if else 判断的结合比较灵活，这些可以等到我们在实际编程中再详细探讨。

在介绍字符串之前，先对 list（列表）和 tuple（元组）做一个简单的了解，因为 list 涉及一个 Python 中非常重要的概念：可迭代对象。对于列表而言，序列中的每一个元素都在一个固定的位置上（称之为索引），索引从“0”开始。列表中的元素可以是任何数据类型，Python 中列表对应的是中括号“[]”的表示形式。

```
l1 = [1,2,3,4]
print(l1[0]) # 通过索引访问元素，输出：1
print(l1[1]) # 输出：2
print(l1[-1]) # 输出：4
# 使用负索引值可从列表的尾部向前计数访问元素
# 任何非空列表的最后一个元素总是 list[-1]
```

列表切片（Slice）可以简单地描述为从列表中取一部分的操作，通过指定两个索引值，可以从列表中获取称作“切片”的某个部分。返回值是一个新列表，从第一个索引开始，直到第二个索引结束（不包含第二个索引的元素），列表切片的使用非常灵活：

```
l1 = [ i for i in range(20)] # 列表解析语句
# l1 中的元素为从 0 到 20（不含 20）的所有整数
print(l1)
print(l1[0:5]) # 取 l1 中的前五个元素
# 输出：[0, 1, 2, 3, 4]
print(l1[15:-1]) # 取索引为 15 的元素到最后一个元素（不含最后一个）
# 输出： [15, 16, 17, 18]
print(l1[:5]) #取前五个，“0”可省略
# 如果左切片索引为 0，可以将其留空而将 0 隐去。如果右切片索引为列表的长度，也可以将其留空
# [0, 1, 2, 3, 4]
print(l1[1:]) #取除了索引为 0（第一个）之外的所有元素
# [1, 2, 3, 4, 5, 6, 7, 8, 9, 10, 11, 12, 13, 14, 15, 16, 17, 18, 19]
l2= l1[:] # 取所有元素，其实是复制列表
print(l1[::2]) # 指定步数，取所有偶数索引
# 输出：[0, 2, 4, 6, 8, 10, 12, 14, 16, 18]
print(l1[::-1]) # 倒着取所有元素
# 输出：[19, 18, 17, 16, 15, 14, 13, 12, 11, 10, 9, 8, 7, 6, 5, 4, 3, 2, 1, 0]
```

向一个 list 中添加新元素的方法也很多，常见的包括：

```
l1 = ['a']
l1  = l1 + ['b']
```

```
print(l1)
# ['a', 'b']
l1.append('c')
l1.insert(0,'x')
l1.insert(len(l1),'y')
print(l1)
# ['x', 'a', 'b', 'c', 'y']
l1.extend(['d','e'])
print(l1)
#['x', 'a', 'b', 'c', 'y', 'd', 'e']
l1.append(['f','g'])
print(l1)
# ['x', 'a', 'b', 'c', 'y', 'd', 'e', ['f', 'g']]
```

这里要注意的是 extend()接受一个列表，并把其元素分别添加到原有的列表，类似“扩展”。而 append()是把参数（参数有可能也是一个列表）作为一个元素整体添加到原有的列表中。insert()方法会将单个元素插入到列表中。第一个参数是列表中将插入的位置（索引）。

从列表中删除元素，可使用的方法也不少：

```
# 从列表中删除
del l1[0]
print(l1)
# ['a', 'b', 'c', 'y', 'd', 'e', ['f', 'g']]
l1.remove('a') #remove()方法接受一个 value 参数，并删除列表中该值的第一次出现
print(l1)
# ['b', 'c', 'y', 'd', 'e', ['f', 'g']]
l1.pop() # 如果不带参数调用，pop() 列表方法将删除列表中最后的元素，并返回所删除的值
print(l1)
# ['b', 'c', 'y', 'd', 'e']
l1.pop(0) # 可以给pop 一个特定的索引值
print(l1)
# ['c', 'y', 'd', 'e']
```

元组（Tuple）与列表非常相似，最大的区别在于：元组是不可修改的，定义之后就“固定”了；元组在形式上是用“()”这样的圆括号括起来的。由于元组是“冻结”的，所以不能插入或删除元素。其他一些操作与列表类似：

```
t1 = (1,2,3,4,5)
print(t1[0]) # 1
print(t1[::-1]) # (5, 4, 3, 2, 1)
print(1 in t1) # 检查“1”是否在t1 中，True
print(t1.index(5))#返回某个值对应的元素索引，输出：4
```

提示：元素可修改与不可修改是列表与元组最大（或者说唯一）的区别，基本上除了修改内部元素的操作，其他列表适用的操作都可以用于元组。

在创建一个字符串时，将其用引号括起来，引号可以是单引号（'）或者双引号（"），两者没有区别。字符串也是一个可迭代对象，因此，与取得列表中的元素一样，也可以通过下标记号取得字符串中的某个字符，一些适用于 list 的东西同样适用于 str：

```
str1 = 'abcd'
print(str1[0]) # 索引访问
# a
print(str1[:2]) # 切片
# ab
str1 = str1 + 'efg'
print(str1)
# abcdefg
str1 = str1 + 'xyz'*2
print(str1) # abcdefgxyzxyz
# 格式化字符串
print('{} is a kind of {}.'.format('cat','mammal'))
# cat is a kind of mammal.

# 显式指定字段
print('{3} is in {2}, but {1} is in {0}'.format('China','Shanghai','US','New York'))
# New York is in US, but Shanghai is in China

# 以三个引号标记多行字符串
long_str = '''I love this girl,
but I don't know if she likes me,
what I can do is to keep calm and stay alive.
'''
print(long_str)
```

集合的特点是无序且值唯一，创建集合和操作集合的常见方式包括：

```
set1 = {1,2,3}
l1 = [4,5,6]
set2 = set(l1)
print(set1) # {1,2,3}
print(set2) # {4,5,6}

# 添加元素
set1.add(10)
print(set1)
# {10, 1, 2, 3}
set1.add(2) # 无效语句，因为“2”在集合中已经存在
print(set1)
# {10, 1, 2, 3}
set1.update(set2) # 类似于list的extend操作
print(set1)
# {1, 2, 3, 4, 5, 6, 10}

# 删除元素
set1.discard(4)
print(set1)
# {1, 2, 3, 5, 6, 10}
set1.remove(5)
print(set1)
# {1, 2, 3, 6, 10}
set1.discard(20) # 无效语句，不会报错
```

```
# set1.remove(20) 使用remove 去除一个并不存在的值时会报错
set1.clear()
print(set1) # 清空集合

set1 = {1,2,3,4}
# 并集、交集与差集
print(set1.union(set2))# 在set1 或者set2 的元素
# {1, 2, 3, 4, 5, 6}
print(set1.intersection(set2))# 同时在set1 和set2 中的元素
# {4}
print(set1.difference(set2))# 在set1 中但不在set2 中的元素
# {1, 2, 3}
print(set1.symmetric_difference(set2))# 只在set1 中或只在set2 中的元素
# {1, 2, 3, 5, 6}
```

字典（Dict）相对于列表、元组和集合，会显得稍微复杂一点。Python 中的字典是键值对（Key-Value）的无序集合。在形式上也和集合类似，创建字典和操作字典的基本方式如下：

```
d1 = {'a':1,'b':2} # 使用"{}"创建
d2 = dict([['apple','fruit'],['lion','animal']]) # 使用dict 关键字创建
d3 = dict(name = 'Paris', status='alive', location='Ohio')
print(d1) # {'a': 1, 'b': 2}
print(d2) # {'apple': 'fruit', 'lion': 'animal'}
print(d3) # {'status': 'alive', 'location': 'Ohio', 'name': 'Paris'}

#访问元素
print(d1['a']) # 1
print(d3.get('name'))# Paris
# 使用get 方法获取不存在的键值的时候，不会触发异常

# 修改字典-添加或更新键值对
d1['c'] = 3
print(d1) # {'a': 1, 'b': 2, 'c': 3}
d1['c'] = -3
print(d1) # {'c': -3, 'a': 1, 'b': 2}
d3.update(name='Jarvis',location='Virginia')
print(d3) # {'location': 'Virginia', 'name': 'Jarvis', 'status': 'alive'}

# 修改字典-删除键值对
del d1['b']
print(d1) # {'c': -3, 'a': 1}
d1.pop('c')
print(d1) # {'a': 1}

# 获取keys 或values
print(d3.keys())# dict_keys(['status', 'name', 'location'])
print(d3.values())# dict_values(['alive', 'Jarvis', 'Virginia'])
for k,v in d3.items():
print('{}:\t{}'.format(k,v))
# name:    Jarvis
# location:    Virginia
# status:  alive
```

Python 中的列表、元组、集合和字典是最基本的几种数据结构，但使用起来非常灵活，与 Python 的一些语法配合起来会非常简洁高效。掌握这些基本知识和操作是后续进行开发的基础。

1.3.2　逻辑语句

与很多其他语言一样，Python 也有自己的条件语句和循环语句。不过 Python 中的这些表示程序结构的语句并不需要用括号（比如“{}”）括起来，而是以一个冒号作为结尾，以缩进作为语句块。if，else，elif 关键词是条件选择语句的关键：

```
a = 1
if a >0:
print('Positive')
else:
print('Negative')
# 输出：Positive

b = 2
if b <0:
print('b is less than zero')
elifb<3:
print('b is not less than zero but less than three')
elifb<5:
print('b is not less than three but less than five')
else:
print('b is equal to or greater than five')
# 输出：b is not less than zero but less than three
```

熟悉 C/C++语言的人们可能很希望 Python 提供 switch 语句，但 Python 中并没有这个关键词，也没有这个语句结构。但是可以通过 if-elif-elif-…这样的结构代替，或者使用字典实现。比如：

```
d = {
'+': lambda x, y: x + y,
'-': lambda x, y: x - y,
'*': lambda x, y: x * y,
'/': lambda x, y: x / y
}
op = input()
x = input()
y = input()
print(d[op](int(x), int(y)))
```

这段代码实现的功能是，输入一个运算符，再输入两个数字，返回其计算的结果。比如输入“+12”，输出“3”。这里需要说明的是，input()是读取屏幕输入的方法（在 Python 2 中常用的 raw_input()不是一个好选择），lambda 关键字代表了 Python 中的匿名函数，匿名函数不使用 def 关键字定义，其格式也与常见的 def 函数有所不同，匿名函数的格式为 lambda args:expression，args 代表了此函数接收的参数（可以有多个），expression 代表此函数内部所执行的表达式，此表达式将被求值，并作为返回值返回。

Python 中的循环语句主要是两种，一种的标志是关键词 for，一种的标志是关键词 while。

Python 中的 for 循环接受可迭代对象（例如 list 或迭代器）作为其参数，每次迭代其中一个元素：

```
for item in ['apple','banana','pineapple','watermelon']:
print(item,end='\t')
# 输出: apple banana pineapple  watermelon
```

for 还经常与 range()和 len()一起使用：

```
l1 = ['a','b','c','d']
for i in range(len(l1)):
print(i,l1[i])
# 输出:
# 0 a
# 1 b
# 2 c
# 3 d
```

📖 提示：如果想要输出列表中的索引和对应的元素，除了上面的方法之外，还有更符合 Python 风格的用法，如 enumerate()方法等，有兴趣的读者可自行了解。

while 循环的形式如下：

```
while expression:
while_suit_codes...
```

语句 while_suit_codes 会被连续不断地循环执行，直到表达式的值为 False，接着 Python 会执行下一句代码。在 for 循环和 while 循环中，也会使用到 break 和 continue 关键字，分别代表终止循环和跳过当下循环开始下一次循环：

```
i = 0
while True:
i += 1
if i % 2 == 0:
    continue # 当i 为偶数，跳过当次循环并开始下一个循环
print(i, end='\t')
if i >10:
    break
# 输出: 1 3  5  7  9   11
```

说到循环，就不能不提列表解析（或者翻译为“列表推导”），在形式上，是将循环和条件判断放在了列表的“[]”初始化中。举个例子，构造一个包含 10 以内所有奇数的列表，使用 for 循环添加元素：

```
l1 = []
for i in range(11):
# range()函数省略start 参数时，自动认为从0 开始
if i % 2 == 1:
l1.append(i)
print(l1) # [1, 3, 5, 7, 9]
```

使用列表解析：

```
l1 = [i for i in range(11) if i % 2 == 1]
print(l1)  # [1, 3, 5, 7, 9]
```

这种“推导”（解析）也适用于字典和集合。这里没有说“元组”，是因为元组的括号（圆括号）表示推导时会被 Python 识别为生成器，关于生成器的具体概念，可以见本书 7.1.2 节。一般如果需要快速构建一个元组，可以选择先进行列表推导，再使用 tuple()将列表“冻结”为元组：

```
# 使用推导快速反转一个字典的键值对
d1 = {'a': 1, 'b': 2, 'c': 3}

d2 = {v: k for k, v in d1.items()}
print(d2)  # {1: 'a', 2: 'b', 3: 'c'}

# 下面的语句并不是“元组”推导
t1 = (i ** 2 for i in range(5))
print(type(t1))# <class 'generator'>
print(tuple(t1))# (0, 1, 4, 9, 16)
```

Python 中的异常处理也比较简单，核心语句是 try…except…结构，可能触发异常产生的代码会放到 try 语句块里，而处理异常的代码会在 except 语句块里实现：

```
try:
dosomething..
except Error as e:
dosomething..
```

异常处理语句也可以写得非常灵活，比如同时处理多个异常：

```
# 处理多个异常
try:
file = open('test.txt', 'rb')
except (IOError, EOFError) as e:  # 同时处理这两个异常
print("An error occurred. {}".format(e.args[-1]))

# 另一种处理这两个异常的方式
try:
file = open('test.txt', 'rb')
except EOFError as e:
print("An EOF error occurred.")
raise e
except IOError as e:
print("An IO error occurred.")
raise e

# 处理所有异常的方式
try:
file = open('test.txt', 'rb')
except Exception: # 捕获所有异常
print("Exception here.")
```

有时候，在异常处理中会使用 finally 语句，而在 finally 语句下的代码块不论异常是否触

发，都将会被执行：

```
try:
file = open('test.txt', 'rb')
except IOError as e:
print('An IOError occurred. {}'.format(e.args[-1]))
finally:
print("This would be printed whether or not an exception occurred!")
```

1.3.3 Python 中的函数与类

在 Python 中，声明和定义函数使用 def（代表“define”）语句，在缩进块中编写函数体，函数的返回值用 return 语句返回：

```
def func(a, b):
print('a is {},b is {}'.format(a, b))
return a + b

print(func(1, 2))
# a is 1,b is 2
# 3
```

如果没有显式的 return 语句，函数会自动返回 None。另外，也可以使函数一次返回多个值，实质上是一个元组：

```
def func(a, b):
print('a is {},b is {}'.format(a, b))
return a + b, a-b

c = func(1,2)
# a is 1,b is 2
print(type(c))# <class 'tuple'>
print(c) # (3, -1)
```

对于暂时不想实现的函数，可以使用“pass”作为占位符，否则 Python 会对缩进的代码块报错：

```
def func(a, b):
   pass
```

pass 也可用于其他地方，比如 if 和 for 循环：

```
if 2 <3:
   pass
else:
print('2 > 3')

for i in range(0,10):
   pass
```

在函数中可以设置默认参数：

```
def power(x,n=2):
   return x**n
```

```
print(power(3))# 9
print(power(3,3))# 27
```

当有多个默认参数时会自动按照顺序逐个传入，也可以在调用时指定参数名：

```
def powanddivide(x,n=2,m=1):
   return x**n/m

print(powanddivide(3,2,5))# 1.8
print(powanddivide(3,m=1,n=2))# 9.0
```

在 Python 中类使用“class”关键字定义：

```
class Player:
name = ''
def __init__(self,name):
self.name = name

pl1 = Player('PlayerX')
print(pl1.name) # PlayerX
```

定义好类后，就可以根据类创建出一个实例。在类中的函数一般称为方法，简单地说，方法就是与实例绑定的函数，和普通函数不同，方法可以直接访问或操作实例中的数据。

> 提示：Python 中的方法有实例方法、类方法、静态方法之分，这部分是 Python 面向对象编程中的一个重点概念。但是这里为了简化说明，统一称之为“方法”或者“函数”。

类是 Python 编程的核心概念之一，这主要是因为“Python 中的一切都是对象”，一个类可以写得非常复杂，下面的代码就是 requests 模块中 Request 类及其__init__()方法（部分代码）：

```
class Request(RequestHooksMixin):
"""A user-created :class:`Request <Request>` object.

     Used to prepare a :class:`PreparedRequest<PreparedRequest>`, which is sent to
the server.

     :param method: HTTP method to use.
     :param url: URL to send.
     :param headers: dictionary of headers to send.
     :param files: dictionary of {filename: fileobject} files to multipart upload.
     :param data: the body to attach to the request. If a dictionary is provided,
form-encoding will take place.
     :paramjson: json for the body to attach to the request (if files or data is
not specified).
     :paramparams: dictionary of URL parameters to append to the URL.
     :param auth: Auth handler or (user, pass) tuple.
     :param cookies: dictionary or CookieJar of cookies to attach to this request.
     :param hooks: dictionary of callback hooks, for internal usage.

     Usage::

>>> import requests
```

```
>>>req = requests.Request('GET', 'http://httpbin.org/get')
>>>req.prepare()
<PreparedRequest [GET]>
"""

def __init__(self,
method=None, url=None, headers=None, files=None, data=None,
params=None, auth=None, cookies=None, hooks=None, json=None):

# Default empty dicts for dictparams.
……
```

1.3.4　更深入了解 Python

Python 语言简洁而明快，涵盖广泛却又不显烦琐，其受到越来越多开发者的欢迎，关于 Python 的入门学习和基础知识资料也越来越多，如果想系统性地打好 Python 基础，可以阅读 *Dive into Python* 和 *Learn Python the Hard Way* 等书籍，如果已经有了一定掌握，想要获得一些相对“高深复杂”的内容介绍，可以参考 *Python the Cookbook* 和 *Fluent Python* 等资料。但无论选择哪些材料作为参考，不要忘了“learn by doing”，有句俗话说“光说不练假把式”，一切都要从代码出发，从实践出发，动手学习，这样才能取得更大的进步。

1.4　互联网、HTTP 与 HTML

1.4.1　互联网与 HTTP

互联网也叫作国际网（Internet），是指网络与网络之间所串连成的庞大网络，这些网络以一组标准的网络 TCP/IP 协议族相连，连接全世界几十亿个设备，形成逻辑上的单一巨大国际网络。它是由从地方到全球范围内几百万个私人的、学术界的、企业的和政府的网络所构成，通过电子、无线和光纤网络技术等一系列广泛的技术联系在一起。这种将计算机网络互相连接在一起的方法可称作“网络互联”，在这基础上发展出覆盖全世界的全球性互联网络称为互联网，即是互相连接在一起的网络。

> 📖 提示：互联网并不等于万维网（WWW），万维网只是一个基于超文本相互链接而成的全球性系统，且是互联网所能提供的服务其中之一。互联网带有范围广泛的信息资源和服务，例如相互关系的超文本文件，还有万维网的应用，支持电子邮件的基础设施、点对点网络、文件共享，以及 IP 电话服务。

HTTP 是一个客户端终端（用户）和服务器端（网站）请求与应答的标准。通过使用网页浏览器、网络爬虫或者其他工具，客户端可以发起一个 HTTP 请求到服务器上的指定端口（默认端口为 80），称这个客户端为用户代理程序（User Agent）。应答的服务器上存储着一些资源，比如 HTML 文件和图像，称这个应答服务器为源服务器（Origin Server）。在用户代理和源服务器中间可能存在多个“中间层”，比如代理服务器、网关或者隧道（Tunnel）。尽管 TCP/IP 协议是互联网上最流行的应用，HTTP 协议中并没有规定必须使用它或它支持的层。

事实上，HTTP 可以在任何互联网协议上，或其他网络上实现。HTTP 假定其下层协议提供可靠的传输。因此，任何能够提供这种保证的协议都可以被其使用。因此也就是其在 TCP/IP 协议族使用 TCP 作为其传输层。通常，由 HTTP 客户端发起一个请求，创建一个到服务器指定端口（默认是 80 端口）的 TCP 连接。HTTP 服务器则在那个端口监听客户端的请求。一旦收到请求，服务器会向客户端返回一个状态，比如“HTTP/1.1 200 OK”，以及返回的内容，如请求的文件、错误消息或者其他信息。

HTTP 的请求方法有很多种，主要包括：

- GET，向指定的资源发出“显示”请求。使用 GET 方法应该只用于读取数据，而不应当被用于产生“副作用”的操作中（如在 Web Application 中）。其中一个原因是 GET 可能会被网络蜘蛛等随意访问。
- HEAD，与 GET 方法一样，都是向服务器发出指定资源的请求。只不过服务器将不传回资源的内容部分。它的好处在于，使用这个方法可以在不必传输全部内容的情况下，就可以获取其中“关于该资源的信息”（元信息或称元数据）。
- POST，向指定资源提交数据，请求服务器进行处理（如提交表单或上传文件）。数据被包含在请求文本中。这个请求可能会创建新的资源或修改现有资源，或二者皆有。
- PUT，向指定资源位置上传其最新内容。
- DELETE，请求服务器删除 Request-URI 所标识的资源。
- TRACE，回显服务器收到的请求，主要用于测试或诊断。
- OPTIONS，这个方法可使服务器传回该资源所支持的所有 HTTP 请求方法。用“*”来代替资源名称，向 Web 服务器发送 OPTIONS 请求，可以测试服务器功能是否正常运作。
- CONNECT，HTTP/1.1 协议中预留给能够将连接改为管道方式的代理服务器。CONNECT 通常用于 SSL 加密服务器的链接（经由非加密的 HTTP 代理服务器），方法名称是区分大小写的。当某个请求所针对的资源不支持对应的请求方法的时候，服务器应当返回状态码 405（Method Not Allowed），当服务器不认识或者不支持对应的请求方法的时候，应当返回状态码 501（Not Implemented）。

1.4.2　HTML

HTML 则是指超文本标记语言（HyperText Markup Language，HTML），是一种用于创建网页的标准标记语言。与 HTTP 不同的是，HTML 是一种基础技术，常与 CSS、JavaScript 一起被众多网站用于设计令人赏心悦目的网页、网页应用程序以及移动应用程序的用户界面。网页浏览器可以读取 HTML 文件，并将其渲染成可视化网页。HTML 描述了一个网站的结构语义随着线索的呈现方式，使之成为一种标记语言而非编程语言。HTML 元素是构建网站的基石。HTML 允许嵌入图像与对象，并且可以用于创建交互式表单，它被用来结构化信息（例如标题、段落和列表等），也可用来在一定程度上描述文档的外观和语义。HTML 的语言形式为尖括号包围的 HTML 元素（如<html>），浏览器使用 HTML 标签和脚本来诠释网页内容，但不会将它们显示在页面上。HTML 可以嵌入脚本语言（如 JavaScript），它们会影响 HTML 网页的行为。网页浏览器也可以引用层叠样式表（CSS）来定义文本和其他元素的外观与布局。维护 HTML 和 CSS 标准的组织万维网联盟（W3C）鼓励人们使用 CSS 替代一些用于表现的 HTML 元素。

HTML 标记包含标签（及其属性）、基于字符的数据类型、字符引用和实体引用等几个关键部分。HTML 标签是最常见的，通常成对出现，比如<h1>与 </h1>。这些成对出现的标签中，第一个标签是开始标签，第二个标签是结束标签。两个标签之间为元素的内容，有些标签没有内容，为空元素，如 <img>。HTML 另一个重要组成部分为文档类型声明，这会触发标准模式渲染。

HTML 文档由嵌套的 HTML 元素构成。它们用 HTML 标签表示，包含于尖括号中，如<p> 在一般情况下，一个元素由一对标签表示："开始标签"<p>与"结束标签"</p>。元素如果含有文本内容，就被放置在这些标签之间。在开始与结束标签之间也可以封装另外的标签，包括标签与文本的混合。这些嵌套元素是父元素的子元素。开始标签也可包含标签属性，这些属性有诸如标识文档区段、将样式信息绑定到文档演示和为一些如<img>等的标签嵌入图像、引用图像来源等作用。一些元素如换行符
，不允许嵌入任何内容，无论是文字或其他标签。这些元素只需要一个单一的空标签（类似于一个开始标签），无须结束标签。许多标签是可选的，尤其是那些很常用的段落元素<p>的闭合端标签。HTML 浏览器或其他媒介可以从上下文识别出元素的闭合端以及由 HTML 标准所定义的结构规则，这些规则非常复杂。

因此，一个 HTML 元素的一般形式为：<标签 属性 1="值 1" 属性 2="值 2">内容</标签>。一个 HTML 元素的名称即为标签使用的名称。注意，结束标签的名称前面有一个斜杠"/"，空元素不需要也不允许结束标签。如果元素属性未标明，则使用其默认值。

HTML 文档的页眉：<head>…</head>。标题被包含在头部，例如：

```
<head>
<title>Title</title>
</head>
```

标题：HTML 标题由<h1>到<h6>六个标签构成，字体由大到小递减：

```
<h1>标题 1</h1>
<h2>标题 2</h2>
<h3>标题 3</h3>
<h4>标题 4</h4>
<h5>标题 5</h5>
<h6>标题 6</h6>
```

段落：

```
<p>第一段</p>
<p>第二段</p>
```

换行：
。
与<p>之间的差异在于，"br"换行但不改变页面的语义结构，而"p"部分的页面成段。

```
<p>
这是一个<br>使用 br<br>换行<br>的段落。
</p>
```

链接：使用<a>标签来创建链接。href=属性包含链接的 URL 地址。

```
<a href="http://www.baidu.com">一个指向百度的链接</a>
```

注释：

```
<!--这是一行注释-->
```

大多数元素的属性以“名称-值”的形式成对出现，由“=”分离并写在开始标签元素名之后。值一般由单引号或双引号包围，有些值的内容包含特定字符，在 HTML 中可以去掉引号（XHTML 则不行）。不加引号的属性值被认为是不安全的。有些属性无须成对出现，仅存在于开始标签中即可影响元素，如 img 元素的 ismap 属性。要注意的是，许多元素存在一些共通的属性：

- id 属性为元素提供了在全文档内的唯一标识。它用于识别元素，以便样式表可以改变其表现属性，脚本可以改变、显示或删除其内容或格式化。对于添加到页面的 URL，它为元素提供了一个全局唯一标识，通常为页面的子章节。
- class 属性提供一种将类似元素分类的方式，常被用于语义化或格式化。例如，一个 HTML 文档可指定类 class="标记"来表明所有具有这一类值的元素都从属于文档的主文本。格式化后，这样的元素可能会聚集在一起，并作为页面脚注而不会出现在 HTML 代码中。类属性也被用于微格式的语义化。类值也可进行多声明，如 class="标记 重要"将元素同时放入“标记”与“重要”两类中。
- style 属性可以将表现性质赋予一个特定元素。比起使用 id 或 class 属性从样式表中选择元素，“style”被认为是一个更好的做法，尽管有时这对一个简单、专用或特别的样式显得太烦琐。
- title 属性用于给元素一个附加的说明。大多数浏览器中这一属性显示为工具提示。

1.5 Hello, Spider!

在掌握了编写 Python 爬虫所需的准备知识后，就可以上手第一个爬虫程序了。在这里分析一个再简单不过的爬虫，并由此展开进一步的讨论。

1.5.1 编写第一个爬虫程序

在各大编程语言中，初学者要学会编写的第一个简单程序一般就是“Hello, World!”，即通过程序来在屏幕上输出一行“Hello, World!”这样的文字，在 Python 中，只需一行代码就可以做到。我们把这第一个爬虫就称之为“HelloSpider”，见例 1-1。

【例 1-1】 HelloSpider.py，一个最简单的 Python 网络爬虫。

```
import lxml.html,requests
url = 'https://www.python.org/dev/peps/pep-0020/'
xpath= '//*[@id="the-zen-of-python"]/pre/text()'
res = requests.get(url)
ht = lxml.html.fromstring(res.text)
text = ht.xpath(xpath)
print('Hello,\n'+''.join(text))
```

我们执行这个脚本，在终端中运行如下命令（也可以在直接 IDE 中单击“运行”）：

```
python HelloSpider.py
```

很快就能看到输出如下：

```
Hello,

Beautiful is better than ugly.
Explicit is better than implicit.
Simple is better than complex.
Complex is better than complicated.
Flat is better than nested.
Sparse is better than dense.
Readability counts.
Special cases aren't special enough to break the rules.
Although practicality beats purity.
Errors should never pass silently.
Unless explicitly silenced.
In the face of ambiguity, refuse the temptation to guess.
There should be one-- and preferably only one --obvious way to do it.
Although that way may not be obvious at first unless you're Dutch.
Now is better than never.
Although never is often better than *right* now.
If the implementation is hard to explain, it's a bad idea.
If the implementation is easy to explain, it may be a good idea.
Namespaces are one honking great idea -- let's do more of those!
```

这正是“Python 之禅”的内容，上面的程序完成了一个网络爬虫程序最普遍的流程：访问站点；定位所需的信息；得到并处理信息。接下来介绍每一行代码都做了什么：

```
import lxml.html,requests
```

这里使用 import 导入了两个模块，分别是 lxml 库中的 html 以及 Python 中著名的 requests 库。lxml 是用于解析 XML 和 HTML 的工具，可以使用 XPath 和 CSS 来定位元素，而 requests 则是著名的 Python HTTP 库，其口号是“给人类用的 HTTP”，相比于 Python 自带的 urllib 库而言，requests 有着不少优点，使用起来十分简单，接口设计也非常合理。实际上，对 Python 比较熟悉的话就会知道，在 Python 2 中一度存在着 urllib, urllib2, urllib3, httplib, httplib2 等一堆让人易于混淆的库，可能官方也察觉到了这个缺点，Python 3 中的新标准库 urllib 就比 Python 2 好用一些。曾有人在网上问道“urllib, urllib2, urllib3 的区别是什么，怎么用”，有人回答“为什么不去用 requests 呢？”，可见 requests 的确有着十分突出的优点。同时也建议读者，尤其是刚刚接触网络爬虫的人采用 requests，可以省时省力。

```
url = 'https://www.python.org/dev/peps/pep-0020/'
xpath = '//*[@id="the-zen-of-python"]/pre/text()'
```

这里定义了两个变量，Python 不需要声明变量的类型，url 和 xpath 会自动被识别为字符串类型。url 是一个网页的链接，可以直接在浏览器中打开，页面中包含了 Python 之禅的文本信息。xpath 变量则是一个 xpath 路径表达式，我们刚才提到，lxml 库可以使用 xpath 来定位元素，当然，定位网页中元素的方法不止 xpath 一种，以后会介绍更多的定位方法。

```
res = requests.get(url)
```

这里使用了 requests 中的 get 方法，对 url 发送了一个 HTTP GET 请求，返回值被赋值给 res，于是便得到了一个名为 res 的 Response 对象，接下来就可以从这个 Response 对象中获取想要的信息。

```
ht = lxml.html.fromstring(res.text)
```

lxml.html 是 lxml 下的一个模块，顾名思义，主要负责处理 HTML。fromstring 方法传入的参数是 res.text，即刚才提到的 Response 对象的 text（文本）内容。在 fromstring 函数的 doc string 中（文档字符串，即此方法的说明）说到，这个方法可以“Parse the html, returning a single element/document.”即 fromstring 根据这段文本来构建一个 lxml 中的 HtmlElement 对象。

```
text = ht.xpath(xpath)
print('Hello,\n'+''.join(text))
```

这两行代码使用 xpath 来定位 HtmlElement 中的信息，并进行输出。text 就是我们得到的结果，“.join()”是一个字符串方法，用于将序列中的元素以指定的字符连接生成一个新的字符串。因为 text 是一个 list 对象，所以使用“”这个空字符来连接。如果不进行这个操作而直接输出：

```
print('Hello,\n'+text)
```

程序会报错，出现“TypeError: Can't convert 'list' object to str implicitly”这样的错误。当然，对于 list 序列而言，还可以通过一段循环来输出其中的内容。

值得一提的是，如果不使用 requests 而使用 Python 3 的 urllib 来完成以上操作，需要把其中的两行代码改为：

```
res= urllib.request.urlopen(url).read().decode('utf-8')
ht = lxml.html.fromstring(res)
```

其中的 urllib 是 Python 3 的标准库，包含了很多基本功能，比如向网络请求数据、处理 Cookie、自定义请求头（Headers）等。urlopen 方法用来通过网络打开并读取远程对象，包括 HTML、媒体文件等。显然，就代码量而言，工作量比 requests 要大，而且看起来也不甚简洁。

🕮 提示：urllib 是 Python 3 的标准库，虽然在本书中主要使用 requests 来代替 urllib 的某些功能，但作为官方工具，urllib 仍然值得进一步了解，在爬虫程序实践中，也可能会用到 urllib 中的有关功能。有兴趣的读者可阅读 urllib 的官方文档：https://docs.python.org/3/library/urllib.html，其中给出了详尽的说明。

1.5.2　对爬虫的思考

通过刚才这个十分简单的爬虫示例，我们不难发现，爬虫的核心任务就是访问某个站点（一般为一个 URL 地址）然后提取其中的特定信息，之后对数据进行处理（在这个例子中只是简单地输出）。当然，根据具体的应用场景，爬虫可能还需要很多其他的功能，比如自动抓取多个页面、处理表单、对数据进行存储或者清洗等。

其实，如果用户只是想获取特定网站所提供的关键数据，而每个网站都提供了自己的

API（应用程序接口，Application Programming Interface），那么对于网络爬虫的需求可能就没有那么大了。毕竟，如果网站已经为用户准备好了特定格式的数据，只需要访问 API 就能够得到所需的信息，那么又有谁愿意费时费力地编写复杂的信息抽取程序呢？现实是，虽然有很多网站都提供了可供普通用户使用的 API，但其中很多功能往往是面向商业的收费服务。另外，API 毕竟是官方定义的，免费的格式化数据不一定能够满足用户的需求。掌握网络爬虫编写，不仅能够做出只属于自己的功能，还能在某种程度上拥有一个高度个性化的“浏览器”，因此，学习爬虫相关知识是很有必要的。

对于个人编写的爬虫而言，一般不会存在法律和道德问题。但随着与互联网知识产权相关的法律法规逐渐完善，用户在使用自己的爬虫时，还是需要特别注意遵守网站的规定以及公序良俗的。2014 年 8 月微博宣布停止脉脉使用的微博开放平台所有接口，理由是“脉脉通过恶意抓取行为获得并使用了未经微博用户授权的档案数据，违反微博开放平台的开发者协议”。最新出台的《网络安全法》也对企业使用爬虫技术来获取网络上及用户的特定信息这一行为做出了一些规定，可以说，爬虫程序方兴未艾，随着互联网的发展，对于爬虫程序的秩序也提出了新的要求。对于普通个人开发者而言，一般需要注意的包括：

- 不应访问和抓取某些充满不良信息的网站，包括一些充斥暴力、色情或反动信息的网站。
- 始终注意版权意识。如果你想爬取的信息是其他作者的原创内容，未经作者或版权所有者的授权，请不要将这些信息用作其他用途，尤其是商业方面的行为。
- 保持对网站的善意。如果你没有经过网站运营者的同意，使得爬虫程序对目标网站的性能产生了一定影响，恶意造成了服务器资源的大量浪费，那么且不说法律层面，至少这也是不道德的。你的出发点应该是一个爬虫技术的爱好者，而不是一个试图攻击网站的黑客。尤其是分布式大规模爬虫，更需要注意这点。
- 请遵循 robots.txt 和网站服务协议。虽然 robots 文件只是一个“君子协议”，并没有强制性约束爬虫程序的能力，只是表达了“请不要抓取本网站的这些信息”的意向。在实际的爬虫编写过程中，用户应该尽可能遵循 robots.txt 的内容，尤其是爬虫无节制地抓取网站内容时。有必要的话，应该查询并牢记网站服务协议中的相关说明。

📖 提示：Robots 协议虽然没有强制性，但一般是会受法律承认的。美国联邦法院早在 2000 年就在 eBay vs Bedder’s Edge 一案中支持了 eBay 屏蔽 BE 爬虫的主张。北京第一中级人民法院于 2006 年在审理泛亚起诉百度侵权案中也认定网站有权利用设置的 Robots.txt 文件拒绝搜索引擎（百度）的收录。可见，Robots 协议在互联网业界和司法界都得到了认可。

关于 robots 文件的具体内容，会在下一节调研分析网站的过程中继续介绍。

1.6 分析网站

1.6.1 robots.txt 与 Sitemap 简介

一般而言，网站都会提供自己的 robots.txt 文件，正如 1.5 节中介绍，Robots 协议旨在让网站访问者（或访问程序）了解该网站的信息爬取限制。在用户的程序爬取网站之前，检查这一文件中的内容可以降低爬虫程序被网站的反爬虫机制封禁的风险。下面是百度的 robots.txt 中的部分内容，可以通过访问 www.baidu.com/robots.txt 来获取：

```
User-agent: Googlebot
Disallow: /baidu
Disallow: /s?
Disallow: /shifen/
Disallow: /homepage/
Disallow: /cpro
Disallow: /ulink?
Disallow: /link?
Disallow: /home/news/data/

User-agent: MSNBot
Disallow: /baidu
Disallow: /s?
Disallow: /shifen/
Disallow: /homepage/
Disallow: /cpro
Disallow: /ulink?
Disallow: /link?
Disallow: /home/news/data/
```

robots.txt 文件没有标准的“语法”，但网站一般都遵循业界共有的习惯。文件第一行内容是 User-agent:，表明哪些机器人（程序）需要遵守下面的规则，后面是一组“allow:”和“disallow:”，决定是否允许该 User-agent 访问网站的这部分内容。星号“*”为通配符。如果一个规则后面跟着一个矛盾的规则，则以后一条为准。可见，百度的 robots.txt 对 Googlebot 和 MSNBot 给出了一些限制。robots.txt 可能还会规定 Crawl-delay，即爬虫抓取延迟，如果在 robots.txt 中发现有“Crawl-delay:5”的字样，那么说明网站希望你的程序能够在两次下载请求中给出 5s 的下载间隔。

用户可以使用 Python 3 自带的 robotparser 工具来解析 robots.txt 文件并指导爬虫，从而避免下载 Robots 协议不允许爬取的 URL。只要在代码中用“import urllib.robotparser”导入这个模块即可使用，详见例 1-2。

【例 1-2】 robotparser.py，使用 robotparser 工具。

```
import urllib.robotparser as urobot
import requests
url = "https://www.taobao.com/"
rp = urobot.RobotFileParser()
rp.set_url(url + "/robots.txt")
rp.read()
user_agent = 'Baiduspider'
if rp.can_fetch(user_agent, 'https://www.taobao.com/product/'):
site = requests.get(url)
print('seems good')
else:
print("cannot scrap because robots.txt banned you!")
```

在上面的程序中，我们打算爬取淘宝网，先看看它的 robots.txt 中的内容，访问“www.taobao.com/robots.txt”即可获取（由于商业性网站更新频率很高，网站的 robots.txt 文件地址可能已经更新）。

```
User-agent: Baiduspider
Disallow: /

User-agent: baiduspider
Disallow: /
```

对于 Baiduspider 这个用户代理，淘宝网限制不允许爬取网站页面，因此，执行刚才的示例程序，输出的结果会是：

```
cannot scrap because robots.txt banned you!
```

而如果淘宝网的 robots.txt 中的内容是：

```
User-agent:  Baiduspider
Allow:  /article
Allow:  /wenzhang
Disallow:  /product/
```

那么若将程序代码其中的：

```
https://www.taobao.com/product/
```

改为：“https://www.taobao.com/article”，则输出结果就变为：

```
seems good
```

这说明程序运行成功。

Python 3 中的 robotparser 是 urllib 下的一个模块，因此先导入它，在下面的代码中，首先创建了一个名为 rp 的 RobotFileParser 对象，之后 rp 加载了对应网站的 robots.txt 文件，将 user_agent 设为“Baiduspider”后，使用 can_fetch 方法测试该用户代理是否可以爬取 URL 对应的网页。当然，为了让这个功能在真正的爬虫程序中实现，需要一个循环语句不断检查新的网页，类似这样的形式：

```
for i in urls:

  try:
    if rp.can_fetch("*", newurl):
site = urllib.request.urlopen(newurl)
      ...
except:
...
```

有时候 robots.txt 还会定义一个 Sitemap，即站点地图。所谓的站点地图（或者叫网站地图），可以是一个任意形式的文档，一般而言，站点地图中会列出该网站中的所有页面，通常采用一定的格式（如分级形式）。这有助于访问者以及搜索引擎的爬虫找到网站中的各个页面，因此，网站地图在 SEO（Search Engine Optimization，搜索引擎优化）领域扮演了很重要的角色。

📖 提示：什么是 SEO？SEO 是指在搜索引擎的自然排名机制的基础上，对网站进行某些调整和优化，从而改进该网站在搜索引擎结果中的关键词排名，使得网站能够获得更多用户流量的过程。而站点地图（Sitemap）能够帮助搜索引擎更智能高效地抓取网站内容，因此完善和维护站点地图是 SEO 的基本方法之一。对于国内网站而言，百度 SEO 是站长做好网站运营和管理中的重要一环。

可以进一步检查这个文件。下面是豆瓣网的 robots.txt 中定义的 Sitemap，可访问 www.douban.com/robots.txt 来获取（由于豆瓣官方可能对 robots.txt 更新，下面使用的 Sitemap 地址也可能发生变动。读者也可尝试其他网站的 Sitemap，如耐克官网中 robots.txt 记录的 Sitemap：https://www.nike.com/robots.txt）。

Sitemap（站点地图）可帮助爬虫程序定位网站的内容，打开其中的链接，内容见图 1-20。

```
▼<sitemapindex xmlns="http://www.sitemaps.org/schemas/sitemap/0.9">
  ▼<sitemap>
     <loc>https://www.douban.com/sitemap_updated.xml.gz</loc>
     <lastmod>2017-10-09T22:00:22Z</lastmod>
   </sitemap>
  ▼<sitemap>
     <loc>https://www.douban.com/sitemap_updated1.xml.gz</loc>
     <lastmod>2017-10-09T22:00:22Z</lastmod>
   </sitemap>
  ▼<sitemap>
     <loc>https://www.douban.com/sitemap_updated2.xml.gz</loc>
     <lastmod>2017-10-09T22:00:22Z</lastmod>
   </sitemap>
  ▼<sitemap>
     <loc>https://www.douban.com/sitemap_updated3.xml.gz</loc>
     <lastmod>2017-10-09T22:00:22Z</lastmod>
   </sitemap>
```

图 1-20　豆瓣网 Sitemap 链接中的部分内容

由于网站规模较大，Sitemap 以多个文件的形式给出，下载其中的一个文件（sitemap_updated.xml）并查看其中内容，见图 1-21。

```
<?xml version="1.0" encoding="utf-8"?>
<urlset xmlns="http://www.sitemaps.org/schemas/sitemap/0.9">
  <url>
    <loc>https://www.douban.com/</loc>
    <priority>1.0</priority>
    <changefreq>daily</changefreq>
  </url>
  <url>
    <loc>https://www.douban.com/explore/</loc>
    <priority>0.9</priority>
    <changefreq>daily</changefreq>
  </url>
  <url>
    <loc>https://www.douban.com/online/</loc>
    <priority>0.9</priority>
    <changefreq>daily</changefreq>
  </url>
```

图 1-21　豆瓣 sitemap_updated.xml 中的内容

观察可知，在这个网站地图文件中提供了豆瓣网站最近更新的所有网页的链接地址，如果我们的程序能够有效地使用其中的信息，那么无疑会成为爬取网站的有效策略。

1.6.2　网站技术分析

目标网站所用的技术会成为影响爬虫程序策略的一个重要因素，俗话说：知己知彼，百战不殆，可以使用 wad 模块来检查网站背后所使用的技术类型（请注意，由于操作系统及其版本的不同，读者安装和运行该 wad 命令工具时的输出可能也有所不同。如果出现运行报错，可能是操作系统版本不兼容所致，读者可使用其他方法来对网站进行分析，如调查后台 JavaScript 代码或联系网站管理员等），也可以十分简便地使用 pip 来安装这个库：

```
pip install wad
```

安装完成后，在终端中使用“wad　-u url”这样的命令就能够查看网站的分析结果。比如看 www.baidu.com 背后的技术类型：

```
wad -u 'https://www.baidu.com'
```

输出结果如下，数据使用的是 JSON 格式：

```
{
    "https://www.baidu.com/": [
        {
            "app": "PHP",
            "type": "programming-languages",
            "ver": ""
        },
        {
            "app": "jQuery",
            "type": "javascript-frameworks",
            "ver": "1.10.2"
        }
    ]
}
```

从上面的结果中不难发现，该网站使用了 PHP 语言和 jQuery 技术（jQuery 是一个十分流行的 JavaScript 框架）。由于对百度的分析结果有限，可以再试试其他网站，这一次直接编写一个 Python 脚本，见例 1-3（由于 wad 版本的更新，下方的示例代码输出可能会有所不同）。

【例 1-3】 wad_detect.py

```
import wad.detection
det = wad.detection.Detector()
url = input()
print(det.detect(url))
```

这几行代码接受一个 url 输入并返回 wad 分析的结果，如输入 http://www.12306.cn/，得到的结果是：

```
{'http://www.12306.cn/': [{'app': 'Java Servlet',
                          'type': 'Web-frameworks',
                          'ver': '2.5'},
                         {'app': 'JavaServer Pages',
                          'type': 'Web-frameworks',
                          'ver': '2.1'},
                         {'app': 'Java',
                          'type': 'programming-languages',
                          'ver': None}]}
```

根据这样的结果可以看到，12306 购票网站使用 Java 编写，并使用了 Java Servlet 等框架。

📖 提示：JSON（JavaScript Object Notation）是一种轻量级数据交换格式，JSON 便于人们阅读和编写，同时也易于机器进行解析和生成，另外，JSON 采用完全独立于语言的文本格式，因此成为一种被广泛使用的数据交换语言。JSON 的诞生与 JavaScript 密切相关，不过目前很多语言（当然，也包括 Python）都支持对 JSON 数据的生成和解析。JSON 数据的书写格式是：名称/值。一对“名称/值”包括字段名称（双引号中），后面写一个冒号，然后是值，如："firstName" : "Allen"。JSON 对象在花括号中书写，可以包含多个名称/值对。JSON 数组则在方括号中书写，数组可包含多个对象。在以后的网络爬取中可能还会遇到 JSON 格式数据的处理，因此有必要对它作一些了解。有兴趣的读者可以在 JSON 的官方文档上阅读更详细的说明。

1.6.3　网站所有者信息分析

如果想要知道网站所有者的相关信息，除了在网站中的“关于”或者“About”页面中查看之外，还可以使用 WHOIS 协议来查询域名。所谓的 WHOIS 协议，就是一个用来查询互联网上域名的 IP 和所有者等信息的传输协议。其雏形是 1982 年互联网工程任务组（Internet Engineering Task Force，IETF）的一个有关 ARPANET 用户目录服务的协议。

WHOIS 的使用十分方便，可以通过 pip 安装 python-whois 库，在终端运行命令：

```
pip install python-whois
```

安装完成后使用“whois domain”这样的格式查询即可，比如查询 yale.edu（耶鲁大学官网）的结果，执行命令“whois yale.edu”：

```
Domain Name: YALE.EDU
```

输出的结果如下（部分结果）：

```
Registrant:
   Yale University
   25 Science Park
   150 Munson St
   New Haven, CT 06520
   UNITED STATES

Administrative Contact:
   Franz Hartl
   Yale University
   25 Science Park
   150 Munson St
   New Haven, CT 06520
   UNITED STATES
   (203) 436-9885
   Webmaster@yale.edu
…
Name Servers:
   SERV1.NET.YALE.EDU         130.132.1.9
   SERV2.NET.YALE.EDU         130.132.1.10
```

```
SERV3.NET.YALE.EDU          130.132.1.11
SERV4.NET.YALE.EDU          130.132.89.9
SERV-XND.NET.YALE.EDU       68.171.145.173
```

不难看出，这里给出了域名的注册信息（包括地址），网站管理员以及域名服务器等相关信息。不过，如果在爬取某个网站时需要联系网站管理者，一般网站上都会有特定的页面给出联系方式（Email 或者电话），这可能会是一个更为直接方便的选择。

1.6.4 使用开发者工具检查网页

如果想要编写一个爬取网页内容的爬虫程序，在动手编写之前，最重要的准备工作可能就是检查目标网页了。一般会先在浏览器中输入一个 URL 地址并打开这个网页，接着浏览器就会将 HTML 渲染出美观的界面效果。如果目标只是浏览或者单击网页中的某些内容，正如一个普通的网站用户那样，那么做到这里就足够了，但遗憾的是，对于爬虫编写者而言，还需要更好地研究一下手头的工具——你的浏览器，这里建议读者使用 Google Chrome 或 Firefox 浏览器，这不仅是因为它们的流行程度比较高，更是因为它们都为开发者提供了强大的功能，是爬虫编写时的不二之选。

下面以 Chrome 为例，看看如何使用开发者工具。可以单击菜单→更多工具→开发者工具，也可以直接在网页内容中右键并单击“检查”元素。开发者工具见图 1-22。

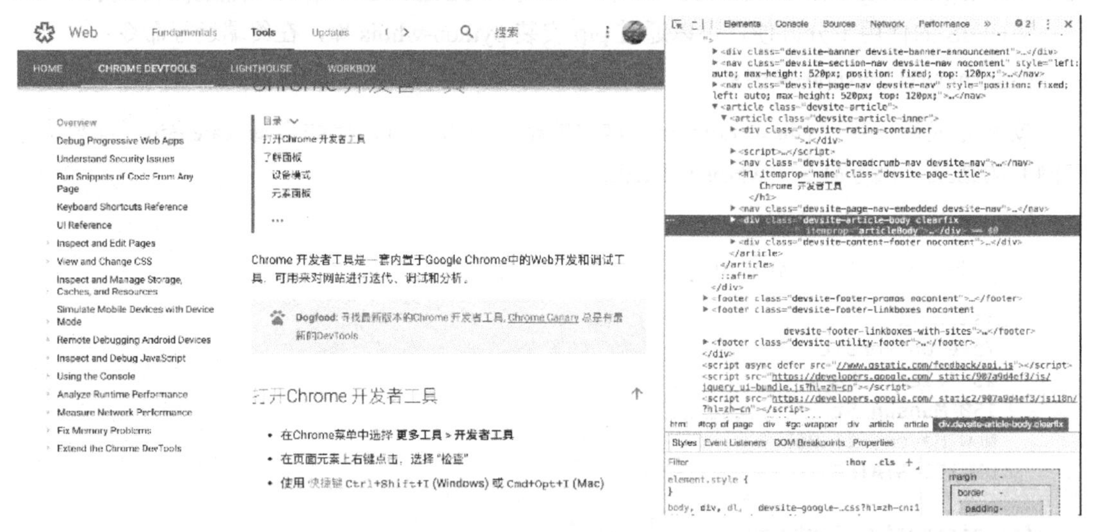

图 1-22　Chrome 开发者工具

Chrome 的开发者模式为用户提供了下面几组工具：

- Elements：允许用户从浏览器的角度来观察网页，可以借此看到 Chrome 渲染页面所需要的 HTML、CSS 和 DOM（Document Object Model）对象。
- Network：可以看到页面向服务器请求了哪些资源、资源的大小以及加载资源的相关信息。此外，还可以查看 HTTP 的请求头、返回内容等。
- Sources：源代码面板主要用来调试 JavaScript。
- Console：控制台可以显示各种警告与错误信息，在开发期间，用户可以使用控制台面板记录诊断信息，或者使用它作为 Shell 在页面上与 JavaScript 交互。

- Performance：使用这个模块可以记录和查看网站生命周期内发生的各种事件来提高页面的运行时性能。
- Memory：这个面板可以提供比 Performance 更多的信息，如跟踪内存泄露。
- Application：检查加载的所有资源。
- Security：安全面板可以用来处理证书问题等。

另外，通过切换设备模式可以观察网页在不同设备上的显示效果，见图 1-23。

图 1-23　在 Chrome 开发者模式中将设备切换为 iPhone 后的显示

在 Element 模块下，用户可以检查和编辑页面的 HTML 与 CSS，选中并双击元素就可以编辑元素了，比如将百度贴吧首页导航栏中的部分文字去掉，并将部分文字变为红色，效果见图 1-24。

图 1-24　通过 Chrome 开发者工具更改贴吧首页内容

当然，也可以选中某个元素后右键单击查看更多操作，见图 1-25。

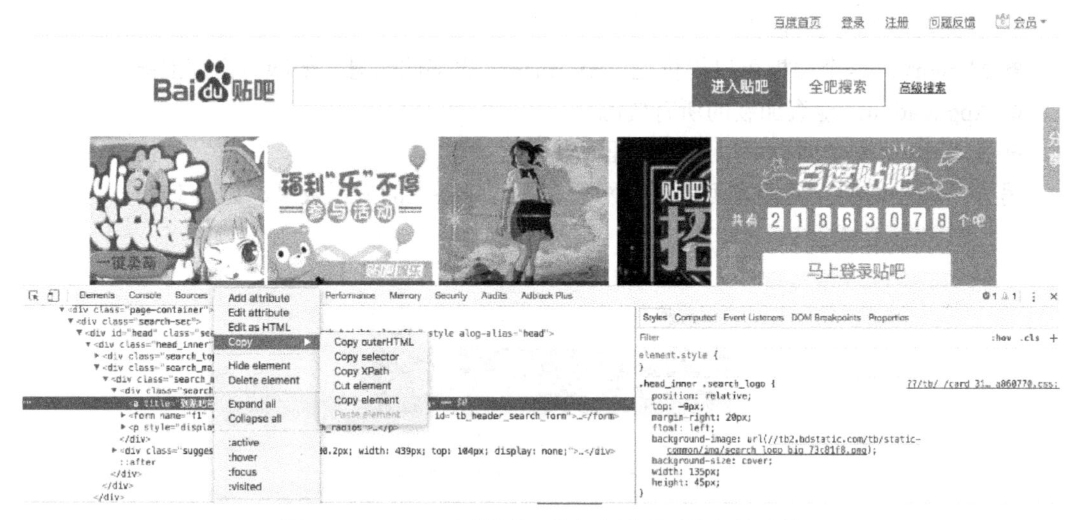

图 1-25　Chrome 开发者工具选中元素后的右键菜单

值得一提的是上面右键菜单中的 Copy XPath 选项，由于 XPath 是解析网页的利器，因此 Chrome 中的这个功能对于爬虫程序编写而言就显得十分实用方便了。

使用 Network 工具可以清楚地查看网页加载网络资源的过程和相关信息，请求的每个资源在 Network 表格中显示为一行，对于某个特定的网络请求，可以进一步查看请求头、响应头、已经返回的内容等信息。对于需要填写并发送表单的网页而言（比如执行用户登录操作），在 Network 面板中勾选 Preserve log，然后进行用户登录，就可以记录下 HTTP POST 信息，查看发送的表单信息详情。用户在贴吧首页开启开发者工具后再登录，就可以看到这样的信息（见图 1-26）。

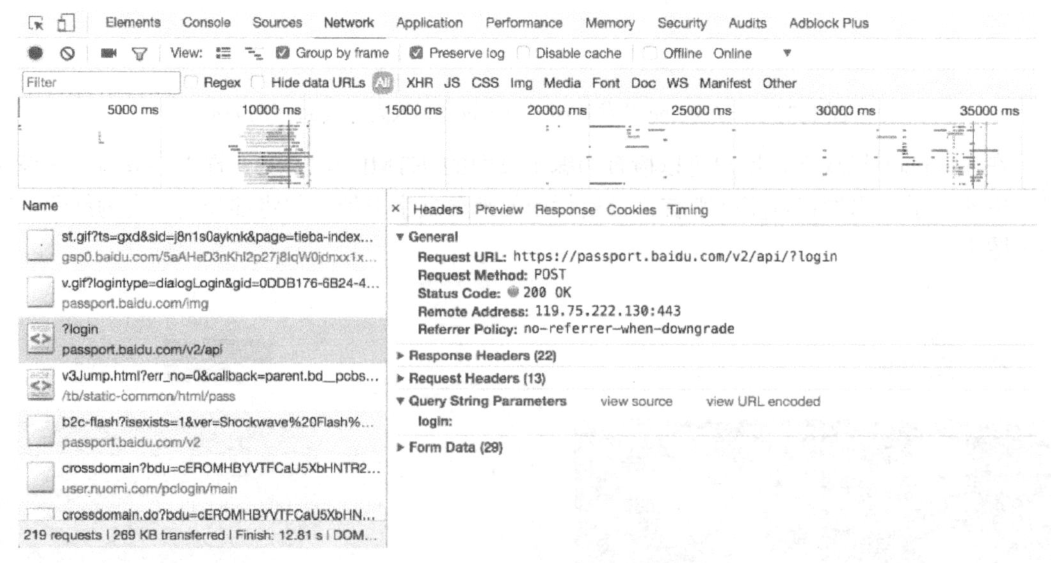

图 1-26　使用 Network 查看登录表单

其中的 Form Data 就包含着向服务器发送的表单信息详情。

📖 提示：在 HTML 中，<form> 标签用于为用户输入创建一个 HTML 表单。表单能够包含 input 元素，如文本字段、单选/复选框、提交按钮等，一般用于向服务器传输数据，是用户与网站进行数据交互的基本方式。

当然，Chrome 等浏览器的开发者工具还包含着很多更为复杂的功能，在这里就不一一赘述了，等到需要用到的时候再去学习即可。

1.7　本章小结

本章介绍了 Python 语言的基本知识，同时通过一个简洁的例子为读者展示了网络爬虫的基本概念，此外介绍了一些用来调研和分析网站的工具，以 Chrome 开发者工具为例说明了网页分析的基本方法，可以借此形成对网络爬虫的初步印象。

接下来的一章中，会更为详细地讨论网页抓取和网络数据采集的方法。

1.8　实践：Python 环境的配置与爬虫的运行

1.8.1　需求说明

在本机安装 Python 3 运行环境，并成功运行 1.5.1 节中的爬虫程序。

1.8.2　实现思路及步骤

（1）依照 1.2 节中的步骤安装 Python 3 运行环境，并在安装过程中勾选将 Python 添加到 PATH 中。

（2）将 1.5.1 节中的爬虫程序复制到计算机目录中，并参考 1.5.1 节中的配置方法尝试运行该爬虫。

1.9　习题

一、选择题

（1）list1 = [x for x in range(5, 2, −1)]，则打印 list1 的结果是（　　）。

A．[5, 4, 3]　　B．[3, 4, 5]

C．[2, 3, 4]　　D．[4, 3, 2]

（2）"ab"+"c"*2 结果是（　　）。

A．abc2　　B．abcabc

C．abcc　　D．ababcc

（3）以下哪些是爬虫技术可能存在风险（　　）。

A．大量占用爬取网站的资源

B．网站敏感信息的获取造成的不良后果

C．违背网站的爬取设置

D．以上都是

二、判断题

（1）Robots 协议可以强制控制爬虫抓取的内容。（　　）

（2）HTTP 中的 GET 请求方式用于提交数据。（　　）

（3）URL 包含的信息指出文件的位置以及浏览器应该怎么处理它，所有互联网上的每个文件都有一个唯一的 URL。（　　）

三、问答题

（1）使用 XPath 定位百度搜索中搜索框和按钮的完整 XPath。

（2）requests 库相比于 urllib 库的优势有哪些？

第2章 数据采集与预处理

数据的起源比文字的起源还要早，在上古时期，绳结上就承载了早期人类的数据。《周易》有云："上古结绳而治"。《春秋左传集解》云："古者无文字，其有约誓之事，事大大其绳，事小小其绳，结之多少，随物众寡，各执以相考，亦足以相治也。"人们将早期社会中的事物抽象成大小不一、数量各异的绳结，从而留下对重要事物的记载。之后文字、数字的出现，使人们能够以更小的空间来记录更丰富的内容。纸张的出现替代了甲骨、石头、青铜等笨重的数据载体，使人类产生的数据体量得到一个快速增长。印刷术的出现使数据的传播速度加快，传播成本降低。这些伴随人的生活实践产生的数据被人们反复研究，促进了天文、气象、运筹等学科的出现，数据给人的价值随着这些学科的发展也越来越高。到了近代，随着电磁、材料等学科的发展，数据的载体与传播方式又有了革命性的变化，磁盘、光纤、电磁波使海量数据的存储与传播成为可能。伴随着计算机技术与互联网的快速发展迭代，人类产生的数据迎来了爆炸式的增长，大数据这个概念从理论逐渐步入现实。大数据时代，需要掌握各种数据存储、分析处理、可视化工具，才能变数据为价值。

本章首先介绍数据，包括数据和大数据的基础概念、类型、存储形式等；然后介绍数据分析的基本环节。其中数据的采集与预处理任务是本章着重介绍的环节。数据采集主要介绍数据源与采集方法；预处理任务包括数据清洗、数据集成、数据转换和数据脱敏四个部分。

学习目标

1. 了解什么是数据，什么是大数据。
2. 熟悉数据分析过程。
3. 掌握数据预处理方法。

2.1 数据

2.1.1 数据的概念

数据是指对客观事物进行记录并可以鉴别的符号，是对客观事物的性质、状态以及相互关系等进行记载的物理符号或这些物理符号的组合。它是可识别的、抽象的符号。本章导语提到的古书记载"事大大其绳，事小小其绳"就体现了早期人类将事情的"大小"这一性质抽象到"绳结大小"这一符号上从而产生数据的过程，如图 2-1 所示。早期数据的抽象还很朴素，随着人类文明的进步这种抽象越来越复杂，例如到了现代，磁盘上磁性物质磁极的排列就是经过高度抽象的符号，需要配套的设备才能读取成人类可以理解的形式。

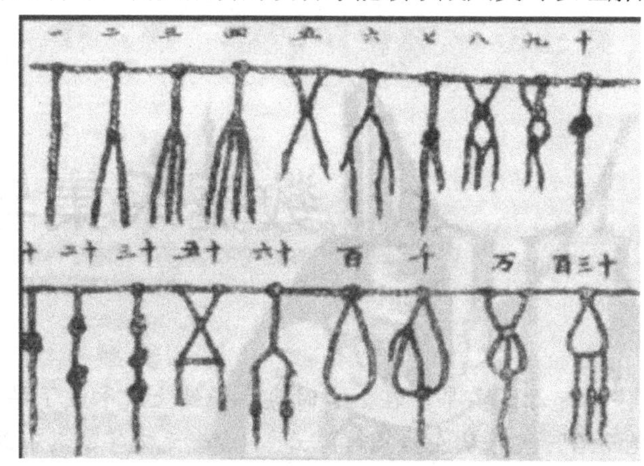

图 2-1　结绳记事

数据和信息是两个关系密切但不同的概念，信息比数据的概念更宏观。信息是通过数据的排列组合传递的概念或者方法，而数据则是构成信息的基本单位，离散的数据里面几乎不蕴含信息，也无从谈起价值。

数据中的“数”包括狭义上的数字，还包括具有一定意义的文字、字母、数字符号的组合、图形、图像、视频、音频等。数据里的信息有时难以直接传递给人，需要加工之后才能变成人易于理解的信息。

人类的各种实践与自然的各色变化都会产生数据，只不过受限于存储成本，人类漫长历史中留存下来的数据有限，从数据中分析得到的信息也有限。随着人类社会信息化程度越来越高，数据存储成本越来越低，数据产生量也越来越大，埋藏在数据中的、以往容易被忽视的信息得以重见天日，并在现代社会中发挥出巨大的价值，成为一种重要的生产要素。从企业层面看，数据已经可以驱动企业的决策与创新，驱动各级组织的运营向着更高效的方向发展；从国家层面看，海量的数据中可能包含着国家各个方面的重要信息甚至机密信息，对国家的安全稳定与发展意义重大，已然成为一种战略资源。

2.1.2　数据类型

数据的分类在收集、处理、存储、分析数据的过程中十分重要。数据的分类方式多种多样，适合于不同场景。下面介绍一些常见的数据分类方法。

数据可以根据描述事物的角度分为：状态类数据、事件类数据、混合类数据。

（1）状态类数据。状态类数据是对客观世界实体的性质的抽象表示。不同种类实体有不同的性质，同一种类实体性质的具体值也不同。比如物体长宽、存款的多少、车辆的位置等，这些数据记录了某一时间点描述对象所处的状态，因此称之为状态类数据。

（2）事件类数据。此类数据经常涉及多个对象，记录了这些对象之间的互动情况。比如帖子的单击数量，记录了人、帖子之间进行“单击”互动的情况。

（3）混合类数据。混合类数据是事件类数据的延伸，所描述的事件发生过程较长，同时涉及状态类数据和事件类数据。例如订单数据，初次生产订单数据描述了交易的信息以及货物的信息，随着交易过程进行，订单状态可能还有变化。

这种分类方式对于涉及历史数据存储的建模来说十分重要。状态类数据保存历史的方式一般有两种：存储快照或者 SCD 方式。事件类数据一旦发生就已经是历史了，只需直接存储或者按时间分区存储。混合类数据保存历史则比较复杂，可以把变化的字段分离出来，按状态类数据保存，剩下不变的则按事件类数据保存，使用时再把两者合并。

数据还可以分为：结构化数据、半结构化数据、非结构化数据。

（1）结构化数据。结构化数据的特点是高度组织、十分整齐且具有特定的格式。例如关系型数据库中存储的就是典型的结构化数据，表现为二维形式，一般以行为单位，一行代表一个实体信息，每一行的字段是固定的。结构化数据可以轻松地以表格的形式进行展示。如果实体有了新的属性需要记录，就需要更改表结构，这使得结构化数据扩展性很差。企业的 ERP 系统、财务系统是结构化数据应用的典型场景。

（2）半结构化数据。半结构化数据是结构化数据的一种形式，它并不符合以关系型数据库或其他数据表的形式关联起来的数据模型结构，但包含相关标记，用来分隔语义元素以及对记录和字段进行分层。因此，它也被称为自描述的结构。对于半结构化数据来说，属性的顺序与数量都是可以变化的。最常见的半结构化数据是 JSON，对于 JSON 文件里的某一实体来说，属性的顺序不重要，不同实体的属性个数与种类不需要一样。HTML 网页文件、RDF（Resource Description Framework，资源描述框架）、XML 文件等都属于半结构化的数据。半结构化的数据又被称为以树或者图的数据结构存储的数据。

（3）非结构化数据。非结构化数据不规则或不完整，没有预定义的数据模型，无法使用数据库二维逻辑或者树结构来表现，因此收集、处理和分析非结构化数据也是一项重大挑战。非结构化数据构成了网络上绝大多数可用数据，并且它每年都在增长，找到使用它的方法已成为许多企业的重要战略。更传统的数据分析工具和方法还不足以完成工作。

非结构化数据囊括的内容十分广泛，这里对其进行进一步的分类。非结构化数据有文本、图像、音频、视频、超媒体等类别。

（1）文本。文本数据是不可以参加算术运算的字符，也称为字符型数据。

（2）图像。图像就是所有具有视觉效果的画面，它包括纸介质上的，底片或照片上的，电视、投影仪或计算机屏幕上的。图像适用于表现含有大量细节（如明暗变化、场景复杂、轮廓色彩丰富）的对象。计算机中的图像从处理方式上可以分为位图和矢量图两种。矢量图与分辨率无关，可以将它缩放到任意大小和以任意分辨率在输出设备上打印出来，都不会影响清晰度。位图是由一个一个的像素点产生，当放大图像时，像素点也放大了，但每个像素点表示的颜色是单一的，所以位图在缩放过程中会损失细节或产生锯齿。在印前处理领域常用的图形处理软件包括：Corel 公司的 CorelDRAW、Adobe 公司的 Photoshop、Macromedia 公司（2005 年被 Adobe 收购）的 Freehand、三维动画制作软件 3DMax 等；此外，在计算机辅助设计与制造等工程领域，常用的图形处理软件还包括：AutoCAD、GHCAD、Pro/E、UG、CATIA、MDT、CAXA 电子图板等。常见的图像文件存储格式包括：PNG、BMP、JPEG、EPS、PSD、SVG 等，其中 EPS、PSD、SVG 属于矢量图格式。

（3）音频。通过专用设备录制出来的存储在计算机中的音频文件就是音频数据。音频数据的读取与解析也需要特定的硬件与软件。音频文件的格式很多，包括 CD、WAV、MP3、MIDI、WMA、RA、ACC 等。

（4）视频。连续的图像被存储在一起就成为视频。常见的视频文件有：AVI、WMV、MPEG、DV、MKV、OGM、MOV 等。

2.1.3 数据的存储形式

从计算机系统的层面来看，数据的主要存储形式有两种，即文件和数据库。

（1）文件。图片、音频、视频等通常都以文件形式存储，一些结构化数据也会用文件存储，比如表格数据可以存储在 Excel 文件当中。文件的文件名包括主名和扩展名，扩展名用来表示文件的类型。在计算机中，文件需要使用文件系统进行管理。

（2）数据库。数据库是“按照数据结构来组织、存储和管理数据的仓库”，是一个长期存储在计算机内的、有组织的、可共享的、统一管理的大量数据的集合。数据库的存储空间很大，可同时供多个用户读写。数据库中的数据需要遵循一定规则，这些规则能够使用户能更合适地组织数据、更方便地维护数据、更严密地控制数据和更有效地利用数据。数据库历史上经历了层次数据库、网状数据库和关系型数据库等各个发展阶段，最终关系型数据库得到了最广泛的认可。20 世纪 80 年代以来，几乎所有的数据库厂商新推出的数据库产品都支持关系型数据库，即使一些非关系型数据库产品也几乎都有支持关系型数据库的接口。这主要是传统的关系型数据库可以比较好地解决管理和存储关系型数据的问题。这类数据库主要使用 SQL（Structured Query Language）语言来操纵管理关系型数据，因此也称作 SQL 数据库。随着云的发展和大数据时代的到来，越来越多的半关系型和非关系型数据需要用数据库进行存储管理，传统的关系型数据库在某些场景下逐渐无法胜任。此外，分布式技术等新技术的出现也对数据库的功能提出了新的要求，于是越来越多的非关系型数据库开始出现，这类数据库与传统的关系型数据库在设计和数据结构上有了很大的不同，更强调数据库的高并发读写性能和超大量数据存储性能，这类数据库一般被称为 NoSQL（Not only SQL）数据库。而传统的关系型数据库在一些传统领域依然保持了强大的生命力，如银行管理、股市管理、企业资源管理等领域。

2.1.4 数据的价值

数据具有描述价值。对于数据收集者来讲，可以通过对数据的一些初步加工，得到关注事物的描述数据。例如企业的业务数据，被收集之后加工处理为报表。对于业务人员来说，这些报表描述了业务发展的状况，让他们对自己负责的业务有量化的、全面的认识，进而调整工作策略；对于管理层来说，业务数据能够提供企业的发展信息，辅助管理人员做出更符合企业利益的决策。

数据具有时间价值。数据的价值会随着在时间维度的累积而越来越高。例如通过分析历史销售情况，能够得到消费者对产品的偏好、产品所处的生命周期、产品销售的季节规律等信息。这些信息对产品的营销、研发具有指导价值。

数据具有预测价值。通过历史数据，配合特定算法，可以实现对未来数据的预测。例如通过历史购买数据来为客户推荐其未来可能购买的商品，通过历史销售数据来预测未来的市场需求。

数据能够通过不断的重组来产生更大的价值。例如在预测客户感兴趣的商品时，在购买记录的基础上加入客户搜索信息，可以得到更好的效果。如果加入客户个人的隐私数据，如收入、性别、年龄等，甚至可以实现精准的推荐。因为其中涉及的利益巨大，容易造成隐私数据的滥用，所以数据安全是在讨论数据价值利用时无法绕开的话题。

2.1.5　大数据时代

“大数据”时代的概念最早由著名的咨询公司麦肯锡提出。麦肯锡认为：“数据，已经渗透到当今每一个行业和业务职能领域，成为重要的生产因素。人们对于海量数据的挖掘和运用，预示着新一波生产率增长和消费者盈余浪潮的到来。”“大数据”已经存在于物理学，生物学、环境生态学等领域以及军事、金融、通信等行业，但是由于近年来互联网的发展，信息产业的发展才逐渐走出专业领域，走进普通人的生活，成为时代的热词。2010 年后的十余年间，全球数据的数量增长了百余倍，已经需要使用泽字节（2^70 字节）来作为计量单位。近些年来随着工业物联网的发展和传统民用产品（如汽车、家用电器）接入互联网，数据的数量仍在快速增长，种类也越来越多。IBM 提出了大数据的 5V 特点：Volume（大量）、Velocity（高速）、Variety（多样）、Value（低价值密度）、Veracity（真实性）。

随着云时代的来临，大数据（Big data）的价值越来越多地被发现。一个公司创造的大量非结构化和半结构化数据存储于关系型数据库用于分析时，往往会花费大量时间与金钱。大数据与云计算、云存储的结合，使大型数据集的实时分析成为可能，类似 MapReduce 一样的框架可以利用云端几十、上百甚至数千的服务器进行协同存储、分析，在满足大数据处理需求的同时，又能使硬件资源得以灵活调度，最大化资源利用率。大数据时代的数据中心建设也注重系统能耗的平衡。

2.2　数据分析过程

数据价值的发现与使用需要一个过程，即数据分析。数据分析的基本步骤包括数据采集、数据预处理、数据存储与管理、数据分析与知识发现、数据后处理，如图 2-2 所示。

图 2-2　数据分析过程

（1）数据采集。传统的数据采集会有以下一些步骤：抽样、测量、编码、输入、核对。这是一种主动的数据收集方法。而大数据时代，各种传感器、视频录制、音频录制设备的普及，各种互联网应用对用户行为的记录，使得大量数据涌入。传统的少而精的数据收集模式已经被颠覆。

（2）数据预处理。针对收集到的数据的特点，分析其可能存在的缺陷，采用适当的方法对其进行批量加工处理，得到可靠的、高质量的数据。数据预处理对于数据分析的后续过程非常重要。

（3）数据存储与管理。针对数据的特点，采取有效的存储硬件与软件，实现可靠、安全、易用的数据存储，充分发挥数据的作用。

（4）数据分析与知识发现。将预处理之后的信息进行进一步的分析，完成信息到认知的过程，从整理后的数据中学习和发现知识，形成结论。例如使用分类、回归、聚类等算法，使用数据进行预测或者分析。

（5）数据后处理。将数据进行可视化，提供给决策支持系统等使用。

2.3 数据采集

本节主要介绍数据采集的概念、常见数据源、数据采集方法。

2.3.1 数据采集的概念

数据采集是数据分析的起点，通过各种技术手段实时或者非实时地收集到数据源产生的数据，并加以利用。

数据采集需要注意全面性、多维性与高效性。全面性是指数据量足够产生分析价值，与分析需求相匹配；多维性是指数据采集必须能灵活、快速自定义数据的多种属性和不同类型，多维性使多角度的丰富的数据分析结果成为可能；高效性是指数据收集过程必须带有明确的采集目的，使信息搜集更加有针对性，实现技术执行、团队成员协同以及分析过程的高效性。高效性也是数据搜集及时性的一个保证。

2.3.2 数据采集的数据源

数据采集的主要数据源有：传感器数据、互联网数据、日志文件、企业业务系统数据等。

（1）传感器数据。传感器是一种检测装置，能感受到被测量的信息，并能将感受到的信息，按一定规律变换成为电信号或其他所需形式的信息输出，以满足信息的传输、处理、存储、显示、记录和控制等要求。通常根据其基本感知功能分为热敏元件、光敏元件、气敏元件、力敏元件、磁敏元件、湿敏元件、声敏元件、放射线敏感元件、色敏元件和味敏元件十大类。传感器具有微型化、数字化、智能化、多功能化、系统化、网络化等特点，在智能制造方面有着广泛的应用。此外话筒、摄像头等也都属于传感器范畴。随着智能家居的普及，一些不常见的传感器原件也逐渐走进我们的生活，比如民用的雨水传感器，如图 2-3 所示，可以实现智能开关窗户；一些家用电器里没有联网的传感器也在接入网络，比如智能冰箱中的温度传感器。

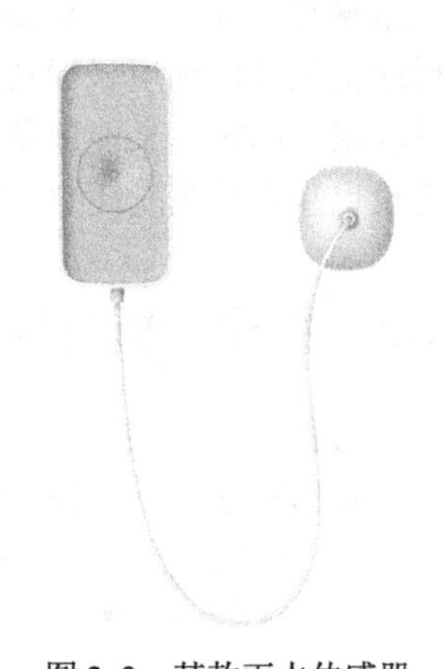

图 2-3 某款雨水传感器

（2）互联网数据。互联网数据主要是指互联网上的用户生成内容以及网站发布内容。这些数据可以通过相应的平台方提供的数据接口得到。如果没有数据接口，则需要采用网络爬虫技术来完成数据采集工作，需要遵循一定的爬虫协议。

（3）日志文件。无论是进行了信息化的传统企业还是原生具有信息化特点的互联网企业，它们的业务服务器每天都会产生大量的日志文件，用于记录针对数据源执行的各种操作。例如 Web 服务器的用户访问行为、游戏服务器的玩家行为记录等。这些日志里埋藏着巨大的价值，是决策支持系统的重要数据来源。

（4）企业业务系统数据。一般企业都有传统的关系型数据库来存储业务数据，这些数据库发展多年，具有高度的可靠性与成熟的数据组织模式。随着非结构化数据的快速增长，一些企业意识到了非结构化数据的价值，也会采用 NoSQL 数据库用于数据的存储，如 Redis 和 MongoDB 等。除了直接从业务系统数据库取得数据分析外，也可以采用构建数据仓库的模式，为企业决策提供数据源。数据仓库是一个面向主题的（Subject Oriented）、集成的（Integrate）、相对稳定的（Non-Volatile）、反映历史变化的（Time Variant）数据集合。数据仓库主要通过 ETL（Extract-Transform-Load，抽取-转换-加载）工具来把散落在不同地方的商务数据统一保存起来，方便决策支持系统使用。

2.3.3　数据采集方法

不同的应用环境和数据源有着不同的采集方法。这里主要介绍系统日志采集、分布式消息订阅分发、ETL、网络数据采集等。

（1）系统日志采集。系统日志可以分为三种：用户行为日志、业务变更日志、系统运行日志。用户行为日志记录了用户在系统中的操作行为信息；业务变更日志记录了用户使用了某种功能后对业务（对象、数据）进行操作的信息；系统运行日志记录了服务器资源、网络资源等的运行情况。Hadoop 的 Chukwa、Cloudera 的 Flume、Facebook 的 Scribe 等都是系统日志采集工具。由于日志记录的信息详细、随时间不断累积，数据量非常大，所以这些工具均采用分布式框架，数据采集和传输速度可达到每秒数百 MB。

（2）分布式消息订阅分发。消息订阅分发是消息系统模式，在这种模式下，消息订阅者都可以消费（Consume）发布者产生的消息。分布式消息订阅分发的典型工具是 Kafka，由 Linkedin 公司开发。Kafka 具有高吞吐量、持久性、分布式的特点，同时满足了在线处理的低延迟需求。

（3）ETL。2.3.2 节提到，ETL 常用于数据仓库的构建。ETL 从散落的业务数据库中抽取数据，并根据实际的商务需求对数据进行转换，再将转换后的数据加载到目标数据存储结构中。ETL 的过程实际上也包含了数据预处理环节。常用的 ETL 工具有 Kettle、DataPipeline、Talend 等。

（4）网络数据采集。主要采用网络爬虫工具。网络爬虫被广泛用于互联网搜索引擎及各种网站的开发中，同时也是大数据和数据分析领域中的重要角色。爬虫可以按一定逻辑大批量采集目标页面内容，并对数据做进一步的处理。

2.4　数据清洗

从本节开始将介绍数据预处理环节的相关流程，数据预处理的主要步骤有：数据清洗、数据集成、数据转换、数据脱敏，如图 2-4 所示。

图 2-4　数据预处理流程

2.4.1　数据清洗概述

数据的质量一定程度上能决定分析结果的质量，糟糕的数据甚至可能得出与实际完全相反的结论。然而通过 2.3 节的各种渠道收集到的数据，往往不是完美的，存在各种各样的缺陷。数据清洗就是找到数据的缺陷，并采取合适的方法对数据进行处理（修复缺陷或者直接删除），最终得到一份可用甚至是完美的数据。

数据清洗可以采用人工清洗和自动清洗两种方式。人工清洗是通过领域专家对数据进行人工核对检查，发现数据中的错误并纠正，常见于财务会计、库存管理等领域。这种方式耗时耗力，效率低下，但是较为灵活，适合于较小的数据规模以及临时的清理需求。自动清洗即编写专门的程序来对数据自动处理，适用于周期性的数据清洗工作，在数据量非常大时能使数据处理时间有效缩短。

数据清洗主要的应用场景是数据仓库构建、数据挖掘以及数据质量管理。数据仓库的数据来自于多个业务数据库，抽取后合并的过程中多有冗余，需要识别并去除。数据挖掘需要配合一定的算法，如果特征数据存在缺失、离群点等异常，会影响算法效果。数据质量管理贯穿整个数据生命周期，覆盖数据质量评估、去噪、监控、探查、清洗、诊断等方面，数据清洗是其中一个重要环节。

2.4.2 数据清洗的内容

数据清洗有四种：数据缺失值处理、数据异常值处理、数据类型转换、重复值处理。

数据缺失是常见的数据缺陷，针对这种情况有以下几种常用的处理方法。

（1）估算。一种方法是通过未缺失的数据来给出缺失值的估算值，例如采用同字段其他数据的均值、中位数或者众数来填补空缺值。这种做法简单易用，但是在样本分布不均衡时可能会有较大的误差。另一种方法是通过分析变量的实际含义，得到变量之间的相关性分析或者逻辑推论，利用这些信息来估计缺失值。例如某一产品的拥有情况可能和性别有关，可以根据性别来为缺失信息赋值。如果涉及数值数据的缺失，也可以按照性别分开计算均值等来补全，最大化利用已有信息。

（2）整例删除。当异常值或者缺失值占比很小时，可以采用直接将整条数据直接删除的方法。

（3）变量删除。当某一变量缺失很多时，如果经过分析，这一变量对于所关注的问题影响有限，可以考虑将该变量数据全部删除。这种做法减少了供分析用的变量，但没有改变样本数量。

异常值的判别需要一定的经验，处理异常值是容易被忽略的一步。可以通过为每个变量设定一个合理的取值范围，为有关联的变量设定合理的相互关系来筛选异常值。逻辑上的异常值需要额外的注意，例如一个年龄在 12 岁的人的婚姻状况是已婚，就是典型的逻辑异常值。当发现异常值时需要对相应数据做记录，便于进一步核对。

数据类型会影响后续数据分析环节代码的编写，需要在预处理时进行转换。例如，同一名称的字段，在不同表中存储的数据类型不同，就需要进行统一。

重复值会影响算法性能以及结论的准确性，需要在数据预处理时进行重复性检验。如果存在重复值，还需要进行重复值的删除。

2.4.3 数据清洗的基本流程

数据清洗的基本流程为：数据分析、定义数据清洗的策略和规则、检索错误实例、纠错、数据回流。

（1）数据分析。原始数据源中存在数据质量问题，需要人工检测或计算机分析程序对原始数据源的数据进行检测分析。

（2）定义数据清洗的策略和规则。根据数据源的特点，制定数据清洗策略和规则，选择合适的算法。

（3）检索错误实例。编写程序自动检测属性错误。主要的检测方法有：基于统计的方法、聚类方法、关联规则方法等。对合并后的数据集检测重复记录，主要方法有：字段匹配算法、递归字段匹配算法等。

（4）纠错。编写程序来纠正发现的错误实例。可以考虑引用外部数据文件，也可以使用数理统计方法完成自动修正。复杂情况下需要人工介入修正过程，决定修正策略。此过程需要注意原始数据备份。

（5）数据回流。数据清洗完成核实无误后需要替代原始数据源，以提高信息系统数据质量，避免脏数据与清洗后数据混用的情况。

2.4.4 数据清洗的评价标准

数据清洗有如下几种评价维度。

（1）可信性。衡量可信性的指标有：精确性、完整性、一致性、有效性、唯一性等。精确性是指数据是否与其对应的客观实体的特征一致。完整性是指数据中是否存在缺失记录或缺失字段。一致性是指同一实体的同一属性的值在不同的系统中是否一致。有效性是指数据是否满足用户定义的条件或在合理的域值范围内。唯一性是指数据中是否存在重复记录。

（2）可用性。衡量可用性的指标有：时间性、稳定性。时间性指的是数据是当前数据还是历史数据，一般业务数据库中得到的是当前数据，数据仓库中存储的是历史数据。稳定性是指数据是否在有效期内。

（3）成本。数据清洗是非常繁重的工作，在大数据项目实际开发工作中，往往会占据一半以上的时间。在数据清洗工作开始之前需要论证清洗成本以及可能给公司带来的经济效益，否则很可能浪费大量人力、物力、财力后，却没有解决企业关心的问题。

2.5 数据集成

数据集成是指将多个数据源的数据结合在一起，形成统一的数据集。主要需要考虑以下几个问题。

（1）模式集成问题。数据集成需要将各个数据源以及现实世界当中的实体正确匹配。例如，同一个实体属性在不同数据库中可能命名不同，识别出这种差异并将其统一起来是必要的。

（2）冗余问题。某些属性可以通过其他属性的运算得到，如果这些属性存在于同一个表中，则会出现数据冗余。冗余是否去除需要根据实际数据使用需求来判断。

（3）数值冲突检测与消除。同一实体属性在不同数据源里采用的单位、编码等可能不同。这种语义差异是数据集成需要重点检测并解决的。

2.6 数据转换

本节首先介绍数据转换的基本概念与策略，然后介绍两种常用的数据转换策略：平滑处理、标准化处理。

2.6.1 数据转换概念与策略

数据转换的目的是使数据适合于后续采用的分析方法。数据转换有如下几种方式。

（1）平滑处理。对数据进行平滑处理可以减弱数据中的噪声。常用的平滑算法有：分箱、回归和聚类等。

（2）聚集处理。在某一维度上对数据进行汇总操作。如在时间维度上对每天的数据进行汇总操作，可以得到月数据、年数据。聚集操作可以构造数据立方体，对数据进行从细粒度到粗粒度的分析。

（3）泛化处理。用更抽象的高层次概念来取代低层次的数据对象。例如，年龄属性可以由低层次的数值抽象（映射）到高层次的“青年、中年、老年”概念。

（4）标准化处理。将某一属性的所有属性值按一定规则缩放到一个给定的区间，通常为[0, 1]区间。常用方法有：最值标准化、均值方差标准化。

（5）属性构造处理。通过已有数据属性之间的运算，得到新的属性，供后续分析使用。例如可以根据人口数量和 GDP，计算出新的属性值——人均 GDP。

2.6.2 平滑处理

噪声数据是指在测量一个变量时，测量值可能出现的相对于真实值的偏差或错误，这种数据会影响后续分析操作的正确性与效果。平滑处理的目的就是去除掉数据中的噪声部分。

1．分箱

分箱方法在应用于连续排序数据时，可以起到局部平滑的效果。根据分箱原则的不同，可以分为等宽划分法和等频划分法。

等宽划分按照相同宽度将数据分成几等份，即每份数据的取值区间宽度相同。缺点是受到异常值的影响比较大。

等频划分将数据分成几等份，每等份数据里面的个数是一样的。

在划分完数据之后，对每份数据取平均值，使用平均值来替代这份数据中的所有元素。

2．回归

可以利用拟合函数对数据进行平滑处理。例如，借助多项式回归得到多个变量之间的拟合关系，从而达到利用一个（或一组）变量来预测另一个变量值的目的。这里介绍一种使用回归的平滑方法：SG 滤波法，一般用于时序信息的处理。

SG 滤波法（Savitzky Golay Filter）的核心思想也是对窗口内的数据进行加权滤波，但是它的加权权重是对给定的高阶多项式进行最小二乘拟合得到。它的优点在于，在滤波平滑的同时，能够更有效地保留信号的变化信息。

对当前时刻的前后一共 $2n+1$ 个观测值进行平滑处理，用 $k-1$ 阶多项式对其进行拟合。对于当前时刻的观测值，使用如下函数拟合：

$$x_t = a_0 + a_1 * t + a_2 * t^2 + \cdots + a_{k-1} * t^{k-1}$$

x_t 是需要平滑处理的变量，t 是选取的自变量。于是得到 $2n+1$ 个方程的方程组。

$$\begin{pmatrix} x_{t-n} \\ \vdots \\ x_{t-1} \\ x_t \\ x_{t+1} \\ \vdots \\ x_{t+n} \end{pmatrix} = \begin{pmatrix} 1 & t-n & (t-n)^2 & \cdots & (t-n)^{k-1} \\ \vdots & \vdots & \vdots & & \vdots \\ 1 & t-1 & (t-1)^2 & \cdots & (t-1)^{k-1} \\ 1 & t & t^2 & \cdots & t^{k-1} \\ 1 & t+1 & (t+1)^2 & \cdots & (t+1)^{k-1} \\ \vdots & \vdots & \vdots & & \vdots \\ 1 & t+n & (t+n)^2 & \cdots & (t+n)^{k-1} \end{pmatrix} \begin{pmatrix} a_0 \\ a_1 \\ a_2 \\ \vdots \\ a_{k-1} \end{pmatrix} + \begin{pmatrix} \varepsilon_{t-n} \\ \vdots \\ \varepsilon_{t-1} \\ \varepsilon_t \\ \varepsilon_{t+1} \\ \vdots \\ \varepsilon_{t+n} \end{pmatrix}$$

使用最小二乘法可以得到 a_0 到 a_{k-1} 的估计值。需要注意的是，要使得整个矩阵有解，必须满足 $2n+1>k$。SG 滤波法的平滑效果如图 2-5 所示。

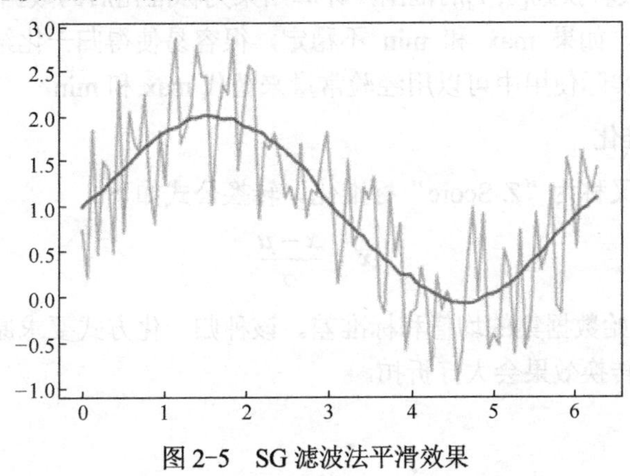

图 2-5　SG 滤波法平滑效果

3．聚类

通过聚类方法可以发现离群点，进而容易发现异常数据，如图 2-6 所示。

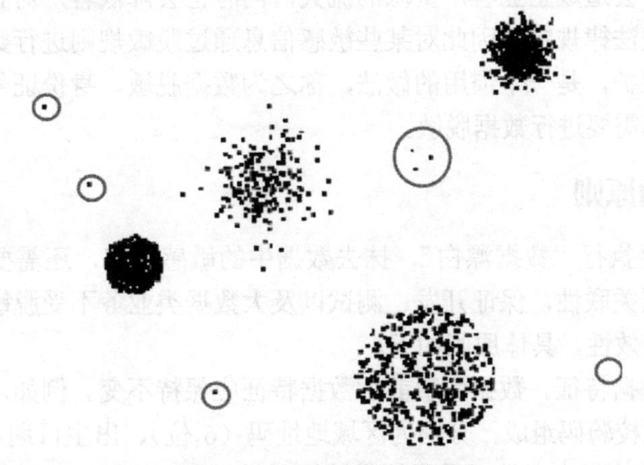

图 2-6　通过聚类发现异常值

常见的聚类方法有：K-均值聚类、均值漂移聚类、基于密度的聚类（DBSCAN）、使用高斯混合模型的最大期望聚类、凝聚层次聚类等。

2.6.3 标准化处理

不同字段的数据往往具有不同的量纲和量纲单位，这样的情况会影响到数据分析的结果，为了消除数据之间的量纲影响，需要进行数据标准化处理，以解决数据之间的可比性。原始数据经过数据标准化处理后，各指标处于同一数量级，适合进行综合对比评价。其中，最典型的就是数据的归一化处理。归一化的目的就是使得预处理的数据被限定在一定的范围内（常用区间[0, 1]或[−1, 1]），从而消除奇异样本数据导致的不良影响。

1．最值标准化

使用线性公式对数据进行转换，转换公式如下。

$$x' = \frac{x - \min(x)}{\max(x) - \min(x)}$$

x 为原始数据，被转换到[0, 1]的范围，计算结果为标准化后的数据。

此方法的缺陷是，如果 max 和 min 不稳定，很容易使得归一化结果不稳定，使得后续使用效果也不稳定。实际使用中可以用经验常量来替代 max 和 min。

2．均值方差标准化

均值方差标准化又称为“Z-Score”标准化。转换公式如下：

$$x' = \frac{x - \mu}{\sigma}$$

其中，μ、σ 分别为原始数据集的均值和标准差。该种归一化方式要求原始数据的分布可以近似为正态分布，否则转换效果会大打折扣。

2.7 数据脱敏

企业在运行过程中会将客户业务相关的各种隐私存储进数据库，这些数据具有极高的商业价值，一旦泄露，会造成企业客户资源的流失，同时也会降低客户对企业的信任感，严重时甚至可能违反相关法律规定。因此对某些敏感信息通过脱敏规则进行数据的变形，实现敏感隐私数据的可靠保护，是一个惯用的做法，称之为数据脱敏。身份证号、手机号、卡号、客户号等个人信息都需要进行数据脱敏。

2.7.1 数据脱敏的原则

数据脱敏不仅要执行“数据漂白”，抹去数据中的敏感内容，还需要保持原有的数据特征、业务规则和数据关联性，保证开发、测试以及大数据类业务不受脱敏影响，确保脱敏前后数据的一致性和有效性。具体原则如下。

（1）保持原有数据特征。数据脱敏前后数据特征应保持不变。例如，身份证号码由十七位数字本体码和一位校验码组成，分别为区域地址码（6 位）、出生日期（8 位）、顺序码（3 位）和校验码（1 位），那么身份证号码的脱敏规则需要保证脱敏后这些特征信息不变。

（2）保持数据的一致性。数据间有一定的关联。例如，年龄和出生日期有关联。脱敏之后这种关联应该也继续存在。

（3）保持业务规则的关联性。数据的业务语义在脱敏后应保持不变，特别是高度敏感的账户类主体数据，往往会贯穿主体的所有关系和行为信息，因此需要特别注意所有主体数据的关联性。

（4）多次脱敏后数据的一致性。相同的数据可能会在不同场景要求下进行多次脱敏处理，需要确保每次脱敏后数据都可以保持一致。

2.7.2 数据脱敏的方法

（1）数据替换。用设置的固定虚假值来替换真实值。

（2）无效化。可采取截断、加密、隐藏等使敏感数据脱敏。

（3）随机化。采用与原数据具有相同统计特征的随机数据来替换真实数据。

（4）偏移和取整。通过随机移位改变数值型数据。例如可以将时间数据“20:19”变为“20:00”。在保护敏感数据的同时尽可能地保留原有信息。

（5）掩码屏蔽。多用于账户类数据，使用掩码对账户数据中的前端、中间或者尾部进行屏蔽。例如，外卖平台通过对手机号后四位以外的数字进行掩码屏蔽来保护客户隐私。

2.8 本章小结

本章介绍了数据分析过程中占据时间最多的环节：数据采集与预处理。数据的质量直接决定后续分析结论的质量，好的数据采集与预处理流程可以让企业的数据资产价值得到增长。大数据时代的到来，传统的数据采集与预处理方法、工具仍占有重要的地位，但同时也要逐步接受和使用专门针对大数据开发的各种数据采集与预处理工具，以提高数据资源的利用效率。

2.9 实践：使用 Python 尝试数据的清洗

2.9.1 需求说明

使用 Python 编写脚本，统计以下所给定的数据，并将重复的数据删除，输出新的数据。

2.9.2 实现思路及步骤

（1）设原始数据为{'country':['a', 'b', 'c', 'a', 'b', 'c'], 'years': [2018, 2016, 2017, 2018, 2016, 2017], 'population': [87, 85, 88, 87, 85, 88]}。

（2）使用 Python 的字符串匹配与处理功能对数据进行处理与清洗，也可以使用正则表达式，或者 Pandas 与 NumPy 结合的方式对数据进行处理。

2.10 习题

一、选择题

（1）大数据的特点有哪些（　　）。

A．Volume（大量）　　B．Velocity（高速）
C．Variety（多样）　　D．Value（低价值密度）
E．Veracity（真实性）

（2）数据预处理包含哪些流程（　　）。
A．数据清洗　　B．数据集成
C．数据转换　　D．数据脱敏

（3）以下哪些是非结构化数据（　　）。
A．班级分数统计表　　B．一篇文章
C．一个 HTML 页面　　D．一个音频文件

（4）给出一组数据：5，10，15，20，25。经过最值标准化处理后为（　　）。
A．0，0.25，0.5，0.75，1　　B．1，2，3，4，5
C．0.05，0.1，0.15，0.2，0.25　　D．5，10，15，20，25

二、判断题

（1）数据预处理在大数据项目中只占很小的工期。（　　）

（2）数据预处理的质量直接影响数据的价值。（　　）

（3）Kafka 具有高吞吐量、持久性、分布式的特点，也适合有低延迟要求的数据消费场景。（　　）

（4）大数据时代不需要 SQL 数据库。（　　）

三、问答题

（1）从多种角度对数据进行分类。

（2）什么是非结构化数据？

（3）数据采集有哪些数据源？

（4）数据采集有哪些方法？

（5）数据清洗主要对数据做了哪些处理？

（6）数据集成需要注意什么？

（7）数据平滑处理有哪些方法？

（8）数据标准化处理有哪些方法？

（9）数据脱敏有哪些方法？

第 3 章 静态网页采集

正如之前提到的，网络爬虫程序的核心任务就是获取网络上（很多时候就是指某个网站上）的数据，并对特定的数据做一些处理。因此，如何“采集”到所需的数据往往成为爬虫成功与否的重点。使用排除法显然是不现实的，用户需要某种方式来直接“定位”到想要的东西，这个过程有时候也被称为“选择”。数据采集最常见的任务就是从网页中抽取数据，一般我们所谓的“抓取”，就是指这个动作。

在第 1 章中已经初步讨论了分析网站和洞悉网页的基本方法，接下来将正式进入“庖丁解牛”的阶段，使用各种工具来获取网页信息。不过，值得一提的是，网络上的信息不一定是必须要以网页（HTML）的形式来呈现的。本章的结尾将介绍网站 API 及其使用。

学习目标

1. 熟悉正则表达式的语法。
2. 了解如何编写正则表达式。
3. 熟悉 BeautifulSoup、XPath 与 lxml 的使用方法。
4. 掌握如何遍历页面。
5. 掌握 API 的使用方法。

3.1 从采集开始

在了解了网页结构的基础上，接下来将介绍几种工具，分别是正则表达式（及 Python 的正则表达式库——re 模块）、BeautifulSoup 模块、XPath 以及 lxml 模块。

在展开讨论之前，需要说明的是，在解析速度上正则表达式和 lxml 是比较突出的，lxml 是基于 C 语言的，而 BeautifulSoup 使用 Python 编写，因此 Beautiful 在性能上略逊一筹也不奇怪。但 BeautifulSoup 使用起来更方便一些，且支持 CSS 选择器，这也能够弥补其性能上的缺憾，另外最新版的 bs4 也已经支持 lxml 作为解析器。在使用 lxml 时主要是根据 XPath 来解析，如果熟悉 XPath 的语法，那么 lxml 和 BeautifulSoup 都是很好的选择。

不过，由于正则表达式本身并非特地为网页解析设计，加上语法也比较复杂，因此一般不会经常使用纯粹的正则表达式解析 HTML 内容，在爬虫编写中，正则表达式主要是作为字符串处理（包括识别 URL、关键词搜索等）的工具，解析网页内容则主要使用 BeautifulSoup 和 lxml 两个模块，正则表达式可以配合这些工具一起使用。

📖 提示：严格地说，正则表达式、XPath、BeautifulSoup 和 lxml 并不是平行的四个概念。正则表达式和 XPath 是“规则”或者叫“模式”，而 BeautifulSoup 和 lxml 是两个 Python 模块，但后面会发现，在爬虫编写中往往不会只使用一种网页元素抓取方法，因此这里将这四者暂且放在一起介绍。

3.2 正则表达式

3.2.1 什么是正则表达式

正则表达式对于程序编写而言是一个复杂的话题，它为了更好地“匹配”或者“寻找”某一种字符串而生。正则表达式常常用来描述一种规则，而通过这种规则，用户就能够更方便地查找邮箱地址或者筛选文本内容。比如说“[A-Za-z0-9\._+]+@[A-Za-z0-9]+\.(com|org|edu|net)”就是一个描述电子邮箱地址的正则表达式。当然，需要注意的是，在使用正则表达式时，不同语言之间可能也存在着一些细微的不同之处，具体应该结合当时的编程上下文来确定。

正则表达式规则比较繁杂，这里直接通过 Python 来进行正则表达式的应用。在 Python 中有一个名为“re”的库（实际上是 Python 标准库），提供了一些实用的内容。同时，另外一个 regex 库也是关于正则表达式的，下面就先用标准库来进行一些初步的探索。re 库中的主要方法如下，接下来将分别介绍：

```
re.compile(string[,flag])
re.match(pattern, string[, flags])
re.search(pattern, string[, flags])
re.split(pattern, string[, maxsplit])
re.findall(pattern, string[, flags])
re.finditer(pattern, string[, flags])
re.sub(pattern, repl, string[, count])
re.subn(pattern, repl, string[, count])
```

首先导入 re 模块并使用 match 方法进行首次匹配：

```
import re
ss = 'I love you, do you?'
res = re.match(r'((\w)+(\W))+',ss)
print(res.group())
```

使用 re.match()方法，就会默认从字符串起始位置开始匹配一个模式，这个方法一般用于检查目标字符串是否符合某一规则（又叫模式，Pattern）。返回的 res 是一个 match 对象，可以通过 group()来获取匹配到的内容。group()将返回整个匹配的子串，而 group(n)返回第 *n* 个组对应的字符串，从 1 开始。在这里 group()返回“I love you,”而 group(1)返回“you,”。

search 方法与 match 方法类似，区别在于 match()函数会检测是不是在字符串的开头位置匹配，而 search()会扫描整个字符串查找匹配，search()也将会返回一个 match 对象，匹配不成功返回 None：

```
import re
ss = 'I love you, do you?'
```

```
res = re.search(r'(\w+)(,)',ss)
# print(res)
print(res.group(0))
print(res.group(1))
print(res.group(2))
```

输出为：

```
you,
you
,
```

split 方法按照能够匹配的子串将字符串分割，返回一个分割结果的列表：

```
ss_tosplit= 'I love you, do you?'
res = re.split('\W+',ss_tosplit)
print(res)
```

输出结果为：['I', 'love', 'you', 'do', 'you', '']

还可以为之指定最大分割次数：

```
ss_tosplit= 'I love you, do you?'
res = re.split('\W+',ss_tosplit,maxsplit=1)
print(res)
```

这一次，输出结果变为：['I', 'love you, do you?']

sub 方法用于字符串的替换，替换字符串中每一个匹配的子串后返回替换后的字符串：

```
res= re.sub(r'(\w+)(,)','her,',ss)
print(res)
```

输出：I love her, do you?

subn 方法与 sub 方法几乎一样，但是它会返回一个替换的次数：

```
res= re.subn(r'(\w+)(,)','her,',ss)
print(res)
```

输出：('I love her, do you?', 1)

findall 方法看起来很像是 search()，这个方法将搜索整个字符串，用列表形式返回全部能匹配的子串。可以把它与 search()做个对比：

```
ss = 'I love you, do you?'
res1 = re.search(r'(\w+)',ss)
res2 = re.findall(r'(\w+)',ss)
print(res1.group())
print(res2)
```

输出：

```
I
['I', 'love', 'you', 'do', 'you']
```

可见，search 只“找到”了一个单词，而 findall “找到”了句子中的所有单词。

除了直接使用 re.search()这种形式的调用，还可以使用另外一种调用形式，即通过 pattern.search()这样的形式调用，这种方法避免了将 pattern（正则规则）直接写在函数参数列表里，但是要事先进行“编译”：

```
pt = re.compile(r'(\w+)')
ss = 'Another kind of calling'
res = pt.findall(ss)
print(res)
```

输出结果：['Another', 'kind', 'of', 'calling']

3.2.2 正则表达式的简单使用

正则表达式的具体应用当然不仅仅是在一个句子中找单词这么简单，还可以用它寻找 ping 信息中的时间结果（此处 220.181.57.216 的 IP 地址仅为举例，读者可自行选取其他 IP 地址进行下面的字符串处理实验，如百度搜索的一个 IP 地址：14.215.177.39）：

```
ping_ss = 'Reply from 220.181.57.216: bytes=32 time=3ms TTL=47'
res = re.search(r'(time=)(\d+\w+)+(.)+TTL',ping_ss)
print(res.group(2))
```

输出为：3ms

在编写爬虫时，也可以用正则表达式来解析网页。比如对于百度，想要获得其 title 信息，先观察一下网页源代码，下面是百度首页的部分源代码：

```
<meta http-equiv=Content-Type content="text/html;charset=utf-8"><meta http-equiv=
X-UA-Compatible content="IE=edge,chrome=1"><meta content=always name=referrer><link
rel="shortcut icon"href=/favicon.ico type=image/x-icon><link rel=icon sizes=any mask
href=//www.baidu.com/img/baidu_85beaf5496f291521eb75ba38eacbd87.svg><title>百度一下，
你就知道 </title><style
```

显然，只要能匹配到一个左边是“<title>”，右边是“</title>”（这些都是所谓的 HTML 标签）的字符串，就能够“挖掘”到百度首页的标题文字：

```
import re,requests
r = requests.get('https://www.baidu.com').content.decode('utf-8')
print(r)
pt = re.compile('(\<title\>)([\S\s]+)(\<\/title\>)')
print(pt.search(r).group(2))
```

输出为：百度一下，你就知道。

如果厌烦了那么多的转义符“\”，在 Python 3 中还可以使用字符串前的 r 来提高效率：

```
pt = re.compile(r'(<title>)([\S\s]+)(</title>)')
print(pt.search(r).group(2))
```

同样能够得到正确的结果。

当然，一般不会这样单凭正则表达式来解析网页，一般总会将它与其他工具配合使用，比如 BeautifulSoup 中的 find()方法就可以配合正则表达式使用。假设目标网页是百度百科的一条关于广东省的页面：

https://baike.baidu.com/item/%E5%B9%BF%E4%B8%9C/207811?fromtitle=%E5%B9%BF%E4%B8%9C%E7%9C%81&fromid=132473&fr=aladdin，可以看到，这个页面上有一些用户会感兴趣的图片，它们的网页源代码如下：

```
<a
nslog-type="10002401"href="/pic/%E5%B9%BF%E4%B8%9C/207811/1/f636afc379310a55b3199
```

```
1efd00f54a98226cffcbadc?fr=lemma&amp;ct=single"target="_blank">
    <img src="https://bkimg.cdn.bcebos.com/pic/f636afc379310a55b31991efd00f54a98226cffcbadc?
x-bce-process=image/resize,m_lfit,w_268,limit_1/format,f_jpg">
    <button class="picAlbumBtn"><em></em><span>图集</span></button>
    <div>广东的概述图（1 张）</div>
    </a>
```

如果想要获得这些图片（的链接），首先会想到的方法就是使用 findAll("img")去抓取。但是网页中的“img”却不仅仅包括用户想要的这些关于广东省概况的照片，网站中通用的一些图片——logo、标签等，这些也会被用户抓到。设想一下，用户编写了一个通过 URL 下载图片的函数，执行完之后却发现本地文件夹多了一堆用户不想要的与广东省没有任何关系的图片，这种情况是必须避免的，而为了有针对性地抓取，可以配合正则表达式：

```
    from bs4 import BeautifulSoup
    import requests
    import re
    base_url = 'https://baike.baidu.com/item/%E5%B9%BF%E4%B8%9C/207811?fromtitle=
%E5%B9%BF%E4%B8%9C%E7%9C%81&fromid=132473&fr=aladdin'
    header={'User-Agent':'Mozilla/5.0 (Windows NT 6.1; Win64; x64) AppleWebKit/537.36
(KHTML, like Gecko) Chrome/68.0.3440.106 Safari/537.36'}#请求头，模拟浏览器登录
    r = requests.get(base_url,headers=header)
    soup = BeautifulSoup(r.content, 'html.parser')
    img_links = soup.find_all('img',src = re.compile('x-bce-process'))
    for i in img_links:
        if i.has_attr('src'):
    print(i['src'])
    else:
    print(i['data-src'])
```

下面使用一个比较简单的正则表达式去寻找想要的图片：re.compile('**x-bce-process**')。

这个规则将帮助用户过滤掉一些网页中的装饰性图片和与词条内容无关的图片，比如：https://pic.rmb.bdstatic.com/203510d04e22d3ebee02ec27f3369e8a.jpeg，这是一个网站中使用的小 logo 图片的地址，最终的图片地址抓取结果见图 3-1。

```
https://bkimg.cdn.bcebos.com/pic/4610b912c8fcc3cef2b072719945d688d43f207b?x-bce-process=image/resize,m_lfit,w_220,limit_1
https://bkimg.cdn.bcebos.com/pic/bd3eb13533fa828bd6199d20f61f4134970a5a3e?x-bce-process=image/resize,m_lfit,w_220,limit_1
https://bkimg.cdn.bcebos.com/pic/f603918fa0ec08fa1707f94852ee3d6d54fbdade?x-bce-process=image/resize,m_lfit,w_220,limit_1
https://bkimg.cdn.bcebos.com/pic/c995d143ad4bd113828673d351afa40f4afb058c?x-bce-process=image/resize,m_lfit,w_220,limit_1
https://bkimg.cdn.bcebos.com/pic/03087bf40ad162d904e673f41adfa9ec8b13cdca?x-bce-process=image/resize,m_lfit,w_220,limit_1
https://bkimg.cdn.bcebos.com/pic/728da9773912b31bb0a906c88d18367adbb4e10e?x-bce-process=image/resize,m_lfit,w_220,limit_1
https://bkimg.cdn.bcebos.com/pic/3b292df5e0fe99255100fdb03fa85edf8cb171c6?x-bce-process=image/resize,m_lfit,w_220,limit_1
https://bkimg.cdn.bcebos.com/pic/c8ea15ce36d3d5397c31b5c83b87e950352ab0a9?x-bce-process=image/resize,m_lfit,w_220,limit_1
https://bkimg.cdn.bcebos.com/pic/c9fcc3cec3fdfc039d9c6417df3f8794a5c226bc?x-bce-process=image/resize,m_lfit,w_220,limit_1
https://bkimg.cdn.bcebos.com/pic/8326cffc1e178a823fab3166f703738da877e865?x-bce-process=image/resize,m_lfit,w_220,limit_1
https://bkimg.cdn.bcebos.com/pic/adaf2edda3cc7cd993535b1c3801213fb90e91fc?x-bce-process=image/resize,m_lfit,w_220,limit_1
https://bkimg.cdn.bcebos.com/pic/962bd40735fae6cd5e2e2dce04b30f2443a70f82?x-bce-process=image/resize,m_lfit,w_220,limit_1
https://bkimg.cdn.bcebos.com/pic/6d81800a19d8bc3e77a6e9eb8f8ba61ea8d34561?x-bce-process=image/resize,m_lfit,w_220,limit_1
https://bkimg.cdn.bcebos.com/pic/95eef01f3a292df5094f3af5b7315c6035a87346?x-bce-process=image/resize,m_lfit,w_220,limit_1
https://bkimg.cdn.bcebos.com/pic/f636afc379310a55b31991efd00f54a98226cffcbadc?x-bce-process=image/resize,m_lfit,w_268,limit_1/format,f_jpg
```

图 3-1 抓取结果示意

re.compile('x-bce-process')则作为一次“字符串清洗”，将图片地址部分清理出来，去掉无关的内容。

📖 提示：使用 BeautifulSoup 时，获取标签的属性是十分重要的一个操作。比如获取<a>标签的 href 属性（这就是网页中文本对应的超链接）或<img>标签的 src 属性（代表着图片的地址）。对于一个标签对象（在 BeautifulSoup 中的名字是 "<class 'bs4.element.Tag'>"），可以这样获得它所有的属性：tag.attrs，这是一个字典（dict）对象。

最后要说明的是，在比较新的 BeautifulSoup 版本上，运行上面的代码可能会出现一个系统提示：

```
UserWarning: No parser was explicitly specified, so I'm using the best available HTML parser for this system ("html5lib").
```

这实际上是说用户没有明确地为 BeautifulSoup 指定一个 HTML\XML 解析器。指定之后便不会出现这个警告：BeautifulSoup(..., "html.parser")，除了 html，parser 还可以指定为 lxml，html5lib 等。

📖 提示：Python 中处理正则表达式的模块不止 re 一个，非内置模块的 regex 是更为强大的正则工具（可以使用 pip 安装来体验）。

3.3 BeautifulSoup 爬虫

BeautifulSoup 是一个很流行的 Python 库，名字来源于《爱丽丝梦游仙境》中的一首诗，作为网页解析（准确地说是 XML 和 HTML 解析）的利器，BeautifulSoup 提供了定位内容的人性化接口。如果说使用正则表达式来解析网页无异于自找麻烦，那么 BeautifulSoup 至少能够让人感到心情舒畅，简便正是它的设计理念。

3.3.1 安装 BeautifulSoup

由于 BeautifulSoup 并不是 Python 内置的，因此仍需要使用 pip 来安装。下面来安装最新的版本（BeautifulSoup 4 版本，也叫 bs4）：

```
pip install beautifulsoup4
```

另外，也可以这样安装：

```
pip install bs4
```

Linux 用户也可以使用 apt-get 工具来进行安装：

```
apt-get install Python-bs4
```

注意，如果计算机上 Python 2 和 Python 3 两种版本同时存在，那么可以使用 pip2 或者 pip3 命令来指明是为哪个版本的 Python 来安装，执行这两种命令是有区别的，见图 3-2。

```
$ pip2 install numpy
Requirement already satisfied: numpy in /Library/Python/2.7/site-packages
$ pip3 install numpy
Requirement already satisfied: numpy in /Library/Frameworks/Python.framework/Versions/3.5/lib/python3.5/site-packages
```

图 3-2　pip2 与 pip3 命令的区别

如果在安装中碰到了什么问题，可以访问：

```
https://www.crummy.com/software/BeautifulSoup/bs4/doc/
```

这里演示如何使用 PyCharm IDE 来更轻松地安装这个包（其他库的安装也类似）。

（1）首先打开 PyCharm 设置中的 Project Interpreter 选项卡，见图 3-3。

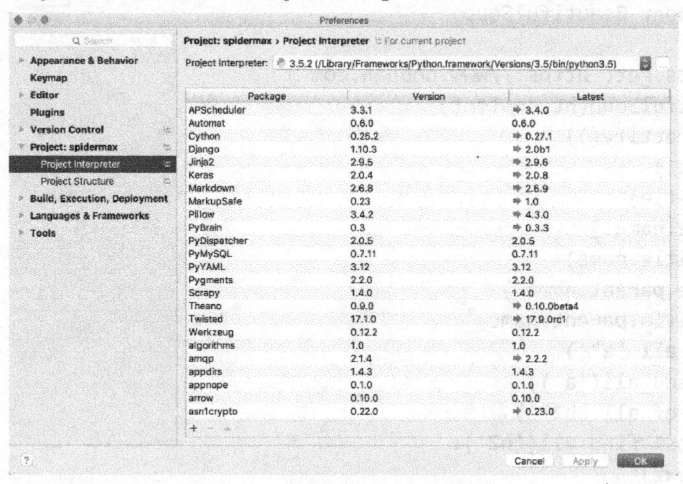

图 3-3　Project Interpreter 设置页面

（2）选中想要安装的 Interpreter（选择一个 Python 版本，也可以是之前设置的虚拟环境），然后单击“+”，打开模块搜索页面，见图 3-4。

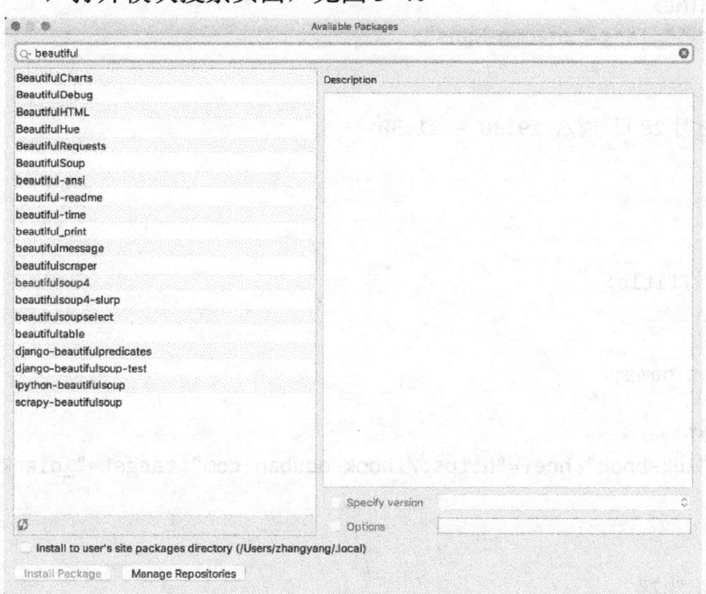

图 3-4　模块搜索页面

（3）搜索再安装即可，如果安装成功，就会跳出图 3-5 所示的提示。

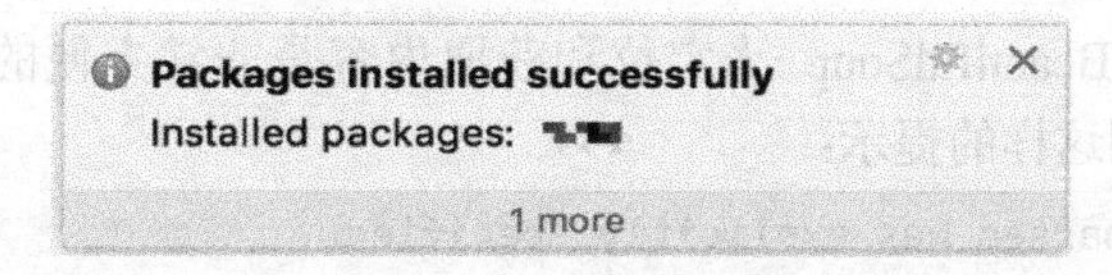

图 3-5　安装成功的提示

BeautifulSoup 中的主要工具就是 BeautifulSoup（对象），这个对象的意义是指一个 HTML 文档的全部内容，下面看看 BeautifulSoup 对象能干什么：

```
import bs4,requests
from bs4 import BeautifulSoup

ht = requests.get('https://www.douban.com')
bs1 = BeautifulSoup(ht.content)
print(bs1.prettify())
print('title')
print(bs1.title)
print('title.name')
print(bs1.title.name)
print('title.parent.name')
print(bs1.title.parent.name)
print('find all "a"')
print(bs1.find_all('a'))
print('text of all "h2"')
for one in bs1.find_all('h2'):
print(one.text)
```

这段示例程序的输出是这样的（由于豆瓣官方的反爬虫机制，程序可能也会由于被屏蔽而得不到类似下方的输出。这时也可尝试其他网站，如 https://www.baidu.com/）：

```
<!DOCTYPE HTML>
<html class="" lang="zh-cmn-Hans">
<head>
......
        10 月 28 日 周六 19:30 - 21:30
</div>
......
</html>
title
<title>豆瓣</title>
title.name
title
title.parent.name
head
find all "a"
[<a class="lnk-book" href="https://book.douban.com" target="_blank">豆瓣读书</a>,
<a
......
]
text of all "h2"
      热门话题
              · · · · · ·
豆瓣时间
```

可以看出，使用 BeautifulSoup 来定位和获取内容是非常方便的，一切看上去都很和谐，但是有可能会遇到这样的提示：

```
UserWarning: No parser was explicitly specified
```

这意味着没有指定 BeautifulSoup 的解析器，解析器的指定需要把原来的代码变为下面这样：

```
bs1 = BeautifulSoup(ht.content,'parser')
```

BeutifulSoup 本身支持 Python 标准库中的 HTML 解析器，另外还支持一些第三方的解析器，其中最有用的就是 lxml。根据操作系统不同，安装 lxml 的方法包括：

```
$ apt-get install Python-lxml
$ easy_install lxml
$ pip install lxml
```

Python 标准库 html.parser 是 Python 内置的解析器，性能过关。而 lxml 的性能和容错能力都是最好的，缺点是安装起来有可能碰到一些麻烦（其中一个原因是 lxml 需要 C 语言库的支持），lxml 既可以解析 HTML 也可以解析 XML。上面提到的三种解析器分别对应下面的指定方法：

```
bs1= BeautifulSoup(ht.content,'html.parser')
bs1= BeautifulSoup(ht.content,'lxml')
bs1= BeautifulSoup(ht.content,'xml')
```

除此之外还可以使用 html5lib，这个解析器支持 HTML5 标准，不过目前还不是很常用。本书主要使用的是 lxml 解析器。

3.3.2 BeautifulSoup 的基本用法

使用 find()方法获取到的结果都是 Tag 对象，这也是 BeautifulSoup 库中的主要对象之一，Tag 对象在逻辑上与 XML 或 HTML 文档中的 tag 相同，可以使用 tag.name 和 tag.attrs 来访问 tag 的名字和属性，获取属性的操作方法则类似字典：tag['href']。

在定位内容时，最常用的就是 find()和 find_all()方法，find_all()方法的定义是：

```
find_all( name , attrs , recursive , text , **kwargs )
```

该方法搜索当前这个 tag（这时 BeautifulSoup 对象可以被视为一个 tag，是所有 tag 的根）的所有 tag 子节点，并判断是否符合搜索条件。name 参数可以查找所有名字为 name 的 tag：

```
bs.find_all( ‘tagname’ )
```

keyword 参数在搜索时支持把该参数当作指定名字 tag 的属性来搜索，就像这样：

```
bs.find(href='https://book.douban.com').text
```

其结果应该是“豆瓣读书”。当然，同时使用多个属性来搜索也是可以的，可以通过 find_all() 方法的 attrs 参数定义一个字典参数来搜索多个属性：

```
bs.find_all(attrs={"href": re.compile('time'),"class":"title"})
```

搜索结果是：

```
    [<a  class="title"  href="https://m.douban.com/time/column/72?dt_time_source=douban-Web_anonymous">觉知即新生——终止童年创伤的心理修复课</a>,
    <a  class="title"href="https://m.douban.com/time/column/41?dt_time_source=douban-Web_anonymous">歌词时光——姚谦写词课</a>,
```

```
    <a  class="title"href="https://m.douban.com/time/column/53?dt_time_source=douban-Web_anonymous">一碗茶的款待——日本茶道的形与心</a>,
    <a  class="title"href="https://m.douban.com/time/column/25?dt_time_source=douban-Web_anonymous">白先勇细说红楼梦——从小说角度重解“红楼”</a>,
    <a  class="title"href="https://m.douban.com/time/column/61?dt_time_source=douban-Web_anonymous">拍张好照片——10 分钟搞定旅行摄影</a>,
    <a  class="title"href="https://m.douban.com/time/column/62?dt_time_source=douban-Web_anonymous">丹青贵公子——艺苑传奇赵孟頫</a>,
    <a  class="title"href="https://m.douban.com/time/column/16?dt_time_source=douban-Web_anonymous">醒来——北岛和朋友们的诗歌课</a>,
    <a  class="title"href="https://m.douban.com/time/column/39?dt_time_source=douban-Web_anonymous">古今——杨照史记百讲</a>,
    <a  class="title"href="https://m.douban.com/time/column/59?dt_time_source=douban-Web_anonymous">笔落惊风雨——你不可不知的中国三大名画</a>]
```

这行代码里出现了 re.compile()，也就是说我们使用了正则表达式，如果传入正则表达式作为参数，Beautiful Soup 会通过正则表达式的 match() 来匹配内容。

最后，Beautiful Soup 还支持根据 CSS 来搜索，不过这时要使用“class_=”这样的形式，因为“class”在 Python 中是一个保留关键词。

```
bs1.find(class_='video-title')
```

recursive 参数设置默认为 True，Beautiful Soup 会检索当前 tag 的所有子孙节点，如果只想搜索 tag 的直接子节点，可以设置为 recursive=False。

通过 text 参数可以搜索文档中的字符串内容：

```
bs1.find(text=re.compile('银翼杀手')).parent['href']
```

输出结果是“https://movie.douban.com/subject/10512661/”，这是电影《银翼杀手 2049》的豆瓣电影主页。上面代码中，find 的结果是一个可以遍历的字符串（NavigableString，就是指一个 tag 中的字符串），所做的是使用 parent 访问其所在的 tag 然后获取 href 属性。如你所见，text 也支持正则表达式搜索。

find_all()会返回全部的搜索结果，所以如果文档树结构很大，那么很可能并不需要全部结果，limit 参数可以限制返回结果的数量。当搜索数量达到 limit 就会停止搜索。find()方法实际上就是当 limit=1 时的 find_all()方法。

由于 find_all()如此常用，因此在 Beautiful Soup 中，BeautifulSoup 对象和 tag 对象可以被当作一个 find_all()方法来使用，也就是说下面两行代码是等效的:

```
bs.find_all("a")
bs("a")
```

下面两行依然等价：

```
soup.title.find_all(text="abc")
soup.title(text="abc")
```

最后要指出的是，除了 Tag、NavigableString、BeautifulSoup 对象，还有一些特殊对象可供用户使用，Comment 对象是一个特殊类型的 NavigableString 对象：

```
bs1 = BeautifulSoup('<b><!--This is comment--></b>')
print(type(bs1.find('b').string))
```

上面代码的输出是：

```
<class 'bs4.element.Comment'>
```

这意味着 BeautifulSoup 成功识别到了注释。

在 Beautiful Soup 中，对内容进行导航是一个很重要的方面，可以理解为从某个元素找到另外一个和它处于某种相对位置的元素。首先就是子节点，一个 tag 可能包含多个字符串或其他的 tag，这些都是这个 tag 的子节点。tag 的 .contents 属性可以将 tag 的子节点以列表的方式输出：

```
bs1.find('div').contents
```

contents 和 children 属性仅包含 tag 的直接子节点，但元素可能会有间接子节点（即子节点的子节点），有时候所有直接和间接子节点合称为子孙节点。.descendants 属性表示 tag 的所有子孙节点，可以循环子孙节点：

```
for child in tag.descendants:
print(child)
```

如果 tag 只有一个 NavigableString（可导航字符串）类型子节点，那么这个 tag 可以使用 .string 得到子节点，如果有多个，可以使用.strings。

除了子节点，相对地，每个 tag 都有父节点，也就是说它是一个 tag 的下一级。可以通过 .parent 属性来获取某个元素的父节点，对于间接父节点（父节点的父节点），则可以通过元素的 .parents 属性来递归得到。

除了上下级关系，节点之间还存在平级关系，即它们是同一个元素的子节点，这称之为兄弟节点。兄弟节点可以通过.next_siblings 和.previous_siblings 属性获得：

```
ht= requests.get('https://www.douban.com')
bs1 = BeautifulSoup(ht.content)
res = bs1.find(text=re.compile('网络流行语'))
for one in res.parent.parent.next_siblings:
print(one)
for one in res.parent.parent.previous_siblings:
print(one)
```

输出结果是（请注意，根据豆瓣网首页内容变化，随日期时间会有不同）：

```
<li class="rec_topics">
……
<span class="rec_topics_subtitle">天朗气清，烹一炉秋天 · 11140 人参与</span>
……
<span class="rec_topics_subtitle">准备工作可以做起来了 · 4497 人参与</span>
……
</li>
```

除此之外，Beautiful Soup 还支持节点前进和后退等导航（如使用.next_element 和 .previous_element)，对于文档搜索，除了 find()和 find_all()还支持 find_parents()（在所有父节点中搜索）和 find_next_siblings()（在所有后面的兄弟节点中搜索）等。平时使用地并不多，这里就不赘述了，有兴趣的读者可以在 Google 搜索相关用法。

3.4 XPath 与 lxml

3.4.1 XPath

XPath，也就是 XML Path Language（意为 XML 路径语言），是一种被设计用来在 XML 文档中搜寻信息的语言。在这里先介绍 XML 和 HTML 的关系，所谓的 HTML（Hyper Text Markup Language），也就是“超文本标记语言”，是 WWW 的描述语言，其设计目标是“创建网页和其他可在网页浏览器中访问的信息”，而 XML 则是 Extentsible Markup Language（意为可扩展标记语言），其前身是 SGML（标准通用标记语言）。简单地说，HTML 是用来显示数据的语言（同时也是 HTML 文件的作用），XML 是用来描述数据、传输数据的语言（对应 XML 文件，这个意义上 XML 十分类似于 JSON）。也有人说，XML 是对 HTML 的补充。因此，XPath 可用来在 XML 文档中对元素和属性进行遍历，实现搜索和查询的目的，也正是因为 XML 与 HTML 的紧密联系，所以可以使用 XPath 来对 HTML 文件进行查询。

XPath 的语法规则并不复杂，需要先了解 XML 中的一些重要概念，包括元素、属性、文本、命名空间、处理指令、注释以及文档，这些都是 XML 中的“节点”，XML 文档本身就是被作为节点树来对待的。每个节点都有一个 parent（父/母节点），比如：

```
<movie>
<name>Transformers</name>
<director>Michael Bay</director>
</movie>
```

上面的例子里，movie 是 name 和 director 的 parent 节点。name、director 是 movie 的子节点。name 和 director 互为兄弟节点（sibling）。

```
<cinema>
<movie>
<name>Transformers</name>
<director>Michael Bay</director>
</movie>
<movie>
<name>Kung Fu Hustle</name>
<director>Stephen Chow</director>
</movie>
</cinema>
```

如果 XML 是上面这样子，对于 name 而言，cinema 和 movie 就是先祖节点（ancestor），同时，name 和 movie 是 cinema 的后辈（descendant）节点。

XPath 表达式的基本规则可见表 3-1。

表 3-1　XPath 表达式的基本规则

表达式	对应查询
node1	选取 node1 下的所有节点
/node1	斜杠代表到某元素的绝对路径，此处即选择根上的 node1
//node1	选取所有“node1”元素，不考虑 XML 中的位置

（续）

表达式	对应查询
node1/node2	选取 node1 子节点中的所有 node2
node1//node2	选取 node1 后辈节点中的所有 node2
.	选取当前节点
..	选取当前的父节点
//@href	选取 XML 中的所有 href 属性

另外，XPath 中还有“谓语”和通配符，见表 3-2。

表 3-2　XPath 中的谓语与通配符使用

表达式	对应查询
/cinema/movie[1]	选取 cinema 的子元素中的第一个 movie 元素
/cinema/movie[last()]	同上，但选取最后一个
/cinema/movie[position()<5]	选取 cinema 元素的子元素中的前 4 个 book 元素
//head[@href]	选取所有拥有 href 属性的 head 元素
//head[@href='www.baidu.com']	选取所有 href 属性为“www.baidu.com”的 head 元素
//*	选取所有元素
//head[@*]	选取所有有属性的 head 元素
/cinema/*	选取 cinema 节点的所有子元素

掌握这些基本内容，就可以开始试着使用 XPath 了，不过在实际编程中，一般不必自己亲自编写 XPath，使用 Chrome 等浏览器自带的开发者工具就能获得某个网页元素的 XPath 路径，用户通过分析感兴趣的元素的 XPath，就能编写对应的抓取语句。

3.4.2　lxml 与 XPath 的使用

在 Python 中用于 XML 处理的工具不少，比如 Python 2 版本中的 Element Tree API 等，不过目前一般使用 lxml 这个库来处理 XPath，lxml 的构建是基于两个 C 语言库的：libxml2 和 libxslt，因此，性能方面 lxml 表现足以让人满意，另外，lxml 支持 XPath 1.0、XSLT 1.0、定制元素类，以及 Python 风格的数据绑定接口，因此受到很多人的欢迎。

当然，如果机器上没有安装 lxml，首先还是得用 pip install lxml 命令来进行安装，安装时可能会出现一些问题（这是由于 lxml 本身的特性造成的），另外，lxml 还可以使用 easyinstall 等方式安装，这些都可以参照 lxml 官方的说明。

最基本的 lxml 解析方式：

```
from lxml import etree
doc = etree.parse('exsample.xml')
```

其中的 parse 方法会读取整个 XML 文档并在内存中构建一个树结构，如果换一种导入方式：

```
from lxml import html
```

这样会导入 htmltree 结构，一般可以使用 fromstring()方法来构建：

```
text = requests.get('http://www.baidu.com').text
ht = html.fromstring(text)
```

这时将会拥有一个 lxml.html.HtmlElement 对象，然后就可以直接使用 XPath 来寻找其中的元素了：

```
ht.xpath('your xpath expression')
```

比如，假设有一个 HTML 文档，见图 3-6。

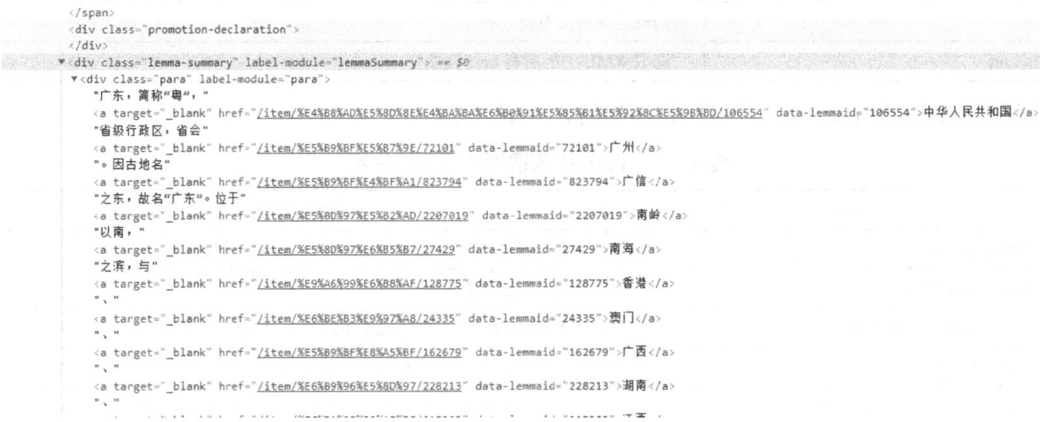

```
</span>
<div class="promotion-declaration">
</div>
▼<div class="lemma-summary" label-module="lemmaSummary"> == $0
  ▼<div class="para" label-module="para">
     "广东，简称“粤”，"
     <a target="_blank" href="/item/%E4%B8%AD%E5%8D%8E%E4%BA%BA%E6%B0%91%E5%85%B1%E5%92%8C%E5%9B%BD/106554" data-lemmaid="106554">中华人民共和国</a>
     "省级行政区，省会"
     <a target="_blank" href="/item/%E5%B9%BF%E5%B7%9E/72101" data-lemmaid="72101">广州</a>
     "。因古地名"
     <a target="_blank" href="/item/%E5%B9%BF%E4%BF%A1/823794" data-lemmaid="823794">广信</a>
     "之东，故名“广东”。位于"
     <a target="_blank" href="/item/%E5%8D%97%E5%B2%AD/2207019" data-lemmaid="2207019">南岭</a>
     "以南，"
     <a target="_blank" href="/item/%E5%8D%97%E6%B5%B7/27429" data-lemmaid="27429">南海</a>
     "之滨，与"
     <a target="_blank" href="/item/%E9%A6%99%E6%B8%AF/128775" data-lemmaid="128775">香港</a>
     "、"
     <a target="_blank" href="/item/%E6%BE%B3%E9%97%A8/24335" data-lemmaid="24335">澳门</a>
     "、"
     <a target="_blank" href="/item/%E5%B9%BF%E8%A5%BF/162679" data-lemmaid="162679">广西</a>
     "、"
     <a target="_blank" href="/item/%E6%B9%96%E5%8D%97/228213" data-lemmaid="228213">湖南</a>
     "、"
```

图 3-6　示例 HTML 结构

这实际上是百度百科“广东省”词条的页面结构，可以通过多种方式获得页面中的广东省百科摘要这部分内容，比如：

```
import requests
from lxml import  html

header={'User-Agent': 'Mozilla/5.0 (Windows NT 6.1; Win64; x64) AppleWebKit/537.36 (KHTML, like Gecko) Chrome/68.0.3440.106 Safari/537.36'}#请求头，模拟浏览器登录
# 访问链接，获取HTML
text=requests.get('https://baike.baidu.com/item/%E5%B9%BF%E4%B8%9C/207811?fromtitle=%E5%B9%BF%E4%B8%9C%E7%9C%81&fromid=132473&fr=aladdin', headers = header).text
ht = html.fromstring(text) # HTML 解析

h1Ele= ht.xpath('//*[@class="lemma-summary"]')[0] # 选取 class 属性为 lemma-summary 的元素
print(h1Ele.attrib) # 获取所有属性，保存在一个dict 中
print(h1Ele.get('class')) # 根据属性名获取属性
print(h1Ele.keys()) # 获取所有属性名
print(h1Ele.values()) # 获取所有属性的值

print(h1Ele.xpath('.//text()')) # 获取属性下所有文字
# 以下方法与上面对应的语句等效：
#使用间断的xpath 来获取属性：
print(ht.xpath('//*[@class="lemma-summary"]')[0].xpath('./@class')[0])

# #直接用xpath 获取属性：
print(ht.xpath('//*[@class="lemma-summary"][position()=1]/@class'))
```

最后值得一提的是，如果 script 与 style 标签之间的内容影响解析页面，或者页面很不规则，可以使用 lxml.html.clean 这个模块，该模块中包括了一个 Cleaner 类来清理 HTML 页

面，支持删除嵌入或脚本内容、特殊标记、CSS 样式注释等。

需要注意的是，参数 page_structure、safe_attrs_only 设置为 False 就能够保证页面的完整性，否则 Cleaner 类可能会将元素属性也清理掉，这就得不偿失了。clean 的用法类似下面的语句：

```
from lxml.html import clean

cleaner = clean.Cleaner(style=True,scripts=True,page_structure=False,safe_attrs_
only=False)
h1clean = cleaner.clean_html(text.strip())
print(h1clean)
```

3.5　遍历页面

3.5.1　抓取下一个页面

严格地说，一个只处理单个静态页面的程序并不能称之为“爬虫”，只能算是一种最简化的网页抓取脚本。实际的爬虫程序所要面对的任务经常是根据某种抓取逻辑，重复遍历多个页面甚至多个网站。这可能也是爬虫（蜘蛛）这个名字的由来——就像蜘蛛在网上爬行一样。在处理当前页面时，爬虫就应该考虑确定下一个将要访问的页面，下一个页面的链接地址有可能就在当前页面的某个元素中，也可能是通过特定的数据库读取（这取决于爬虫的爬取策略），通过从“爬取当前页”到“进入下一页”的循环，实现整个爬取过程。正是由于爬虫程序往往不会满足于单个页面的信息，网站管理者才会对爬虫如此忌惮——因为同一段时间内的大量访问总是会威胁到服务器负载。下面的伪代码是一个遍历页面的例子，其任务是最简单形式的遍历页面，即不断爬取下一页，当满足某个判定条件（如已经到达尾页而不存在下一页）就停止抓取。

```
def looping_crawl_pages(starturl, manganame):
ses= requests.Session()
  url_cur_page = starturl

while True:
print(url_cur_page)

r = ses.get(url_cur_page, headers=header_data, timeout=10)
# get the element of Web you want and
   # process data, such as saving them into files
url_next_page = ...# get url of next page

if not have_next_page():
print('At the end of pages! Done!')
break
   else:
url_cur_page = url_next_page
```

上面的伪代码展示了一个简单的爬虫模型，接下来通过一个例子来实现这个模型。360 新闻站点提供了新闻搜索结果页面，输入关键词，可以得到一组关键词新闻搜索的结果页面。如果想要抓取特定关键词对应的每条新闻报道的大体信息，就可以通过爬虫的方式来完成。图 3-7 是新闻搜索“西湖”关键词的结果页面，这个页面结构相对而言还是很简单的，使用 BeuatifulSoup 中的基本方法即可完成抓取。

图 3-7　360 新闻搜索“西湖”的结果页面

3.5.2　完成爬虫

以爬取关键词“北京”对应的新闻结果为例，观察 360 新闻的搜索页面，很容易发现，翻页这个逻辑是通过在 URL 中对参数“pn”进行递增而实现的，在 URL 中还有其他参数，这里暂时不关心它们的含义。于是，实现“抓取下一页”的方法就很简单了，首先构造一个存储了每一页 URL 的列表，由于它们只是在参数“pn”上不同，其他内容完全一致，因此，使用 str 的 format 方法即可。接着通过 Chrome 的开发者工具来观察网页，见图 3-8。

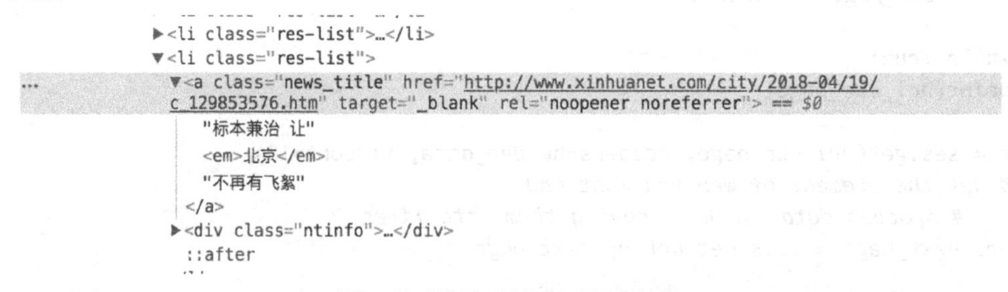

图 3-8　新闻标题的网页代码结构

可以发现，一则新闻的关键信息都在<a></a>和与它同级的<div class="ntinfo">中，可以通过 BeautifulSoup 找到每一个<a></a>节点，而同级的 div 则可以通过 next_sibling 定位到。新闻对应的原始链接则可以通过 tag.get("href")方法得到。将数据解析出来后，考虑通过数据库进行存储，为此，需要先建立一个 newspost 表，其字段包括 post_title, post_url, newspost_date，分别代表一则报道的标题、原地址以及日期。最终编写的这个爬虫程序见例 3-1。

【例3-1】 最简单的遍历多个页面的爬虫。

```
    import pymysql.cursors
    import requests
    from bs4 import BeautifulSoup
    import arrow

    urls = [
    u'https://news.so.com/ns?q=北京&pn={}&tn=newstitle&rank=rank&j=0&nso=10&tp=11&nc=
0&src=page'
    .format(i) for i in range(10)
    ]
    for i,url in enumerate(urls):
      r = requests.get(url)
      bs1 = BeautifulSoup(r.text)
      items = bs1.find_all('a', class_='news_title')

      t_list = []
      for one in items:
        t_item = []
        if '360' in one.get('href'):
          continue
        t_item.append(one.get('href'))
        t_item.append(one.text)
        date = [one.next_sibling][0].find('span', class_='pdate').text

        if len(date) <6:
          date = arrow.now().replace(days=-int(date[:1])).date()
        else:
          date = arrow.get(date[:10], 'YYYY-MM-DD').date()

        t_item.append(date)
        t_list.append(t_item)

      connection = pymysql.connect(host='localhost',
    user='scraper1',
    password='password',
    db='DBS',
    charset='utf8',
    cursorclass=pymysql.cursors.DictCursor)

      try:
        with connection.cursor() as cursor:
          for one in t_list:
            try:
    sql_q = "INSERT INTO 'newspost'('post_title', 'post_url', 'news_postdate',) VALUES
(%s, %s,%s)"
    cursor.execute(sql_q, (one[1], one[0], one[2]))
          except pymysql.err.IntegrityError as e:
    print(e)
            continue
        connection.commit()
```

```
    finally:
      connection.close()
```

这里需要注意的是，由于 360 新闻搜索结果页面中的日期格式并不一致，对于比较旧的新闻，可采用类似“2017-13-30 05:27”这样的格式，而对于刚刚发布的新闻，则使用类似“10 小时之前”这样的格式，因此需要对不同的时间日期字符串进行统一格式，如将“XXX 之前”转化为“2017-13-30 05:27”的形式：

```
if len(date) <6:
date = arrow.now().replace(days=-int(date[:1])).date()
else:
date = arrow.get(date[:10], 'YYYY-MM-DD').date()
```

上面的代码使用了 arrow，这是一个比 datetime 更方便的高级 API 库，其主要用途就是对时间日期对象进行操作。

```
connection = pymysql.connect(host='localhost',
user='scraper1',
password='password',
db='DBS',
charset='utf8',
cursorclass=pymysql.cursors.DictCursor)
```

这段代码建立了一个 connection 对象，代表一个特定的数据库连接，后面 try-except 代码块中即通过 connection 的 cursor()（游标）来进行数据读写。最后，运行上面的代码并在 Shell 中访问数据库，使用 select 语句来查看抓取的结果，见图 3-9。

| 北京市全力支持拉萨教育事业发展纪实

| 北京赛车全天稳定计划

| 北京市民政局社团办联合党委党建到国华人才测评工程研究院调研

图 3-9　数据库中的结果示例

这是本书第一个比较完整的爬虫，虽然简单，但“麻雀虽小，五脏俱全”，基本上代表了网页数据抓取的大体逻辑。理解这个数据获取、解析、存储、处理的过程将有助于后续的爬虫学习。

3.6　使用 API

3.6.1　API 简介

正如上文所说，所谓的采集“网络数据”不一定必须是从网页中抓取数据， API（Application Programming Interface，应用编程接口）的用处就在这里：API 为开发者提供了方便友好的接口，不同的开发者用不同的语言都能获取同样的数据，使得信息有效地被共享。目前各种不同的软件应用（包括各种编程模块）都有着各自不同的 API，但这里讨论的 API 主要是指“网络 API”，它可以允许开发者用 HTTP 协议向 API 发起某种请求，从而获取对应的某种信息。目前 API 一般会以 XML（eXtensible Markup Language，可扩展标记语言）或者 JSON 格式来返回服务器响应，其中 JSON 数据格式更是越来越受到人们的欢迎。

API 与网页抓取看似不同，但其流程都是从“请求网站”到“获取数据”再到“处理数据”，两者也共用许多概念和技术，显然，API 免去了开发者对复杂的网页进行抓取的麻烦。API 的使用也和“抓取网页”没有太大区别，第一步总是去访问一个 URL 地址，这和使用 HTTP GET 来访问 URL 一模一样。如果非要给 API 一个不称作“网页抓取”的理由，那就是 API 请求有自己的严格语法，而且不同于 HTML 格式，它会使用约定的 JSON 和 XML 格式来呈现数据。图 3-10 是微博开发者 API 的文档页面。

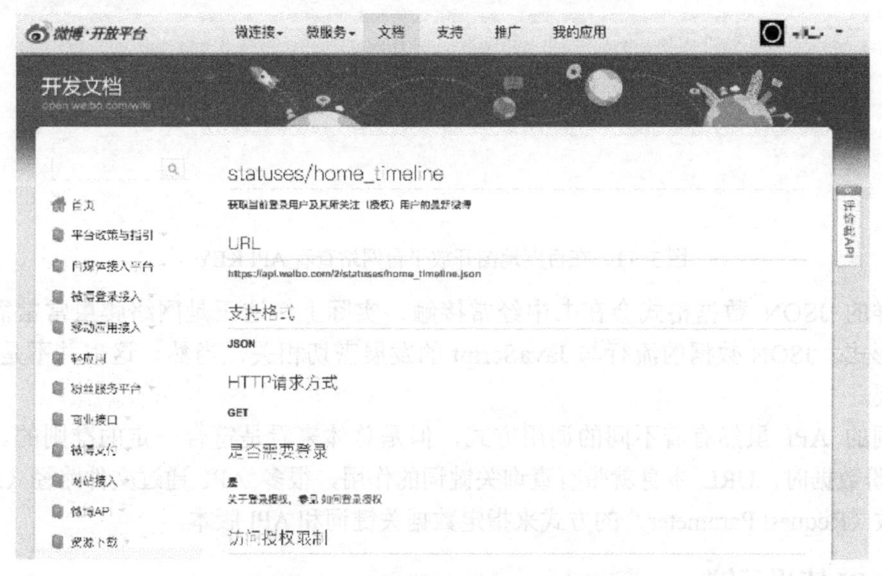

图 3-10　一个微博开发者 API 的文档

使用 API 之前，需要先在提供 API 服务的网站上申请一个接口服务。目前国内外的 API 服务都有免费、收费至少两种类型（收费服务的目标客户一般都是商业应用和企业级开发者），使用 API 时需要验证客户身份。通常验证身份的方法都是使用 token，每次对 API 进行调用都会将 token 作为一个 HTTP 访问的一个参数传送到服务器。这种 token 很多时候以“API KEY”的形式来体现，可能是在用户注册（对于收费服务而言就是购买）该服务时分配的固定值，也可能是在准备调用时动态地分配。下面是一个调用 API 的例子：

```
http://api.map.baidu.com/geocoder/v2/?address=北京市海淀区上地十街 10 号&output=json&ak=VMfQrafP4qa4VFgPsbm4SwBCoigg6ESN
```

返回的数据是：

```
{"status":0,"result":{"location":{"lng":116.3084202915042,"lat":40.05703033345938},"precise":1,"confidence":80,"comprehension":100,"level":"门址"}}
```

这是百度地图开放平台 http://lbsyun.baidu.com/网站提供的查询地理坐标的 API，ak（百度地图 API 的一个参数）的值就扮演了 token 的角色。用户可以访问该网站并注册，开启免费服务后就能够得到一个 API KEY（见图 3-11），服务器会识别出这个值，然后向请求方提供 JSON 数据。

图 3-11　在百度地图开放平台网站查看 API KEY

这样的 JSON 数据格式会在书中经常接触，实际上，这正是网络爬虫常常需要应对的数据形式。JSON 数据的流行与 JavaScript 的发展密切相关，当然，这也并不是说 XML 就不重要。

不同的 API 虽然有着不同的调用方式，但是总体来看是符合一定的准则的。当用户 GET 一份数据时，URL 本身就带有查询关键词的作用，很多 API 通过文件路径（Path）和请求参数（Request Parameter）的方式来指定数据关键词和 API 版本。

3.6.2　API 使用示例

下面以百度地图提供的 API 为例，试写一段代码来请求 API 提供想要的数据。

例如有一批小区名称，需要精确展示到地图上，因此需要对地址进行转换，转换成经纬度。地址转经纬度的接口，各地图厂商均有提供，使用方法也大同小异，一般也都有免费使用次数，比如百度地图 API，接口免费使用次数是 10000 次/天，按我们抓到数据的量级，免费的次数已经够用。

下面介绍百度正地理编码服务 API 的用法，正地理编码服务提供将结构化地址数据转换为对应坐标点（经纬度）功能，参考文档为：

```
http://lbsyun.baidu.com/index.php?title=Webapi/guide/Webservice-geocoding
```

使用方法：

- 申请百度账号。
- 申请成为百度开发者。
- 获取服务密钥（ak）。
- 发送请求，使用服务。

在使用时首先需要申请百度开发者平台账号以及该应用的 ak，申请地址为 http://lbsyun.baidu.com/。需要注册百度地图 API 以获取免费的密钥，才能完全使用该 API，因为是按小区名称去调用地图API获取经纬度，而同一个小区名称在全国其他城市也会有重名的小区，所以在调用地图接口的时候需要指定城市，这样才会避免获取到的坐标值分布在全国不同城市的情况。接口示例如下：

```
http://api.map.baidu.com/geocoder/v2/?address=北京市海淀区上地十街10号&output=json&ak=您的ak&callback=showLocation //GET请求
```

请求参数主要包括：

- address，待解析的地址。最多支持84个字节。可以输入两种样式的值，分别是：标准的结构化地址信息，如北京市海淀区上地十街10号（推荐，地址结构越完整，解析精度越高）；支持"*路与*路交叉口"描述方式，如北一环路和阜阳路的交叉路口。第二种方式并不总是有返回结果，只有当地址库中存在该地址描述时才有返回。
- city，地址所在的城市名。用于指定上述地址所在的城市，当多个城市都有上述地址时，该参数起到过滤作用，但不限制坐标召回城市。
- ak，用户申请注册的key，自v2开始参数修改为"ak"，之前版本参数为"key"。
- output，输出格式为JSON或者xml。

返回结果参数：

- status，返回结果状态值，成功返回0，其余状态可以查看官方文档。
- location，经纬度坐标。lat：纬度值；lng：经度值。

用户可以访问百度地图开放后台，网址为 http://lbsyun.baidu.com/，注册账号并在凭据页面中创建一个凭据（见图3-12中的API密钥），创建之后，我们可以对这个密钥进行限制，也就是说你可以指定哪些网站、IP地址或应用可以使用此密钥，这能够保证API密钥的安全，对于收费服务而言，没有设定限制的密钥一旦泄露带来的会是不小的经济损失。如果创建了多个项目，可以为每个项目都指定一个特定的KEY。

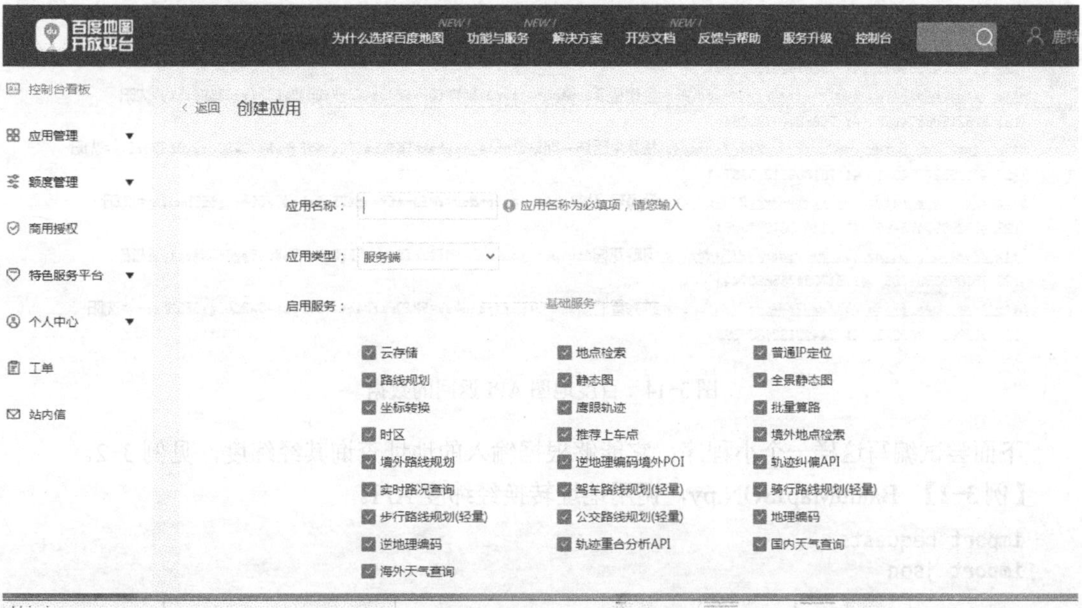

图3-12 百度地图开放平台API的凭据页面

接下来在 API 库（见图 3-13）中看看有哪些值得尝试的东西——以地图类的 API 为例，地图 API 支持很多不同的功能，可以查询经纬度对应的地址，可以将地图内嵌在网页，可以把地址解析为经纬度等。

图 3-13　百度 API 库

这些功能用户能够试用了。如 API 能够输出一个地址的地理位置信息，返回的数据见图 3-14。

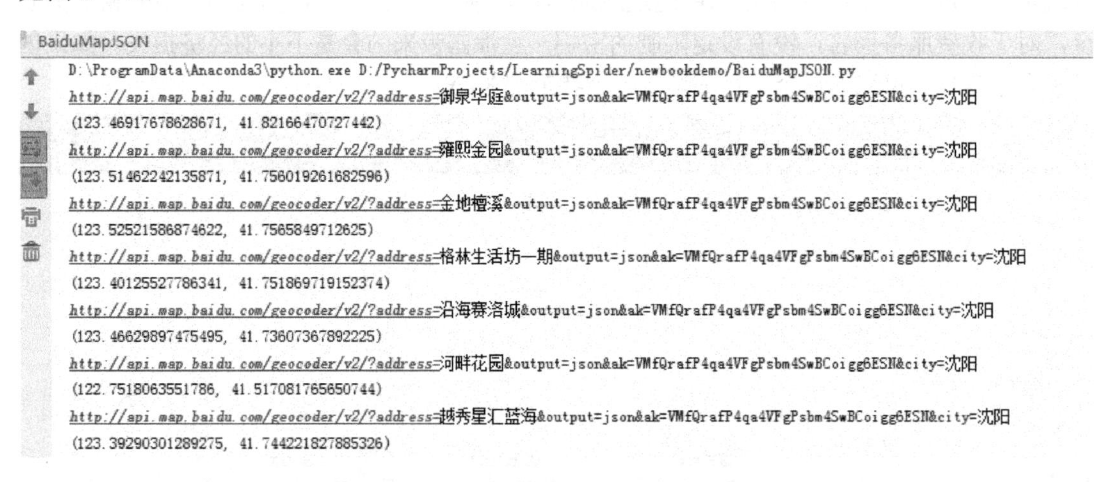

图 3-14　百度地图 API 返回的数据

下面尝试编写这样一个小程序：它能够根据输入的地址查询其经纬度，见例 3-2。

【例 3-2】 BaiduMapJSON.py，调用地址转换经纬度 API。

```
import requests
import json

def getlocation(name):#调用百度API查询位置
```

```
bdurl='http://api.map.baidu.com/geocoder/v2/?address='
output='json'
ak='你的密钥'#输入你刚才申请的密钥
ak='VMfQrafP4qa4VFgPsbm4SwBCoigg6ESN'#输入你刚才申请的密钥
uri=bdurl+name+'&output='+output+'&ak='+ak+'&city=沈阳'
print (uri)
    res=requests.get(uri)
    j = json.loads(res.text)
    location = j['result']['location']
return location.get('lng'), location.get('lat')

names = '''御泉华庭
雍熙金园
金地檀溪
格林生活坊一期
'''

for name in names.splitlines():
loc=getlocation(name)
print(loc)
```

上面使用了一组沈阳市的小区名称作为测试，运行上面的脚本，可以得出这些小区的经纬度。在这段代码中，使用了 JSON 模块，它是 Python 的内置 JSON 库，这里主要使用的是 loads()方法。虽然这段例子十分粗略，但是要说明的是，API 的用法不止是作为一个单纯的调用查询脚本，API 服务还可以整合进更大的爬虫模块里，扮演一个工具的作用（比如使用 API 获取代理服务作为爬虫代理）。总而言之，网络 API 的使用是网络爬取的一个不可分割的重要部分，说到底，无论编写什么样的爬虫程序，任务都是类似的——访问网络服务器、解析数据、处理数据。

3.7　本章小结

本章引入了 Python 网络爬虫的基本使用和相关概念，介绍了正则表达式、BeautifulSoup 和 lxml 等常见的网页解析方式，最后还对 API 数据抓取进行了一些讨论。本章内容是网络爬虫编写的重要基础，其中 lxml、BeautifulSoup 等工具的使用尤为重要。

3.8　实践：哔哩哔哩直播间信息爬取练习

3.8.1　需求说明

基于哔哩哔哩公布的 API，爬取 UID 为 1～10 的用户对应的直播间 ID。

3.8.2　实现思路及步骤

（1）哔哩哔哩提供的根据目标用户 UID 获取直播间信息的 API 为 https://api.live.bilibili.com/live_user/v1/Master/info，参数 uid 为目标用户的 UID，于是可以组合出 https://api.live.bilibili.com/live_user/v1/Master/info?uid=目标 UID，即需要访问的 API。

（2）使用 requests 模块的 GET 功能访问网页，编写相应的代码遍历更换目标 UID 的内容，即可获得对应的数据。

（3）将获得的数据解析格式化，将 10 位用户对应的直播间 ID 打印在控制台上。

3.9 习题

一、选择题

（1）在正则表达式中，*表示（　　）。

A．前面的字符必须出现一次

B．前面的字符可以不出现，也可以出现一次或者多次

C．前面的字符最多可以出现一次

D．除了前面的字符以外都可以出现至少一次

（2）以下正则表达式哪个不能匹配字母、数字、下画线（　　）。

A．\w　　B．[.]　　C．[A-Za-z0-9_]　　D．都可以匹配

（3）在 BeautifulSoup 中，以下哪个是选择 a 标签中 CSS 类为 body 的语句（　　）。

A．soup.select("a[body]")　　B．soup.select("body a")

C．soup.select(a[class="body"])　　D．soup.select("a#body")

二、判断题

（1）非正整数可以用正则表达式'^-[0-9]*[1-9][0-9]*$'来表示。（　　）

（2）[A-Z]可以匹配小写字母。（　　）

（3）BeautifulSoup 可以处理网页也可以打开本地页面。（　　）

（4）单纯使用 lxml 解析页面的效率比 BeautifulSoup 要高。（　　）

（5）XPath 可以定位页面上任意一个元素。（　　）

三、问答题

（1）\d，\w，\s，[a-zA-Z0-9]，\b，.，*，+，?，x{3}，^，$分别是什么？

（2）写出一个正则表达式来表示邮箱。

（3）如果需要编写代码来抓取 0.html～999.html 的内容，那么应该使用什么方法抓取？

第 4 章 数据存储

Python 以简洁见长，在其他语言中比较复杂的文件读写和数据 I/O，在 Python 中由于比较简单的语法和丰富的类库而显得尤为方便。这一章将从最简单的文本文件读写出发，重点介绍 CSV 文件读写和操作数据库，同时介绍一些其他形式的数据的存储方式。

学习目标

1. 掌握 Python 中的文件读写功能。
2. 了解 Python 中的 Pillow 与 OpenCV 库。
3. 熟悉 CSV 文件的结构以及 Python 中 CSV 文件的读写方式。
4. 熟悉各种数据库，并掌握数据库的使用。

4.1 Python 中的文件

4.1.1 Python 的文件读写

谈到 Python 中的文件读写，总会使人想到“open”关键字，其最基本的操作见下面的示例：

```
# 最朴素的open 方法
f = open('filename.text','r')
# do something
f.close()

# 使用with，在语句块结束时会自动close
with open('t1.text','rt') as f: # r 代表read，t 代表text，一般"t"为默认，可省略
content = f.read()

with open('t1.txt','rt') as f:
  for line in f:
print(line)
with open('t2.txt', 'wt') as f:
f.write(content) # 写入

append_str = 'append'
with open('t2.text','at') as f:
```

```
# 在已有内容上追加写入，如果使用"w"，已有内容会被清除
f.write(append_str)
# 文件的读写操作默认使用系统编码，一般为utf8
# 使用encoding 设置编码方式
with open('t2.txt', 'wt',encoding='ascii') as f:
f.write(content)
# 编码错误总是很烦人的，如果你觉得有必要暂时忽略，可以这样：
with open('t2.txt', 'wt',errors='ignore') as f: # 忽略错误的字符
f.write(content) # 写入
with open('t2.txt', 'wt',errors='replace') as f: # 替换错误的字符
f.write(content) # 写入

# 重定向print 函数的输出
with open('redirect.txt', 'wt') as f:
print('your text', file=f)

# 读写字节数据，如图片、音频
with open('filename.bin', 'rb') as f:
data = f.read()

with open('filename.bin', 'wb') as f:
f.write(b'Hello World')

# 从字节数据中读写文本（字符串），需要使用编码和解码
with open('filename.bin', 'rb') as f:
text = f.read(20).decode('utf-8')

with open('filename.bin', 'wb') as f:
f.write('Hello World'.encode('utf-8'))
```

不难发现，在 open()的参数中，第一个是文件路径，第二个则是模式字符（串），代表了不同的文件打开方式，比较常用的是“r”（代表读），“w”（代表写），“a”（代表写，并追加内容）。“w”和“a”常常引起混淆，其区别在于，如果用“w”模式打开一个已存在的文件，会清空文件里的内容数据，重新写入新的内容，如果用“a”则不会清空原有数据，而是继续追加写入内容。对模式字符（串）的详细解释可见图 4-1。

```
========= ===============================================================
Character Meaning
--------- ---------------------------------------------------------------
'r'       open for reading (default)
'w'       open for writing, truncating the file first
'x'       create a new file and open it for writing
'a'       open for writing, appending to the end of the file if it exists
'b'       binary mode
't'       text mode (default)
'+'       open a disk file for updating (reading and writing)
'U'       universal newline mode (deprecated)
========= ===============================================================
```

图 4-1　open()函数定义中的模式字符

在一个文件（路径）被打开后，就拥有了一个 file 对象（在其他一些语言中常被称为句柄），这个对象也拥有自己的一些属性：

```
f = open('h1.html','r')
print(f.name) # 文件名，h1.html
```

```
print(f.closed) # 是否关闭, False
print(f.encoding) # 编码方式, US-ASCII
f.close()
print(f.closed) # True
```

当然，除了最简单的 read()和 write()方法，还拥有一些其他的方法：

```
# t1.txt 的内容:
# line 1
# line 2: cat
# line 3: dog
#
# line 5

with open('t1.txt','r') as f1:
  # 返回是否可读
print(f1.readable())# True
  # 返回是否可写
print(f1.writable())# False
  # 逐行读取
print(f1.readline())# line 1
print(f1.readline())# line 2: cat
  # 读取多行到列表中
print(f1.readlines())# ['line 3: dog\n', '\n', 'line 5']
  # 返回文件指针当前位置
print(f1.tell())# 38
print(f1.read())# 指针在末尾, 因此没有读取到内容
f1.seek(0)# 重设指针
  # 重新读取多行
print(f1.readlines())# ['line 1\n', 'line 2: cat\n', 'line 3:dog\n','\n','line 5']

with open('t1.txt','a+') as f1:
f1.write('new line')
f1.writelines(['a','b','c']) # 根据列表写入
f1.flush() # 立刻写入, 实际上是清空I/O 缓存
```

4.1.2 对象序列化

Python 程序在运行时，其变量（对象）都是保存在内存中的，一般把“将对象的状态信息转换为可以存储或传输的形式的过程”称为（对象的）序列化。通过序列化，用户可以在磁盘上存储这些信息，或者通过网络来传输，并最终通过反序列化过程重新读入内存（可以是另外一个机器的内存）并使用。Python 中主要使用 pickle 模块来实现序列化和反序列化。下面就是一个序列化的小例子：

```
import pickle
l1 = [1,3,5,7]
with open('l1.pkl','wb') as f1:
pickle.dump(l1,f1) # 序列化

with open('l1.pkl','rb') as f2:
l2= pickle.load(f2)
print(l2) # [1, 3, 5, 7]
```

在 pickle 模块的使用中还存在一些细节，比如 dump()和 dumps()两个方法的区别在于 dumps()将对象存储为一个字符串，对应的，则可使用 loads()来恢复（反序列化）该对象。某种意义上说，Python 对象都可以通过这种方式来存储、加载，不过也有一些对象比较特殊，无法进行序列化，比如进程对象、网络连接对象等。

4.2 Python 中的字符串

字符串是 Python 中最常用的数据类型，Python 为字符串操作提供了很多有用的内建函数（方法），常用的方法包括：

- str.capitalize()：返回一个以大写字母开头，其他都小写的字符串。
- str.count(str, beg=0, end=len(string))：返回 str 在 string 里面出现的次数，如果 beg（开始）或者 end（结束）被设置，则返回指定范围内 str 出现的次数。
- str.endswith(obj, beg=0, end=len(string))：判断一个字符串是否以参数 obj 结束，如果 beg 或者 end 指定则只检查指定的范围，返回布尔值。
- str.find()：检测 str 是否包含在 string 中，这个方法与 str.index()方法类似，不同之处在于 str.index()如果没有找到会返回异常。
- str.format()：格式化字符串。
- str.decode()：以 encoding 指定的编码格式解码。
- str.encode()：以 encoding 指定的编码格式编码。
- str.join()：以 str 作为分隔符，把参数中所有的元素（的字符串表示）合并为一个新的字符串，要求参数是 iterable。
- str.partition(string)：从 string 出现的第一个位置起，把字符串 str 分成一个 3 元素的元组。
- str.replace(str1,str2)：将 str 中的 str1 替换为 str2，这个方法还能够指定替换次数，十分方便。
- str.split(str1="", num=str.count(str1))：以 str1 为分隔符对 str 进行切片，这个函数容易让人联想到 re 模块中的 re.split()方法（见第 2 章相关内容），前者可以视为后者的弱化版。
- str.strip()：去掉 str 左右侧的空格。

下面通过一段代码演示一下上面这些函数的功能：

```
s1 = 'mike'
s2 = 'miKE'
print(s1.capitalize())# Mike
print(s2.capitalize())# Mike
s1 = 'aaabb'
print(s1.count('a'))# 3
print(s1.count('a',2,len(s1)))# 1
print(s1.endswith('bb'))# True
print(s1.startswith('aa'))# True
cities_str = ['Beijing','Shanghai','Nanjing','Shenzhen']
print([cityname for cityname in cities_str if cityname.startswith(('S','N'))])
# 比较复杂的用法
# ['Shanghai', 'Nanjing', 'Shenzhen']
```

```
print(s1.find('aa'))# 0
print(s1.index('aa'))# 0
print(s1.find('c'))# -1
# print(s1.index('c')) # Value Error

print('There are some cities: '+', '.join(cities_str))
# There are some cities: Beijing, Shanghai, Nanjing, Shenzhen
print(s1.partition('b'))# ('aaa', 'b', 'b')
print(s1.replace('b','c',1))# aaacb
print(s1.replace('b','c',2))# aaacc
print(s1.replace('b','c'))# aaacc
print(s2.split('K'))# ['mi', 'E']

s3 = '  a abc c '
print(s4.strip())# 'a abc c'
print(s4.lstrip())# 'a abc c '
print(s4.rstrip())# '  a abc c'
# 最常见的format 使用方法
print('{} is a {}'.format('He','Boy'))# He is a Boy
# 指明参数编号
print('{1} is a {0}'.format('Boy','He'))# He is a Boy
# 使用参数名
print('{who} is a {what}'.format(who='He',what='boy'))# He is a boy

print(s2.lower())# mike
print(s2.upper())# MIKE, 注意该方法与capitalize 不同
```

除了这些方法，Python 的字符串还支持其他一些实用方法。另外，如果要对字符串进行操作，正则表达式往往会成为十分重要的配套工具，关于正则表达式使用的内容可参考第 2 章。

4.3 Python 中的图片

4.3.1 PIL 与 Pillow 模块

PIL（Python Image Library）是 Python 中用于图片图像的基础工具，而 Pillow 可以认为是基于 PIL 的一个变体（正式说法是“分支”），在某些场合，PIL 和 Pillow 可以当作同义词使用，下面主要介绍 Pillow。在这之前，如果没有安装 Pillow，还是记得要先通过 pip 安装。Pillow 的主要模块是“Image”，其中的“Image”类是比较常用的。

```
from PIL import Image, ImageFilter

# 打开图像文件
img= Image.open('cat.jpeg')
img.show() # 查看图像
print(img.size) # 图像尺寸，输出：(289, 174)
print(img.format) # 图像（文件）格式，输出：JPEG
w,h = img.size
# 缩放
```

```
    img.thumbnail((w//2, h//2))
    # 保存缩放后的图像
    img.save('thumbnail.jpg', 'JPEG')

    img.transpose(Image.ROTATE_90).save('r90.jpg') # 旋转90度
    img.transpose(Image.FLIP_LEFT_RIGHT).save('l2r.jpg') # 左右翻转

    img.filter(ImageFilter.DETAIL).save('detail.jpg') # 不同的滤镜
    img.filter(ImageFilter.BLUR).save('blur.jpg') # 模糊

    img.crop((0,0,w//2,h//2)).save('crop.jpg') # 根据参数指定的区域裁剪图像

    # 创建新图片
    img2 = Image.new("RGBA",(500,500),(255,255,0))
    img2.save("new.png","PNG") # 会创建一张500*500的纯色图片

    img2.paste(img,(10,10))# 将img粘贴至指定位置
    img2.save('combine.png')
```

上述代码的运行结果可见下面的几张图片，图 4-2 是缩放前后的图片对比，图 4-3 是翻转或旋转后的图片效果，图 4-4 是 BLUR 后的效果（模糊效果），图片粘贴的效果见图 4-5。

图 4-2　缩放前后的图片对比

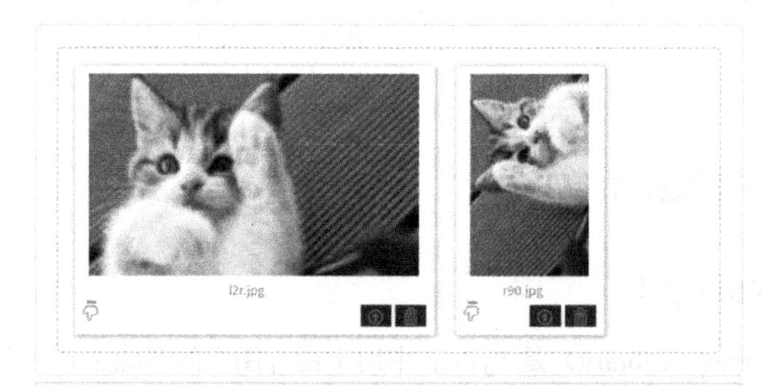

图 4-3　翻转或旋转后的图片

图 4-4　BLUR 后的图片

图 4-5　粘贴后的图片

在实际使用中，PIL 的 Image.save()方法常常用来做图片格式的相互转换，而缩放等方法也十分实用。在网页抓取中，遇到需要保存较小的图片时，就可以先用缩放处理再存储。

4.3.2　Python 与 OpenCV 简介

与基本的 PIL 对比，OpenCV 更像是一把“瑞士军刀”。cv2 模块是比较新的接口版本。OpenCV 的全称是“Open Source Computer Vision Library”，基于 C/C++语言，但经过包装后可在 Java 和 Python 等其他语言中使用。OpenCV 由英特尔公司发起，可以在商业和学术领域免费开源使用，OpenCV 2.0 版本是目前比较常见的版本。由于免费、开源、功能丰富并且跨平台易于移植，OpenCV 已经成为目前计算机视觉编程与图像处理方面最重要的工具之一，图 4-6 是 OpenCV 的官方站点页面。

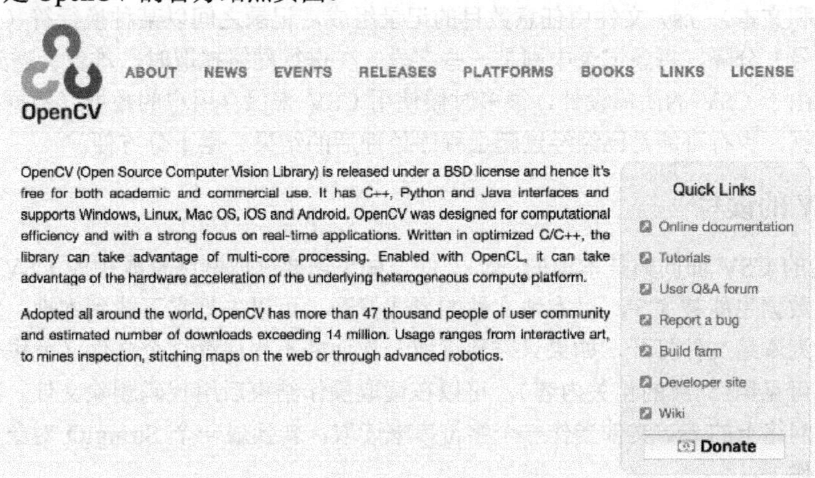

图 4-6　OpenCV 的官方站点页面

要在 Python 中使用 cv2 模块需要先在机器上安装 OpenCV 包，在 Windows 上的安装其实没有想象中那么复杂，只要将从官网上下载的对应 OpenCV 包解压后，将目录 C:/opencv/build/python/2.7 下的 cv2.pyd 文件复制到 C:/Python27/lib/site-packeges 即可。

在 macOS 上，则可以使用包管理工具 homebrew 来进行快速安装，见图 4-7。

```
==> Summary
🍺  /usr/local/Cellar/sqlite/3.23.1: 11 files, 3MB
==> Installing opencv dependency: xz
==> Downloading https://homebrew.bintray.com/bottles/xz-5.2.3.high_sierra.bottle
######################################################################## 100.0%
==> Pouring xz-5.2.3.high_sierra.bottle.tar.gz
🍺  /usr/local/Cellar/xz/5.2.3: 92 files, 1.4MB
==> Installing opencv dependency: python
```

图 4-7　homebrew 安装 OpenCV 的过程

可以使用下面的命令安装 homebrew：

```
/usr/bin/ruby -e "$(curl -fsSL https://raw.githubusercontent.com/Homebrew/install/master/install)"
```

安装成功后，使用命令 brew update 与 brew install opencv 即可“一键”安装。除了 OpenCV，Redis、MySQL、OpenSSL 等也可以使用这种方法进行安装。

最终，在 Python 中导入 cv2，查看当前版本，可以看到已经安装成功：

```
>>> cv2.__version__
'4.4.0'
```

由于 OpenCV 是比较专业的图像处理工具包，这里对 OpenCV 的具体使用就不展开来谈了，在开发时如果需要用到 OpenCV，可随时在官方站点中找到对应的说明。

4.4 CSV

4.4.1 CSV 简介

CSV，全称是“Comma Separated Values”（逗号分隔值），CSV 以纯文本形式存储表格数据（数字和文本）。csv 文件由任意数目的记录组成，记录之间以某种换行符（一般就是制表符或者逗号）分隔，每条记录中则是一些字段。在进行网络抓取时，难免会遇到 csv 文件数据，而且由于 CSV 的简单设计，很多时候使用 CSV 来保存用户的数据（数据有可能是原生的网页数据，也有可能是已经经过爬虫程序处理后的结果）也十分方便。

4.4.2 CSV 的读写

Python 的 CSV 面向的是本地的 csv 文件，如果需要读取网络资源中的 CSV，为了在网络中遇到的数据也能被 CSV 以本地文件的形式打开，可以先把它下载到本地，然后定位文件路径，作为本地文件打开，如果只需要读取一次而并不想保存这个文件（就像一个验证码图片那样，可见第 5 章的相关内容），可以在读取操作结束后用代码删除文件。除此之外，也可直接把网络上的 csv 文件当作一个字符串来读取，转换成一个 StringIO 对象后就能够作为文件来操作了。

🕮 提示：IO 是 Input/Output 的简写，意为输入/输出，StringIO 就是在内存中读写字符串。StringIO 针对的是字符串（文本），如果还要操作字节，可以使用 BytesIO。

使用 StringIO 的优点在于，这种读写是在内存中完成的（本地文件则是从硬盘读取），因此也不需要先把 csv 文件保存到本地。例 4-1 是一个直接获取网上的 csv 文件并读取打印的例子。

【例 4-1】 获取在线 csv 文件并读取。

```
from urllib.request import urlopen
from io import StringIO
import csv

data = urlopen("https://raw.githubusercontent.com/jasonong/List-of-US-States/master/
states.csv").read().decode()
dataFile= StringIO(data)
dictReader= csv.DictReader(dataFile)
print(dictReader.fieldnames)

for row in dictReader:
print(row)
```

运行结果为：

```
['State', 'Abbreviation']
{'Abbreviation': 'AL', 'State': 'Alabama'}
{'Abbreviation': 'AK', 'State': 'Alaska'}
……
{'Abbreviation': 'NY', 'State': 'New York'}
{'Abbreviation': 'NC', 'State': 'North Carolina'}
{'Abbreviation': 'ND', 'State': 'North Dakota'}
{'Abbreviation': 'OH', 'State': 'Ohio'}
{'Abbreviation': 'OK', 'State': 'Oklahoma'}
{'Abbreviation': 'OR', 'State': 'Oregon'}
……
```

这里需要说明一下 DictReader。DictReader 将 CSV 的每一行作为一个 dict 来返回，而 reader 则把每一行作为一个列表返回，使用 reader，输出就会是这样的：

```
['State', 'Abbreviation']
……
['California', 'CA']
['Colorado', 'CO']
['Connecticut', 'CT']
['Delaware', 'DE']
['District of Columbia', 'DC']
['Florida', 'FL']
['Georgia', 'GA']
……
```

用户根据自己的需要选用读取形式就好。

写入与读取是反向操作，也没有什么复杂之处。下面的例子展示了如何写入数据到 CSV 中。

```
import csv

res_list = [['A','B','C'],[1,2,3],[4,5,6],[7,8,9]]
with open('SAMPLE.csv', "a") as csv_file:
writer = csv.writer(csv_file, delimiter=',')
for line in res_list:
writer.writerow(line)
```

打开 SAMPLE.csv 查看内容：

```
A,B,C
1,2,3
4,5,6
```

这里的 writer 与上文的 reader 是相对应的，这里需要说明的是 writerow()方法。writerow()顾名思义就是写入一行，接收一个可迭代对象作为参数。另外还有一个 writerows()方法，直观地说，writerows()等于多个 writerow()，因此上面的代码与下面是等效的：

```
res_list= [['A','B','C'],[1,2,3],[4,5,6],[7,8,9]]
with open('SAMPLE.csv', "a") as csv_file:
writer = csv.writer(csv_file, delimiter=',')
  writer.writerows(res_list)
```

如果说 writerow()会把列表的每个元素作为一列写入 CSV 的一行中，writerows()就是把列表中的每个列表作为一行再写入。所以如果误用了 writerows()，就可能导致啼笑皆非的错误：

```
res_list= ['I WILL BE ','THERE','FOR YOU']
with open('SAMPLE.csv', "a") as csv_file:
writer = csv.writer(csv_file, delimiter=',')
  writer.writerows(res_list)
```

这里由于“I WILL BE”是一个字符串，而 str 在 Python 中是 iterable（可迭代对象），所以这样写入，最终的结果是（逗号为分隔符）：

```
I, ,W,I,L,L, ,B,E,
T,H,E,R,E
F,O,R, ,Y,O,U
```

如果 CSV 要写入数值，那么也会报错：csv.Error: iterable expected, not int。

当然，在读取作为网络资源的 csv 文件时，除了 StringIO，还可以先下载到本地读取后再删除（对于只需要读取一次的情况而言）。另外，有时候 xls 作为电子表格（使用 Office Excel 编辑）也常作为 CSV 的替代文件格式而出现，处理 xls 可以使用 openpyxl 模块，其设计和操作与 CSV 类似。

4.5 数据库的使用

在 Python 中使用数据库（主要是关系型数据库）是一件非常方便的事情，因为一般都能找到对应的经过包装的 API 库，这些库的存在极大地提高了用户在编写程序时的效率。一般而言，只需编写 SQL 语句并通过相应的模块 API 执行就可以完成数据库读写了。

4.5.1 MySQL 的使用

一般而言，在 Python 中进行数据库操作需要通过特定的程序模块（API）来实现，其基本逻辑是，首先导入接口模块，然后通过设置数据库名、用户、密码等信息来连接数据库，接着执行数据库操作（可以通过直接执行 SQL 语句等方式），最后关闭与数据库的连接，由于 MySQL 是比较简单且常用的轻量型数据库，下面先使用 PyMySQL 模块来介绍在 Python 中如何使用 MySQL。

📖 提示：PyMySQL 是在 Python 4.x 版本中用于连接 MySQL 服务器的一个库，在 Python 2.x 版本中使用的则是 mysqldb。PyMySQL 是基于 Python 开发的 MySQL 驱动接口，在 Python 4.x 中非常常用。

首先确保在本地机器上已经成功开启了 MySQL 服务（还未安装 MySQL 的话需要先进行安装，可在 MySQL 官网下载 MySQL 官方安装程序），之后使用 pip install pymysql 来安装该模块。上面的准备工作完成后，创建了一个名为“DB”的数据库和一个名为“scraper1”的用户，密码设为“password”：

```
CREATE DATABASE DB;
```

```
GRANT ALL PRIVILEGES ON *.'DB' TO 'scraper1'@'localhost' IDENTIFIED BY 'password';
```

接着，创建一个名为“users”的表：

```
USE DB;
CREATE TABLE 'users' (
'id' int(11) NOT NULL AUTO_INCREMENT,
'email' varchar(255) COLLATE utf8_bin NOT NULL,
'password' varchar(255) COLLATE utf8_bin NOT NULL,
    PRIMARY KEY ('id')
) ENGINE=InnoDB DEFAULT CHARSET=utf8 COLLATE=utf8_bin
AUTO_INCREMENT=1 ;
```

现在拥有了一个空表，接着使用 PyMySQL 进行操作，见例 4-2。

【例 4-2】 使用 PyMySQL。

```
import pymysql.cursors
# Connect to the database
connection = pymysql.connect(host='localhost',
user='scraper1',
password='password',
db='DB',
charset='utf8mb4',
cursorclass=pymysql.cursors.DictCursor)
try:
    with connection.cursor() as cursor:
sql= "INSERT INTO 'users' ('email', 'password') VALUES (%s, %s)"
cursor.execute(sql, ('example@example.org', 'password'))

connection.commit()

with connection.cursor() as cursor:
sql= "SELECT 'id', 'password' FROM 'users' WHERE 'email' = %s"
cursor.execute(sql, ('example@example.org',))
        result = cursor.fetchone()
print(result)
finally:
connection.close()
```

在这段代码中，首先通过 pymysql.connect()函数进行了连接配置并打开了数据库连接，在 try 代码块中，打开了当前数据库连接的 cursor()（游标），并通过 cursor 执行特定的 SQL 插入语句。commit()方法将提交当前的操作，之后再次通过 cursor 实现对刚才插入数据的查询。最后在 finally 语句块中关闭了当前数据库连接。

本程序的输出为：{'id': 1, 'password': 'password'}

考虑到在执行 SQL 语句时可能发生错误，可以将程序写成下面的形式：

```
try:
...
except:
connection.rollback()
finally:
...
```

4.5.2 SQLite3 的使用

SQLite3 是一种小巧易用的轻量型关系型数据库系统，在 Python 中内置了 sqlite3 模块可以用于与 SQLite3 数据库进行交互，首先使用 PyCharm 创建一个名为“new-sqlite3”的 SQLite3 数据源，见图 4-8。

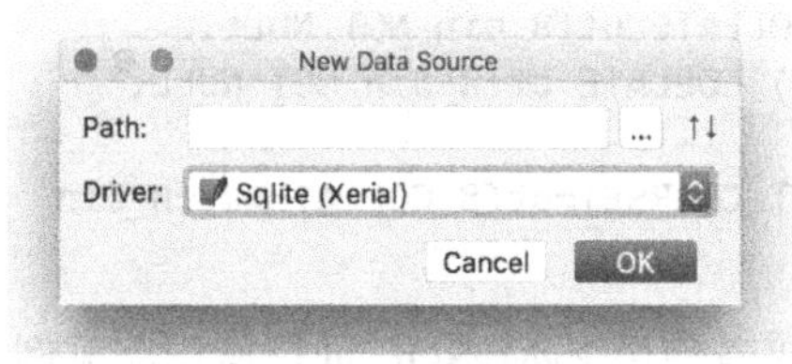

图 4-8　在 PyCharm 中新建 SQLite3 数据源

然后使用 sqlite3（此处的“sqlite3”指的是 Python 中的模块）进行建表操作，与上面对 MySQL 的操作类似：

```
import sqlite3
conn = sqlite4.connect('new-sqlite3')
print("Opened database successfully")
cur = conn.cursor()
cur.execute(
'''CREATE TABLE Users
(ID INT PRIMARY KEY     NOT NULL,
NAME           TEXT    NOT NULL,
AGE            INT     NOT NULL,
GENDER        TEXT,
SALARY         REAL);'''
)
print("Table created successfully")
conn.commit()
conn.close()
```

接着，在 Users 表中插入两条测试数据，可以看到，sqlite3 与 pymysql 模块的函数名都非常相像：

```
conn = sqlite4.connect('new-sqlite3')
c = conn.cursor()

c.execute(
'''INSERT INTO Users(ID,NAME,AGE,GENDER,SALARY)
     VALUES (1, 'Mike', 32, 'Male', 20000);''')
c.execute(
'''INSERT INTO Users(ID,NAME,AGE,GENDER,SALARY)
     VALUES (2, 'Julia', 25, 'Female', 15000);''')
conn.commit()
print("Records created successfully")
conn.close()
```

最后进行读取操作，确认两条数据已经被插入：

```
conn = sqlite4.connect('new-sqlite3')
c = conn.cursor()
```

```
cursor = c.execute("SELECT id, name, salary  FROM Users")
for row in cursor:
print(row)
conn.close()
# 输出:
# (1, 'Mike', 20000.0)
# (2, 'Julia', 15000.0)
```

其他如UPDATE、DELETE操作，只需要更改对应的SQL语句即可，除了SQL语句的变化，整体的使用方法是一致的。

需要说明的是，在Python中通过API执行SQL语句往往会需要使用通配符，遗憾的是，不同的数据库类型使用的通配符可能并不一样，例如，在SQLite3中使用“?”而在MySQL中使用“%s”。虽然看上去这像是对SQL语句的字符串进行格式化（调用format方法），但是这并非一回事。另外，在一切操作完毕后不要忘了通过close()关闭数据库连接。

4.5.3 SQLAlchemy的使用

有时候，为了进行数据库操作，需要一个比底层SQL语句更高级的接口，即ORM（对象关系映射）接口。SQLAlchemy的库（见图4-9）就能满足这样的需求，使得用户可以在隐藏底层SQL的情况下实现各种数据库的操作。所谓ORM，大略的意思就是在数据表与对象之间建立对应关系，这样我们通过纯Python语句来表示SQL语句，进行数据库操作。

图4-9 SQLAlchemy的logo

除SQLAlchemy之外，Python中的SQLObject和peewee等也是ORM工具。值得一提的是，虽然是ORM工具，但SQLAlchemy也支持传统的基于底层SQL语句的操作。

使用SQLAlchemy进行建表以及增删改查操作：

```
import pymysql
from sqlalchemy.ext.declarative import declarative_base
from sqlalchemy import create_engine, Column, Integer, String, func
from sqlalchemy.orm import sessionmaker

pymysql.install_as_MySQLdb()  # 如果没有这个语句，在导入SQLAlchemy时可能报错
Base = declarative_base()

class Test(Base):
__tablename__ = 'Test'
id = Column('id', Integer, primary_key=True, autoincrement=True)
  name = Column('name', String(50))
  age = Column('age', Integer)

engine = create_engine(
```

```
    "mysql://scraper1:password@localhost:3306/DjangoBS",
    )

    db_ses= sessionmaker(bind=engine)
    session = db_ses()

    Base.metadata.create_all(engine)

    # 插入数据
    user1 = Test(name='Mike', age=16)
    user2 = Test(name='Linda', age=31)
    user3 = Test(name='Milanda', age=5)
    session.add(user1)
    session.add(user2)
    session.add(user3)
    session.commit()

    # 修改数据，使用merge 方法（如果存在则修改数据，如果不存在则插入数据）
    user1.name = 'Bob'
    session.merge(user1)

    # 与上面等效的修改方式
    session.query(Test).filter(Test.name == 'Bob').update({'name': 'Chloe'})
    # 删除数据
    session.query(Test).filter(Test.id == 3).delete() # 删除Milanda
    # 查询数据
    users = session.query(Test)
    print([user.name for user in users])

    # 按条件查询
    user = session.query(Test).filter(Test.age <20).first()
    print(user.name)

    # 在结果中进行统计
    user_count = session.query(Test.name).order_by(Test.name).count()
    avg_age = session.query(func.avg(Test.age)).first()
    sum_age = session.query(func.sum(Test.age)).first()
    print(user_count)
    print(avg_age)
    print(sum_age)

    session.close()
```

上面的程序输出为：

```
['Chloe', 'Linda']
Chloe
2
(Decimal('24.5000'),)
(Decimal('47'),)
```

除此之外，SQLAlchemy 中还有其他一些常用的函数方法和功能，更多内容可以参考 SQLAlchemy 的官方文档。上面代码演示的 ORM 操作实际上为数据库提供了更高级的封装，在编写类似的程序时往往能获得更好的体验。

4.5.4 Redis 的使用

有必要在这里提到 Redis 数据库，简单地说，Redis 是一个开源的键值对存储数据库，因为不同于关系型数据库，往往也被称为数据结构服务器。Redis 是基于内存的，但可以将存储在内存中的键值对数据持久化到硬盘。使用 Redis 最主要的好处就在于，可以避免写入不必要的临时数据，也免去了对临时数据进行扫描或者删除的麻烦，并最终改善程序的性能。Redis 可以存储键与 5 种不同数据结构类型之间的映射，分别是 STRING（字符串）、LIST（列表）、SET（集合）、HASH（散列）和 ZSET（有序集合）。为了在 Python 中使用 Redis API，用户可以安装 redis 模块，其基本用法如下：

```
import redis

red = redis.Redis(host='localhost', port=6379, db=0)
red.set('name', 'Jackson')
print(red.get('name'))# b'Jackson'
print(red.keys())# [b'name']
print(red.dbsize())# 1
```

redis 模块使用连接池来管理对一个 redis 服务器的所有连接，这样就避免了每次建立、释放连接的开销。默认每个 redis 实例都会维护一个自己的连接池。用户可以直接建立一个连接池，这样可以实现多个 redis 实例共享一个连接池：

```
import redis
# 使用连接池
pool = redis.ConnectionPool(host='localhost', port=6379)

r = redis.Redis(connection_pool=pool)
r.set('Shanghai', 'Pudong')
print(r.get('Shanghai'))# b'Pudong'
```

通过 set 方法设置过期时间：

```
import time
r.set('Shenzhen','Luohu',ex=5) # ex 表示过期时间（按秒）
print(r.get('Shenzhen'))# b'Luohu'
time.sleep(5)
print(r.get('Shenzhen'))# None
```

批量设置与读取：

```
r.mset(Beijing='Haidian',Chengdu='Qingyang',Tianjin='Nankai') # 批量
print(r.mget('Beijing','Chengdu','Tianjin'))# [b'Haidian', b'Qingyang', b'Nankai']
```

除了上面这些最基本的操作，redis 提供了丰富的 API 供开发者与 redis 数据库交互，由于本篇只是简单介绍 Python 中的数据库，这里就不赘述了。

4.5.5 MongoDB 的使用

MongoDB 是一个基于分布式文件存储的数据库，是目前最流行的 NoSQL 数据库之

一，由 C++语言编写。其旨在为 Web 应用提供可扩展的高性能数据存储解决方案。MongoDB 的一个设计原则是以空间换时间，当存储的表格大于 5GB 的时候，MySQL 的性能会有显著的降低，而 MongoDB 则可以维持海量存储数据下的高性能表现。

以 MySQL 为代表的传统关系型数据库一般由数据库、表、记录三个层次的概念组成，而在以 MongoDB 为代表的非关系型数据库中，一般分为数据库、集合、文档对象三个层次。

在 Python 中，连接 MongoDB 需要使用到 pymongo 库，pymongo 库并未内置在 Python 3 中，因此需要使用 pip 安装 pymongo 库。安装成功后即可导入 pymong 模块并连接对应的 MongoDB 数据库，其中，pymongo 连接 MongoDB 的代码如下。

```
Import pymongo

client = pymongo.MongoClient("mongodb://localhost:27017")
```

在连接上 MongoDB 之后，就可以进行创建删除修改查找数据库、集合、创建文档记录的操作了，具体的操作代码如下。

```
Import pymongo

client = pymongo.MongoClient("mongodb://localhost:27017")
db = client['test'] # 使用字典的方式创建test 数据库，如果已被创建则是选择该数据库
db = client.test # 使用属性方式创建test 数据库，如果已被创建则是选择该数据库

collection = db['col'] # 使用字典方式创建集合/选择集合
collection = db.col # 使用属性方式创建集合/选择集合

data = {'data1':"res"} # 构造数据
collection.insert_one(data) # 向集合collection 中插入数据
```

在插入数据之后，可以使用以下命令来查询集合中的一条数据，以验证用户数据是否插入成功。

```
Import pymongo

client = pymongo.MongoClient("mongodb://localhost:27017")
db = client['test']
collection = db['col']
print(collection.find_one())
```

输出结果如下。

```
{'_id':ObjectId('5b23696ac315325f269f28d1'),'data1':'res'}
```

4.6 其他类型的文档

除了一些常见的文件格式，用户有时候还需要处理一些相对比较特殊的文档类型文件。下面试着读取 docx 文件（.doc 与.docx 是 Microsoft Word 程序的文档格式），以一个内容为 University of Pennsylvania 的维基百科的 word 文档为例，图 4-10 是该文档中的内容。

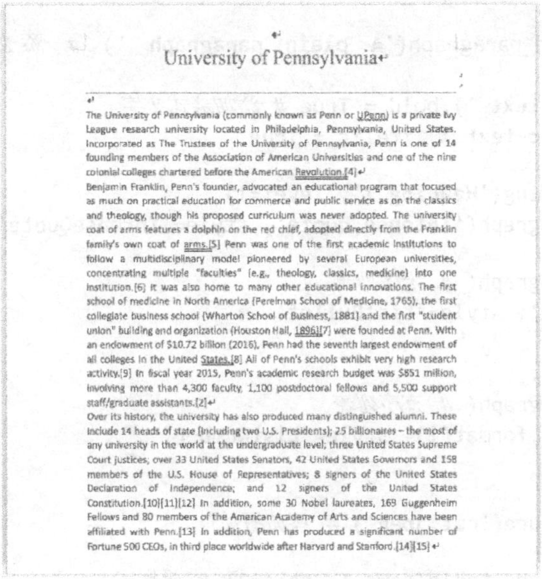

University of Pennsylvania

The University of Pennsylvania (commonly known as Penn or UPenn) is a private Ivy League research university located in Philadelphia, Pennsylvania, United States. Incorporated as The Trustees of the University of Pennsylvania, Penn is one of 14 founding members of the Association of American Universities and one of the nine colonial colleges chartered before the American Revolution.[4]

Benjamin Franklin, Penn's founder, advocated an educational program that focused as much on practical education for commerce and public service as on the classics and theology, though his proposed curriculum was never adopted. The university coat of arms features a dolphin on the red chief, adopted directly from the Franklin family's own coat of arms.[5] Penn was one of the first academic institutions to follow a multidisciplinary model pioneered by several European universities, concentrating multiple "faculties" (e.g., theology, classics, medicine) into one institution.[6] It was also home to many other educational innovations. The first school of medicine in North America (Perelman School of Medicine, 1765), the first collegiate business school (Wharton School of Business, 1881) and the first "student union" building and organization (Houston Hall, 1896)[7] were founded at Penn. With an endowment of $10.72 billion (2016), Penn had the seventh largest endowment of all colleges in the United States.[8] All of Penn's schools exhibit very high research activity.[9] In fiscal year 2015, Penn's academic research budget was $851 million, involving more than 4,300 faculty, 1,100 postdoctoral fellows and 5,500 support staff/graduate assistants.[2]

Over its history, the university has also produced many distinguished alumni. These include 14 heads of state (including two U.S. Presidents); 25 billionaires – the most of any university in the world at the undergraduate level; three United States Supreme Court justices; over 33 United States Senators, 42 United States Governors and 158 members of the U.S. House of Representatives; 8 signers of the United States Declaration of Independence; and 12 signers of the United States Constitution.[10][11][12] In addition, some 30 Nobel laureates, 169 Guggenheim Fellows and 80 members of the American Academy of Arts and Sciences have been affiliated with Penn.[13] In addition, Penn has produced a significant number of Fortune 500 CEOs, in third place worldwide after Harvard and Stanford.[14][15]

图 4-10　word 文档的内容

要读取这样的 word 文档（docx 文件），必须先下载安装 python-docx 模块，仍然是使用 pip 或者 PyCharm IDE 来进行安装。之后，通过该模块进行文件操作：

```
import docx
from docx import Document
from pprint import pprint

def getText(filename):
doc = docx.Document(filename)
fullText= []
for para in doc.paragraphs:
fullText.append(para.text)
return fullText

pprint(getText('sample.docx'))
```

上面程序的输出为：

```
……
"Benjamin Franklin, Penn's founder, advocated an educational program that "
 'focused as much on practical education for commerce and public service as on '
 'the classics and theology, though his proposed curriculum was never adopted. '
 'The university coat of arms features a dolphin on the red chief, adopted '
"directly from the Franklin family's own coat of arms.[5] Penn was one of the "
 'first academic institutions to follow a multidisciplinary model pioneered by '
……
```

除了读取 word 文档，python-docx 还支持直接创建文档：

```
import docx
from docx import Document

document = Document()

document.add_heading('This is Title', 0) # 添加标题，如"Doc Title @zhangyang"
```

```
p = document.add_paragraph('A plain paragraph ') # 添加段落，如"Paragraph @zhangyang"
p.add_run(' bold text ').bold = True # 添加格式文字
p.add_run(' italic text ').italic = True

document.add_heading('Heading 1', level=1)
document.add_paragraph('Intense quote', style='IntenseQuote')

document.add_paragraph( # 无序列表
'unordered list 1', style='ListBullet'
)
for i in range(3):
document.add_paragraph( # 有序列表
'ordered list {}'.format(i), style='ListNumber'
)

document.add_picture('cat.jpeg') # 添加图片

table = document.add_table(rows=1, cols=2) # 设置表
hdr_cells = table.rows[0].cells
hdr_cells[0].text = 'name' # 设置列名
hdr_cells[1].text = 'gender'
d = [dict(name='Bob',gender='male'),dict(name='Linda',gender='female')]
for item in d: # 添加表中内容
row_cells = table.add_row().cells
    row_cells[0].text = str(item['name'])
    row_cells[1].text = str(item['gender'])

document.add_page_break() # 添加分页
document.save('demo1.docx') # 保存到路径
```

使用 Microsoft Word 软件来打开“demo1.docx”的效果可见图 4-11。

图 4-11　新建文档的内容

除了 doc 文件，在采集网络信息时，还可能会遇到处理 pdf 文件格式的需求（在某些场合，如下载 slide 或者 paper 时尤其常见）。Python 中也有对应的库来操作 pdf 文件，这里使用 PyPDF2 来实现这个需求（使用 pip install PyPDF2 即可安装）。

首先，可以通过浏览器打印页面的方式生成一个内容为网页的 PDF 文件，将 https://pythonhosted.org/PyPDF2/PdfFileMerger.html 这个地址的网页内容保存在 raw.pdf 文件中，见图 4-12。

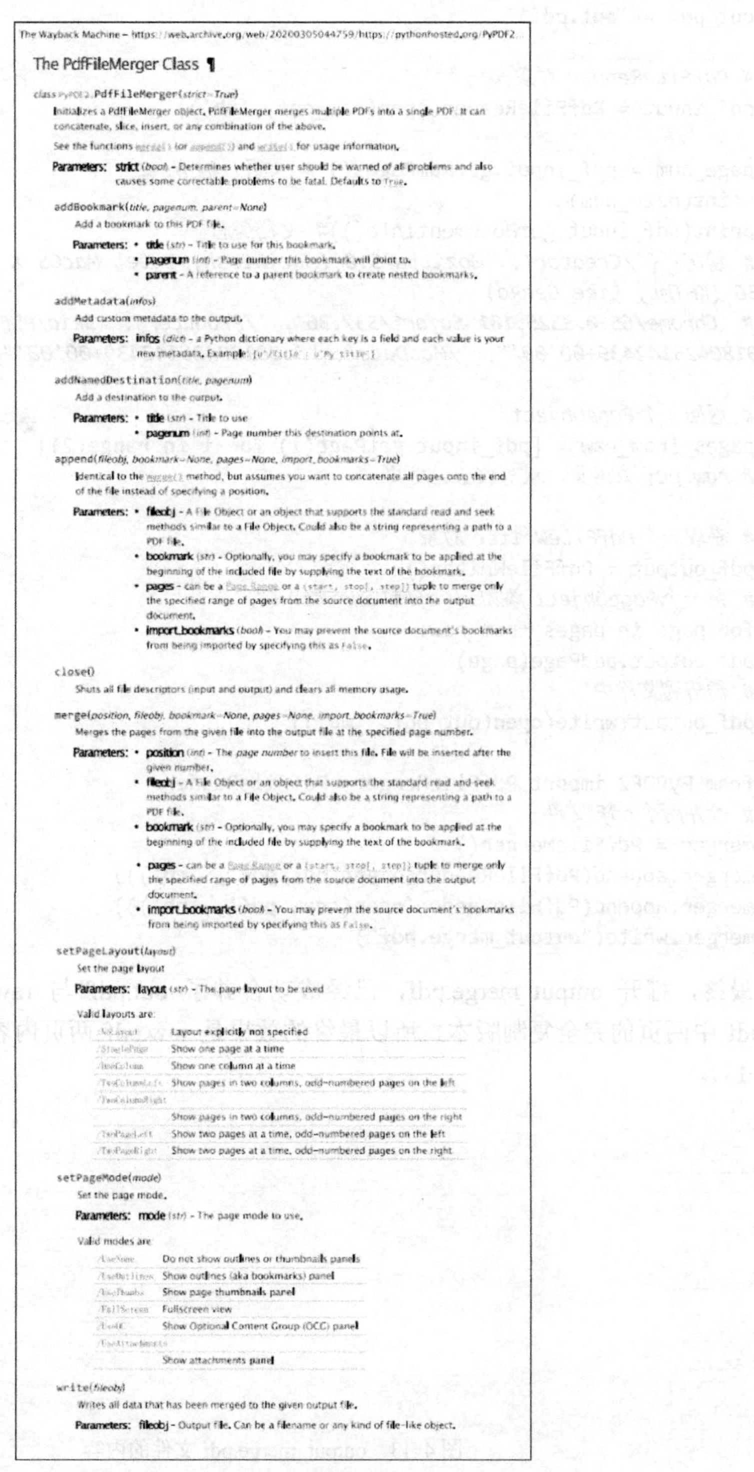

The Wayback Machine – https://web.archive.org/web/20200305044759/https://pythonhosted.org/PyPDF2...

The PdfFileMerger Class ¶

class PyPDF2.**PdfFileMerger**(*strict=True*)

Initializes a PdfFileMerger object. PdfFileMerger merges multiple PDFs into a single PDF. It can concatenate, slice, insert, or any combination of the above.

See the functions merge() (or append()) and write() for usage information.

Parameters: **strict** (*bool*) – Determines whether user should be warned of all problems and also causes some correctable problems to be fatal. Defaults to True.

addBookmark(*title, pagenum, parent=None*)

Add a bookmark to this PDF file.

Parameters:
- **title** (*str*) – Title to use for this bookmark.
- **pagenum** (*int*) – Page number this bookmark will point to.
- **parent** – A reference to a parent bookmark to create nested bookmarks.

addMetadata(*infos*)

Add custom metadata to the output.

Parameters: **infos** (*dict*) – a Python dictionary where each key is a field and each value is your new metadata. Example: {u'/Title': u'My title'}

addNamedDestination(*title, pagenum*)

Add a destination to the output.

Parameters:
- **title** (*str*) – Title to use
- **pagenum** (*int*) – Page number this destination points at.

append(*fileobj, bookmark=None, pages=None, import_bookmarks=True*)

Identical to the merge() method, but assumes you want to concatenate all pages onto the end of the file instead of specifying a position.

Parameters:
- **fileobj** – A File Object or an object that supports the standard read and seek methods similar to a File Object. Could also be a string representing a path to a PDF file.
- **bookmark** (*str*) – Optionally, you may specify a bookmark to be applied at the beginning of the included file by supplying the text of the bookmark.
- **pages** – can be a Page Range or a (start, stop[, step]) tuple to merge only the specified range of pages from the source document into the output document.
- **import_bookmarks** (*bool*) – You may prevent the source document's bookmarks from being imported by specifying this as False.

close()

Shuts all file descriptors (input and output) and clears all memory usage.

merge(*position, fileobj, bookmark=None, pages=None, import_bookmarks=True*)

Merges the pages from the given file into the output file at the specified page number.

Parameters:
- **position** (*int*) – The *page number* to insert this file. File will be inserted after the given number.
- **fileobj** – A File Object or an object that supports the standard read and seek methods similar to a File Object. Could also be a string representing a path to a PDF file.
- **bookmark** (*str*) – Optionally, you may specify a bookmark to be applied at the beginning of the included file by supplying the text of the bookmark.
- **pages** – can be a Page Range or a (start, stop[, step]) tuple to merge only the specified range of pages from the source document into the output document.
- **import_bookmarks** (*bool*) – You may prevent the source document's bookmarks from being imported by specifying this as False.

setPageLayout(*layout*)

Set the page layout

Parameters: **layout** (*str*) – The page layout to be used

Valid layouts are:

/NoLayout	Layout explicitly not specified
/SinglePage	Show one page at a time
/OneColumn	Show one column at a time
/TwoColumnLeft	Show pages in two columns, odd-numbered pages on the left
/TwoColumnRight	Show pages in two columns, odd-numbered pages on the right
/TwoPageLeft	Show two pages at a time, odd-numbered pages on the left
/TwoPageRight	Show two pages at a time, odd-numbered pages on the right

setPageMode(*mode*)

Set the page mode.

Parameters: **mode** (*str*) – The page mode to use.

Valid modes are:

/UseNone	Do not show outlines or thumbnails panels
/UseOutlines	Show outlines (aka bookmarks) panel
/UseThumbs	Show page thumbnails panel
/FullScreen	Fullscreen view
/UseOC	Show Optional Content Group (OCG) panel
/UseAttachments	Show attachments panel

write(*fileobj*)

Writes all data that has been merged to the given output file.

Parameters: **fileobj** – Output file. Can be a filename or any kind of file-like object.

图 4-12　raw.pdf 文件的内容

接着，使用 PyPDF2 进行简单的 pdf 页码粘贴与 pdf 合并操作：

```
from PyPDF2 import PdfFileReader, PdfFileWriter
raw_pdf = 'raw.pdf'
out_pdf = 'out.pdf'

# PdfFileReader 对象
pdf_input = PdfFileReader(open(raw_pdf, 'rb'))

page_num = pdf_input.getNumPages() # 页数，输出：2
print(page_num)
print(pdf_input.getDocumentInfo())# 文档信息
# 输出：{'/Creator': 'Mozilla/5.0 (Macintosh; Intel MacOS X 10_13_3) AppleWebKit/
537.36 (KHTML, like Gecko)
# Chrome/65.0.3325.181 Safari/537.36', '/Producer': 'Skia/PDF m65','/CreationDate':
"D:20180425142439+00'00'", '/ModDate': "D:20180425142439+00'00'"}

# 返回一个 PageObject
pages_from_raw = [pdf_input.getPage(i) for i in range(2)]
# raw.pdf 共两页，这里取出这两页

# 获取一个 PdfFileWriter 对象
pdf_output = PdfFileWriter()
# 将一个 PageObject 添加到 PdfFileWriter 中
for page in pages_from_raw:
pdf_output.addPage(page)
# 输出到文件中
pdf_output.write(open(out_pdf, 'wb'))

from PyPDF2 import PdfFileMerger, PdfFileReader
# 合并两个 pdf 文件
merger = PdfFileMerger()
merger.append(PdfFileReader(open('out.pdf', 'rb')))
merger.append(PdfFileReader(open('raw.pdf', 'rb')))
merger.write("output_merge.pdf")
```

最终，打开 output_merge.pdf，已经成功合并了 out.pdf 与 raw.pdf，由于 out.pdf 是 raw.pdf 中两页的完全复制版本，所以最终的效果是 raw.pdf 两页内容的重复（共 4 页，见图 4-13）。

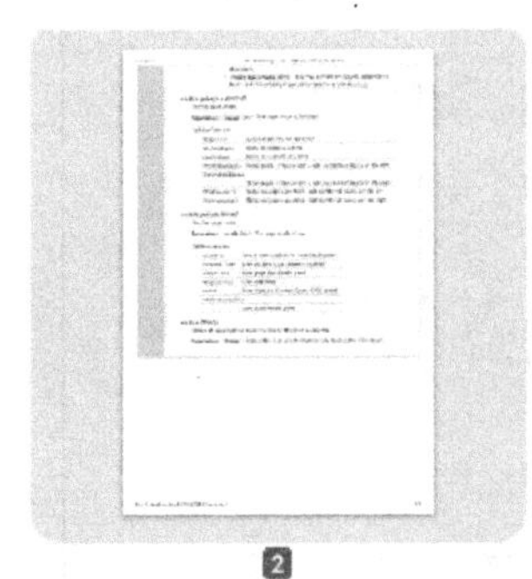
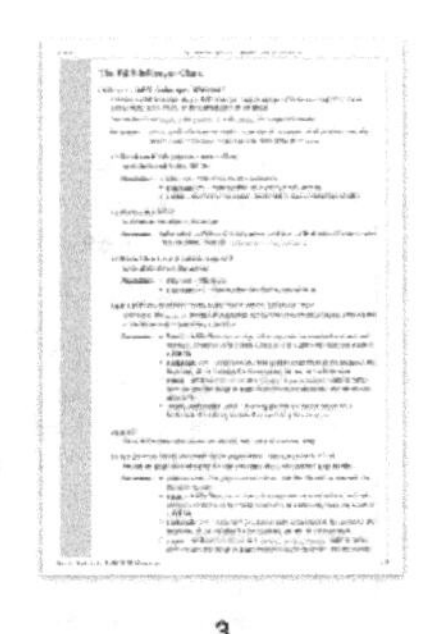

图 4-13　output_merge.pdf 文件的内容

4.7　本章小结

在本章主要讨论了 Python 与各种文件的一些操作，首先介绍了最基本的文件打开与读写，之后通过包括图片、csv、docx、pdf 等不同格式的文件展示了 Python 中文件处理的丰富功能。本章还系统性地介绍了一些数据库交互的方法，其中关于 MySQL 和 redis 的部分对于爬虫编写而言尤为重要。

4.8　实践：使用 Python 3 读写 SQLite 数据库

4.8.1　需求说明

使用 Python 提供的 sqlite3 模块，将第 2 章中的实践内容所获得的直播间 ID 存入 SQLite 数据库中。

4.8.2　实现思路及步骤

（1）Python 提供的 sqlite3 模块可以轻松完成对 SQLite 数据库的读写操作，其中 connect()方法可以判断一个数据库文件是否存在，如果不存在就自动创建一个，如果存在的话，就打开那个数据库。因此，在获取第 2 章中实践的结果之后，可以使用 conn = sqlite4.connect('uzinfo.db')方法新建一个数据库。

（2）在新建数据库之后，需要获取到数据库的游标 cur = conn.cursor()即可。获取到游标之后就可以对数据库进行任意的操作，使用 cur.execute("SQL 指令")即可执行对应的 SQL 指令。这里首先创建一个数据表，使用 cur.execute("CREATE TABLE uzi (uid CHAR(25) PRIMARY KEY, zid CHAR(25))")即可创建一个名为 uzi 的表。

（3）接下来需要往数据库中写入数据，可以编写一个循环来写入数据，写入数据的指令为 cur.execute('INSERT INTO uzi VALUES (?, ?)',(uid, zid))。在写入数据之后，还需要执行 conn.commit()指令才能执行写入的操作，至此，写入便结束了。

（4）读写数据依然使用 cur.execute()操作，这里提取 uzi 数据表里的全部数据，使用 cur.execute('SELECT * FROM uzi')即可查找数据，并且使用 res = cur.fetchall()即可将查找到的数据提取出来，最后将数据 print(res)出来即可。

4.9　习题

一、选择题

（1）在 Python 的 open()函数中，（　　）模式字符可以在原本的文件上追加内容。

A．w　　B．r　　C．b　　D．a

（2）（　　）函数可以去掉字符串首尾的内容。

A．str.decode()　　B．str.strip()　　C．str.split()　　D．str.format()

（3）数据库类型是按照（　　）来划分的。

A．数据模型　　　　　　　　　　B．记录形式
C．数据存取方法　　　　　　　　D．文件形式

（4）数据库管理系统更适合于（　　）方面的应用。

A．CAD　　　　B．过程控制　　　　C．科学计算　　　　D．数据处理

二、判断题

（1）os.remove()可以用来删除文件夹。（　　）

（2）readlines()方法可以指定读取的行数。（　　）

（3）对 CSV 的读写可以不使用任何库。（　　）

（4）关系模型是目前最常用的数据模型。（　　）

（5）数据表的关键字用于唯一标识一个记录，每个表必须具有一个关键字，主关键字只能由一个字段组成。（　　）

三、问答题

（1）在 open()函数的打开模式参数中，w 与 w+有什么异同？

（2）如果在 Python 中打开了一个文件但是不去关闭它会发生什么？

（3）使用一个操作将字符串 abcde 改变为 abcd，有几种方法？

（4）使用 open()无法直接查看.docx 文件，而使用 python-docx 库却可以，这是为什么？

进 阶 篇

第 5 章 JavaScript 与动态内容

如果利用 requests 库和 BeautifulSoup 来采集一些大型电商网站的页面，可能会发现一个令人疑惑的现象，那就是对于同一个 URL、同一个页面，用户抓取到的内容却与在浏览器中看到的内容有所不同。例如，有的时候去寻找某一个<div>元素，却发现 Python 程序报出异常，查看 requests.get()方法的响应数据也没有看到想要的元素信息。这其实代表着网页数据抓取的一个关键问题，即通过程序获取到的 HTTP 响应内容都是原始的 HTML 数据，但浏览器中的页面其实是在 HTML 的基础上，经过 JavaScript 进一步加工和处理后生成的效果。例如，淘宝的商品评论就是通过 JavaScript 获取 JSON 数据，然后“嵌入”到原始 HTML 中并呈现给用户。这种在页面中使用 JavaScript 的网页对于 20 世纪 90 年代的 Web 界面而言几乎是天方夜谭，但在今天，以 AJAX 技术（Asynchronous JavaScript and XML，异步 JavaScript 与 XML）为代表的结合 JavaScript、CSS、HTML 等语言的网页开发技术已经成为主流。

为了避免为每一份要呈现的网页内容都准备一个 HTML，网站开发者们开始考虑对网页的呈现方式进行变革。在 JavaScript 问世之初，Google 公司的 Gmail 邮箱网站是第一个大规模使用 JavaScript 加载网页数据的产品，在此之前，用户为了获取下一页面的网页信息，需要访问新的地址并重新加载整个页面，但新的 Gmail 做出了更优雅的方案，用户只需要单击“下一页”按钮，网页（实际上是浏览器）会根据用户交互来对下一页面数据进行加载，而这个过程并不需要对整个页面（HTML）的刷新，换句话说，JavaScript 使得网页可以灵活地加载其中一部分数据。后来，随着这种设计的流行，“AJAX”这个词语也成为一个“术语”，Gmail 作为第一个大规模使用这种模式的商业化网站，也成功引领了被称为“Web 2.0”的潮流。

学习目标

1．了解 JavaScript 语法。
2．了解 AJAX 技术工作原理。
3．熟悉 AJAX 数据的抓取。
4．掌握动态页面的抓取方法。
5．掌握使用 Selenium 模拟浏览器抓取页面。

5.1 JavaScript 与 AJAX 技术

5.1.1 JavaScript 语言

JavaScript 一般被定义为一种“面向对象、动态类型的解释性语言”，最初由 Netscape（网景）公司推出，目的是作为新一代浏览器的脚本语言支持，换句话说，不同于 PHP 或者 ASP.NET，JavaScript 不是为“网站服务器”提供的语言，而是为“用户浏览器”提供的语言，从客户端-服务器端的角度来说，JavaScript 无疑是一种“客户端”语言。但是由于 JavaScript 受到业界和用户的强烈欢迎，加之开发者社区的活跃，目前的 JavaScript 已经开始朝向更为综合的方向发展，随着 V8 引擎（可以提高 JavaScript 的解释执行效率）和 Node.js 等新潮流的出现，JavaScript 甚至已经开始涉足“服务器端”，在 TIOBE 排名（一个针对各类程序设计语言受欢迎度的比较）上，JavaScript 稳居前 10，并与 PHP、Python、C#等分庭抗礼。有一种说法是，对于今天任何一个正式的网站页面而言，HTML 决定了网页的基本内容，CSS 描述了网页的样式布局，JavaScript 则控制了用户与网页的交互。

🕮 提示：JavaScript 的名字使得很多人会将其与 Java 语言联系起来，认为它是 Java 的某种派生语言，但实际上 JavaScript 在设计原则上更多受到了 Scheme（一种函数式编程语言）和 C 语言的影响，除了变量类型和命名规范等细节，JavaScript 与 Java 关系其实并不大。Netscape 公司最初为之命名为“LiveScript”，但当时正与 Sun 公司合作，加上 Java 语言所获得的巨大成功，为了“蹭热点”，遂将名字改为“JavaScript”。JavaScript 推出后受到了业界的一致肯定，对 JavaScript 的支持也成为现代浏览器的基本要求。浏览器端的脚本语言还包括用于 Flash 动画的 ActionScript 等。

为了在网页中使用 JavaScript，开发者一般会把 JavaScript 脚本程序写在 HTML 的 <script>标签中，在 HTML 语法里，<script> 标签用于定义客户端脚本，如果需要引用外部脚本文件，可以在 src 属性中设置其地址，见图 5-1。

JavaScript 在语法结构上比较类似于 C++等面向对象的语言，循环语句、条件语句等也都与 Python 中的写法有较大的差异，但其弱类型特点会更符合 Python 开发者的使用习惯。一段简单的 JavaScript 脚本程序见例 5-1。

【例 5-1】 JavaScript 示例，计算 a+b 和 a*b。

```
functionadd(a,b) {
varsum = a + b;
console.log('%d + %d equals to %d',a,b,sum);
```

```
}
functionmut(a,b) {
varprod = a * b;
console.log('%d * %d equals to %d',a,b,prod);
}
```

```
▼<script>
    Do(function() {
      var app_qr = $('.app-qr');
      app_qr.hover(function() {
        app_qr.addClass('open');
      }, function() {
        app_qr.removeClass('open');
      });
    });

  </script>
</div>
▶<div id="anony-sns" class="section">…</div>
▶<div id="anony-time" class="section">…</div>
▶<div id="anony-video" class="section">…</div>
▶<div id="anony-movie" class="section">…</div>
▶<div id="anony-group" class="section">…</div>
▶<div id="anony-book" class="section">…</div>
▶<div id="anony-music" class="section">…</div>
▶<div id="anony-market" class="section">…</div>
▶<div id="anony-events" class="section">…</div>
▼<div class="wrapper">
  <div id="dale_anonymous_home_page_bottom" class="extra"></div>
 ▶<div id="ft">…</div>
</div>
… <script type="text/javascript" src="https://img3.doubanio.com/f/shire/72ced6d…/js/
jquery.min.js" async="true"></script> == $0
```

图 5-1　豆瓣首页网页源码中的<script>元素

用户使用 Chrome 开发者模式的 Console 工具（“Console”一般翻译为“控制台”），输入并执行这个函数，就可以看到 Console 对应的输出，见图 5-2。

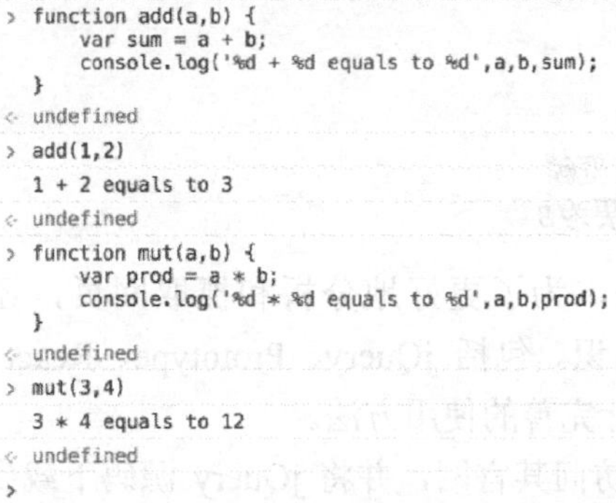

```
> function add(a,b) {
      var sum = a + b;
      console.log('%d + %d equals to %d',a,b,sum);
  }
< undefined
> add(1,2)
  1 + 2 equals to 3
< undefined
> function mut(a,b) {
      var prod = a * b;
      console.log('%d * %d equals to %d',a,b,prod);
  }
< undefined
> mut(3,4)
  3 * 4 equals to 12
< undefined
>
```

图 5-2　在 Chrome 的 Console 中执行的结果

通过下面的例子来展示 JavaScript 的基本概念和语法。

【例 5-2】 JavaScript 程序，演示 JavaScript 的基本内容。

```
vara = 1; // 变量声明与赋值
//变量都用 var 关键字定义
varmyFunction = function (arg1) { // 注意这个赋值语句，在 JavaScript 中，函数和变量
本质上是一样的
arg1 += 1;
returnarg1;
}
varmyAnotherFunction = function (f,a) {    // 函数也可以作为另一个函数的参数被传入
returnf(a);
}
console.log(myAnotherFunction(myFunction,2))
```

```
// 条件语句
if (a>0) {
a -= 1;
} elseif (a == 0) {
a -= 2;
} else {
a += 2;
}
// 数组
arr = [1,2,3];
console.log(arr[1]);
// 对象
myAnimal = {
name:"Bob",
species:"Tiger",
gender:"Male",
isAlive:true,
isMammal:true,
}
console.log(myAnimal.gender);  // 访问对象的属性
// 匿名函数
myFunctionOp = function (f, a) {
returnf(a);
}
res = myFunctionOp( //直接在参数位置写上一个函数
function(a) {
returna * 2;
    },
4)
// 可以联想 Lambda 表达式来理解
console.log(res);  // 结果为8
```

除了了解 JavaScript 语法，为了更好地分析和抓取网页，还需要对目前广为流行的 JavaScript 第三方库有简单的认识。包括 jQuery、Prototype、React 等在内的这些 JavaScript 库一般会提供丰富的函数和设计完善的使用方法。

如果要使用 jQuery，可以访问其官网，并将 jQuery 源码下载到本地，最后在 HTML 中引用：

```
<head>
</head>
<body>
<scriptsrc="jquery-1.10.2.min.js"></script>
</body>
```

也可以使用另一种不必在本地保存 JS 文件的方法，即使用 CDN（见下方代码）。谷歌、百度、新浪等大型互联网公司的网站上都会提供常见 JavaScript 库的 CDN。如果网页使用 CDN，当用户向网站服务器请求文件时，CDN 会从离用户最近的服务器上返回响应，这在一定程度上可以提高加载速度。

```
<head>
</head>
<body>
```

```
<scriptsrc="http://lib.sinaapp.com/js/jquery/1.7.2/jquery.min.js"></script>
</body>
```

📖 提示：曾经编写过网页的人对 CDN 一词可能不陌生，CDN（Content Delivery Network，内容分发网络），一般用于存放供人们共享使用的代码。Google 的 API 服务即提供了存放 jQuery 等 JavaScript 库的 CDN。这是比较狭义的 CDN 的含义，实际上 CDN 的用途不止“支持 JavaScript 脚本”这一项。

5.1.2　AJAX

AJAX 技术与其说是一种“技术”，不如说是一种“方案”。如上文所述，在网页中使用 JavaScript 加载页面中的数据，都可以看作是 AJAX 技术。AJAX 技术改变了过去用户浏览网站时一个请求对应一个页面的模式，它允许浏览器通过异步请求来获取数据，从而使得一个页面能够呈现并容纳更多的内容，同时也就意味着更多的功能。只要用户使用的是主流的浏览器，同时允许浏览器执行 JavaScript，用户就能够享受网站在网页中的 AJAX 内容。

AJAX 技术在逐渐流行的同时，也面临着一些批评，由于 JavaScript 本身是作为客户端脚本语言在浏览器的基础上执行，因此，浏览器兼容性成为一个不可忽视的问题，另外，由于 JavaScript 在某种程度上实现了业务逻辑的分离（此前的业务逻辑统一由服务器端实现），因此在代码维护上也存在一些效率问题。但总体而言，AJAX 技术已经成为现代网站技术中的中流砥柱，受到了广泛的欢迎。AJAX 目前的使用场景十分广泛，很多时候普通用户甚至察觉不到网页正在使用 AJAX 技术。

以知乎的首页信息流为例（见图 5-3），与用户的主要交互方式就是用户通过下拉页面（具体操作可通过鼠标滚轮、拖动滚动条等）查看更多动态，而在一部分动态（对于知乎而言包括被关注用户的点赞和回答等）展示完毕后，就会显示一段加载动画并呈现后续的动态内容。在这个过程中页面动画其实只是“障眼法”，在这个过程中，正是 JavaScript 脚本请求了服务器发送相关数据，并最终加载到页面之中。在这个过程中页面显然没有进行全部刷新，而是只“新”刷新了一部分，通过这种异步加载的方式从而完成了对新的内容的获取和呈现，这个过程就是典型的 AJAX 应用。

图 5-3　知乎首页动态的刷新

比较尴尬的是，用户编写的爬虫一般不能执行包括“加载新内容”或者“跳到下一页”等功能在内的各类写在网页中的 JavaScript 代码。如本节开头所述，爬虫会获取网站的原始 HTML 页面，由于爬虫没有浏览器那样执行 JavaScript 脚本的能力，因此也就不会为网页运行 JavaScript，最终爬取到的结果就会和浏览器里显示的结果有所差异，很多时候便不能直接获取到想要的关键信息。为解决这个尴尬处境，基于 Python 编写的爬虫程序可以做出两种改进，一种是通过分析 AJAX 内容（需要开发者手动观察和实验），观察其请求目标、请求内容和请求的参数等信息，最终编写程序来模拟这样的 JavaScript 请求，最终获取信息（这个过程也可以叫“逆向工程”）；另外一种方式则比较取巧，那就是直接模拟出浏览器环境，使得程序得以通过浏览器模拟工具“移花接木”，最终通过浏览器渲染后的页面来获取信息。这两种方式的选择与 JavaScript 在网页中的具体使用方法有关，将在下一节中具体讨论。

5.2 抓取 AJAX 数据

5.2.1 分析数据

网页使用 JavaScript 的第一种模式就是获取 AJAX 数据并在网页中加载，这实际上是一个“嵌入”的过程，借助这种方式，不需要一个单独的页面请求就可以加载新的数据，这无论对网站开发者还是对浏览网站的用户都能有更好的体验。这个概念与“动态 HTML”非常接近，动态 HTML 一般指通过客户端语言来动态改变网页 HTML 元素的方式。很显然，这里的“客户端语言”几乎是 JavaScript 的同义词，而“改变 HTML 元素”本身就意味着对新请求数据的加载。在 5.1 节最后看到的知乎首页的例子，实际上就是一种非常典型且综合性的动态 HTML，不仅网页中的文本数据是通过 JavaScript 加载的（即 AJAX），而且网页中的各类元素（比如<div>或<p>元素）也是通过 JavaScript 代码来生成并最终呈现给用户。本节先考虑最单纯的 AJAX 数据抓取，暂时不考虑那些复杂的页面变化（直观地说，就是各类动画加载效果），以携程网的酒店详情页面为例，完成一次对 AJAX 数据的逆向工程。

具体地说，网页中的 AJAX 过程一般可以简单地视作一个“发送请求”“获得数据”“显示元素”的流程。在第一步“发送请求”时，客户端主要借助了一个所谓的“XMLHttpRequest”对象。在使用 Python 发送请求时的程序语句是这样的：

```
import requests
res = requests.get('url')
# do something
```

而浏览器使用 XMLHttpRequest 来发起请求也是类似的，它使用 JavaScript 语言而不是 Python 语言。对于 AJAX 而言，从“发送请求”到“获得数据”的过程当然不止两行代码这么简单，浏览器可以在 XMLHttpRequest 的 responseText 属性中获取响应内容。常见的响应内容包括 HTML 文本、JSON 数据等（见图 5-4）。

🕮 提示：对 XMLHttpRequest 的定义可以参考 Mozilla（一个脱胎于 Netscape 公司的软件社区组织，旗下软件包括著名的 Firefox 火狐浏览器）给出的说明，“XMLHttpRequest 是一个 API，它为客户端提供了在客户端和服务器之间传输数据的功能。它提供了一个通过 URL 来获取数据的简单方式，并且不会使整个页面刷新。”

获得数据之后，JavaScript 将根据获取到的响应内容来改变网页 HTML 内容，使得“网页源代码”真正变为用户在开发者模式中看到的实时网页 HTML 代码。这个“显示元素”的过程中，第一步就是 JavaScript 进行 DOM 操作（即改变网页文档的操作）。之后浏览器完成对新加载内容的渲染，就看到了最终的网页效果。

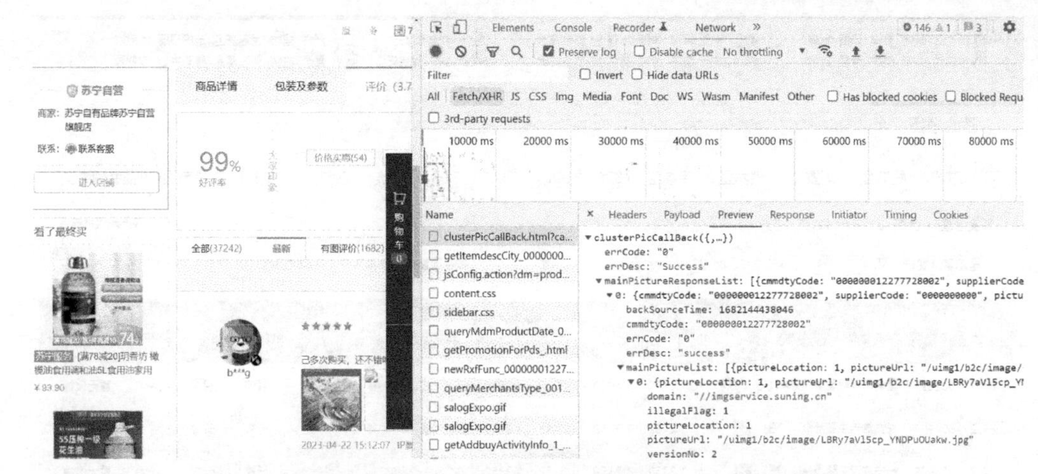

图 5-4　通过开发者工具查看 JSON 数据（图中网页为苏宁易购）

📖 提示：文档对象模型（DOM）是 HTML 和 XML 文档的编程接口。DOM 将网页文档解析为一个由节点和对象（包含属性和方法的对象）组成的数据结构。最直接的理解是，DOM 是 Web 页面的面向对象化，便于 JavaScript 等语言进行对页面中内容（元素）的更改、增加等操作。“渲染”这个词则没有一个很严格的定义，可以理解为，浏览器把那些只有程序员才会留心的代码和数据“变为”普通用户所能看到的网页画面的过程就叫“渲染”。

根据上面的分析，很容易能够想到，为了抓取这样的网页内容，用户便不必着眼于网页这个“最终产物”，因为“最终产物”也是经过加工后的结果。如果用户对那些 AJAX 数据（比如商品的客户评论）感兴趣，并且暂时不需要页面中的其他一些数据（比如商品的名称标题），那么完全可以将注意力完全集中在 AJAX 请求上，对于很多简单的 AJAX 数据而言，只要知道了 AJAX 请求的 URL 地址，用户的抓取就已经成功了一半。幸运的是，虽然 AJAX 数据可能会进行加密，有一些 AJAX 请求的数据格式也可能非常复杂（尤其是一些大型互联网公司旗下网站的页面），但很多网页中的 AJAX 内容还是不难分析的。

下面访问和讯网的基金排名详情页面（见图 5-5），打开开发者工具并进入 Network 选项卡，就能够看到很多条记录，这些记录记载了页面加载过程中浏览器和服务器之间的各个交互。只要选中“XHR”这个选项，便能过滤掉其他类型的数据交互，只显示 XHR 请求（即 XMLHttpRequest）。

由此便得到了网页中的 AJAX 数据请求，对于排名页面而言，把抓取目标设定为获取其“开放式基金某一天”信息（见图 5-6），这个内容显然是 AJAX 加载的数据。在 Network 选项卡中，也能看到“KaifangJingz.aspx”这条记录，选中记录后查看“Preview”选项卡就能够看到请求到的数据详情（实际上查看响应数据应该在“Response”选项卡中，但“Preview”选项卡会将数据以比较易于观察的格式来显示，便于开发者进行预览）。

在 Preview 选项卡中看到的是浏览器“解析”（这个词一般是由 Parse 翻译而来）得到的数据，在 Response 选项卡中查看的原始数据（见图 5-7）则比较不易阅读，但本质上是一致的。JavaScript 获取到这些 JSON 数据后，根据对应的页面渲染方法进行渲染，这些数据就呈现在了最终的网页页面之上。

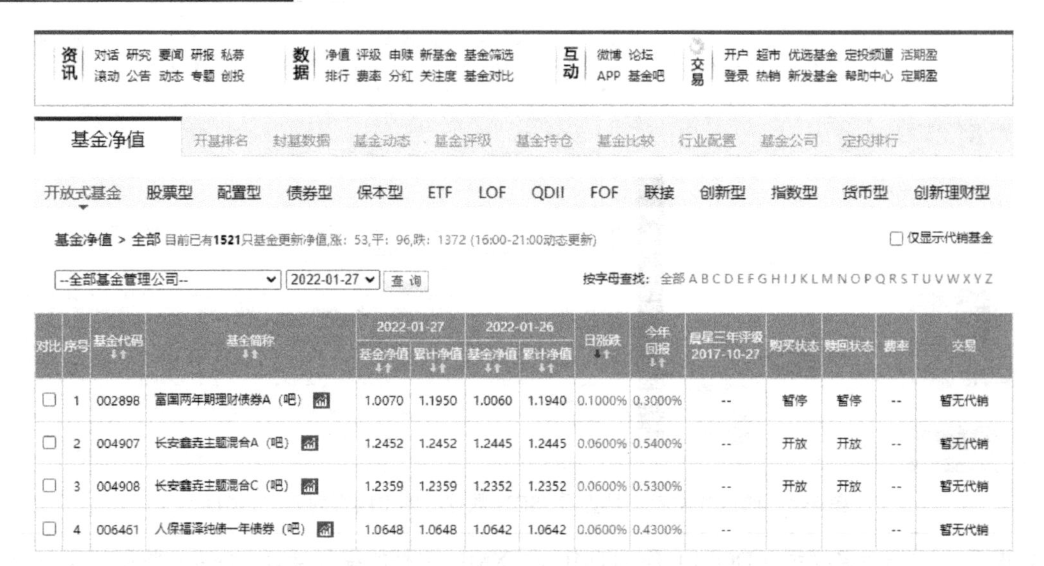

图 5-5　和讯网基金排名详情页面

图 5-6　在 XHR 中查看网站页面的 AJAX 加载信息

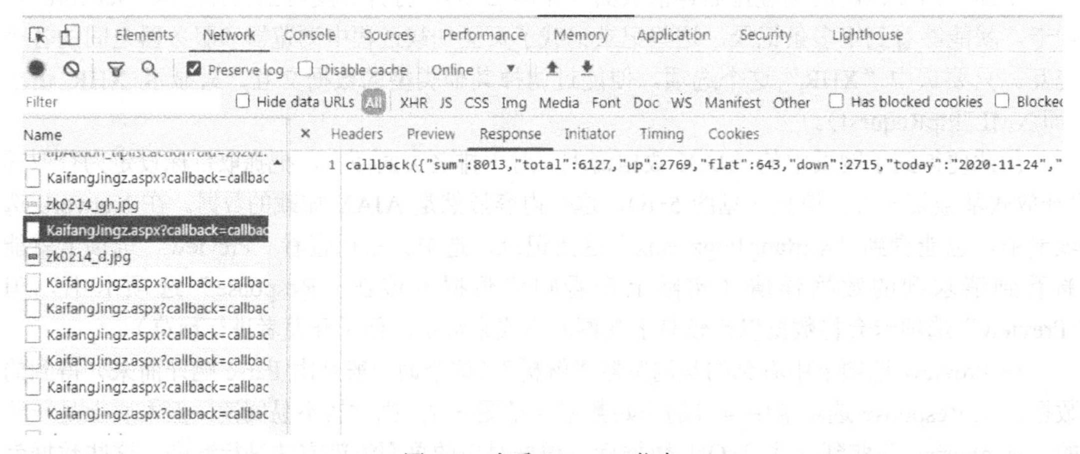

图 5-7　查看 Response 信息

为了抓取这些数据，就必须研究“Headers”选项卡中的那些关键信息。在“Headers”选项卡中，可以查看这次 XHR 请求的各种详细信息，其中比较重要的包括 Request URL（请求的 URL 地址）和 Query String Parameters（请求参数）。可以看到，Request URL 为 http://jingzhi.funds.hexun.com/jz/JsonData/KaifangQuJianPM.aspx，之后单击调试工具 Headers 下面的 Query String Parameters 中的“ViewSource”，可以获得这样的查询字符串“callback=callback&subtype=1&fundcompany=--%E5%85%A8%E9%83%A8%E5%9F%BA%E9%87%91%E7%AE%A1%E7%90%86%E5%85%AC%E5%8F%B8--&enddate=2020-11-24&curpage=1&pagesize=20&sortName=dayPrice&sortType=down&fundisbuy=0”。对后端开发比较熟悉的话，就会明白其中的“a=x”这样的形式实际上就是后端给查询函数传入的具体参数名和参数值。这是一个表单数据，因此可以使用 GET 请求得到返回的 JSON，但还可使用另外一种方式验证，即用浏览器默认的 GET 请求方法，查看请求的结果，得到的 URL 如下：

```
http://jingzhi.funds.hexun.com/jz/JsonData/KaifangJingz.aspx?callback=callback&subtype=1&fundcompany=--%E5%85%A8%E9%83%A8%E5%9F%BA%E9%87%91%E7%AE%A1%E7%90%86%E5%85%AC%E5%8F%B8--&enddate=2020-12-01&curpage=1&pagesize=20&sortName=dayPrice&sortType=down&fundisbuy=0
```

在浏览器中输入这个地址并访问，会看到图 5-8 所示的网页显示。

不安全 | jingzhi.funds.hexun.com/jz/JsonData/KaifangQuJianPM.aspx?callback=callback&s...

callback({"sum":1884,"list":[{"num":"1","fundCode":"003426","fundName":"江信添福债券C","fundLink":"http://jingzhi.funds.hexun.com/003426.shtml","trendLink":"http://jingzhi.funds.hexun.com/database/jzzs.aspx?fundcode=003426","baLink":"http://jijinba.hexun.com/003426,jijinba.html","rangeYield":"10.66%","beginNet":"1.0783","finalNet":"1.1932","beginCum":"1.0883","finalC
-","discount":"--","ratefee":"--","buy":"0","buyLink":"","dtLink":""},{"num":"2","fundCode":"006653","fundName":"南方畅利定开债券","fundLink":"http://jingzhi.funds.hexun.com/006653.shtml","trendLink":"http://jingzhi.funds.hexun.com/database/jzzs.aspx?fundcode=006653","baLink":"http://jijinba.hexun.com/006653,jijinba.html","rangeYield":"6.58%","beginNet":"1.0106","finalNet":"1.0771","beginCum":"1.0606","finalCu
-","discount":"--","ratefee":"--","buy":"0","buyLink":"","dtLink":""},{"num":"3","fundCode":"000004","fundName":"中海可转换债券C","fundLink":"http://jingzhi.funds.hexun.com/000004.shtml","trendLink":"http://jingzhi.funds.hexun.com/database/jzzs.aspx?fundcode=000004","baLink":"http://jijinba.hexun.com/000004,jijinba.html","rangeYield":"5.11%","beginNet":"0.9190","finalNet":"0.9660","beginCum":"1.1290","finalCu
-","discount":"--","ratefee":"--","buy":"1","buyLink":"https://emall.licaike.com/fund/purchase/FirstLoad.action?fundCode=000004&knownChannel=hexun_jjjz_goumai","dtLink":"https://emall.licaike.com/fund/fundplan/InitAdd.action?fundCode=000004&knownChannel=hexun_jjjz_dinggou"},{"num":"4","fundCode":"000003","fundName":"中海可转换债券A","fundLink":"http://jingzhi.funds.hexun.com/000003.shtml","trendLink":"http://jingzhi.funds.hexun.com/database/jzzs.aspx?fundcode=000003","baLink":"http://jijinba.hexun.com/000003,jijinba.html","rangeYield":"5.10%","beginNet":"0.9220","finalNet":"0.9690","beginCum":"1.1320","finalCu
-","discount":"7.5折","ratefee":"0.60%","buy":"1","buyLink":"https://emall.licaike.com/fund/purchase/FirstLoad.action?fundCode=000003&knownChannel=hexun_jjjz_goumai","dtLink":"https://emall.licaike.com/fund/fundplan/InitAdd.action?fundCode=000003&knownChannel=hexun_jjjz_dinggou"},{"num":"5","fundCode":"005793","fundName":"华富可转债债券","fundLink":"http://jingzhi.funds.hexun.com/005793.shtml","trendLink":"http://jingzhi.funds.hexun.com/database/jzzs.aspx?fundcode=005793","baLink":"http://jijinba.hexun.com/005793,jijinba.html","rangeYield":"3.43%","beginNet":"1.2553","finalNet":"1.2983","beginCum":"1.2553","finalCu
-","discount":"--","ratefee":"--","buy":"0","buyLink":"","dtLink":""},{"num":"6","fundCode":"005461","fundName":"南方希元可转债债券","fundLink":"http://jingzhi.funds.hexun.com/005461.shtml","trendLink":"http://jingzhi.funds.hexun.com/database/jzzs.aspx?fundcode=005461","baLink":"http://jijinba.hexun.com/005461,jijinba.html","rangeYield":"2.61%","beginNet":"1.4659","finalNet":"1.5041","beginCum":"1.4659","finalCu
-","discount":"--","ratefee":"--","buy":"0","buyLink":"","dtLink":""},{"num":"7","fundCode":"004661","fundName":"银河如意债券","fundLink":"http://jingzhi.funds.hexun.com/004661.shtml","trendLink":"http://jingzhi.funds.hexun.com/database/jzzs.aspx?fundcode=004661","baLink":"http://jijinba.hexun.com/004661,jijinba.html","rangeYield":"2.55%","beginNet":"1.0375","finalNet":"1.0640","beginCum":"1.0375","finalCu
-","discount":"--","ratefee":"--","buy":"0","buyLink":"","dtLink":""},{"num":"8","fundCode":"000536","fundName":"前海开源可转债","fundLink":"http://jingzhi.funds.hexun.com/000536.shtml","trendLink":"http://jingzhi.funds.hexun.com/database/jzzs.aspx?fundcode=000536","baLink":"http://jijinba.hexun.com/000536,jijinba.html","rangeYield":"2.55%","beginNet":"0.9420","finalNet":"0.9660","beginCum":"1.3120","finalCu
-","discount":"7.5折","ratefee":"0.60%","buy":"3","buyLink":"https://emall.licaike.com/fund/purchase/FirstLoad.action?

图 5-8 访问查询 URL 的结果

获得的数据正是包含了这个基金排名的 JSON 数据，很显然，其中的 fundName 字段标志了一个基金名，而 num 字段则是序号数，不同页面返回的字段序号是不一样的，页面中单击“下一页”，实际上执行的就是将 curpage=2 作为参数递增并获取新数据的操作。

回到刚才的基金排名详情信息，可以发现响应的 JSON 数据中的主要字段包括 fundCode、fundName、list 等（见图 5-9）。假如用户想通过程序来获取这里的基金信息及排名对应的文本，就需要通过解析这些 JSON 数据来实现。

```
×  Headers  Preview  Response  Initiator  Timing
▾callback({sum: 8013, total: 6127, up: 2769, flat: 643, down: 2715, today: "2020-09-29", dayBefore: "2020-09-28",…})
   cxLevelday: "2017-10-27"
   dayBefore: "2020-09-28"
   down: 2715
   flat: 643
  ▾list: [{num: "21", fundCode: "000028", fundName: "华富保本混合",…},…]
   ▾0: {num: "21", fundCode: "000028", fundName: "华富保本混合",…}
      bAmass: "1.4829"
      bNet: "1.1049"
      baLink: "http://jijinba.hexun.com/000028,jijinba.html"
      buy: "1"
      buyLink: "https://emall.licaike.com/fund/purchase/FirstLoad.action?fundCode=000028&knownChannel=hexun_jjjz_goumai"
      buyStatus: "开放"
      cxLevel: "★★"
      dayPrice: "--"
      discount: "5折"
      dtLink: "https://emall.licaike.com/fund/fundplan/InitAdd.action?fundCode=000028&knownChannel=hexun_jjjz_dinggou"
      fundCode: "000028"
      fundLink: "http://jingzhi.funds.hexun.com/000028.shtml"
      fundName: "华富保本混合"
      num: "21"
      ratefee: "0.60%"
      redeemStatus: "开放"
      tAmass: "--"
```

图 5-9 响应的 JSON 数据中的详细内容

5.2.2 数据提取

下面以携程网酒店详情页为抓取案例，学习如何对 JSON 数据进行提取，对 JSON 中的内容进行分析后，会发现其中有一些暂时并不感兴趣的字段（比如 ReplyId 和 ReplyTime 等）。如果想要编写一个程序，获得该酒店对应的前 5 页常见问答的最基本信息，也就是提问和回答的内容，用户就只需要提取该 JSON 中的 AskContentTitle 和 ReplyList 字段。从我对 Python 中 JSON 库的了解出发，很快便能够写出这样的一个简单程序，见例 5-3。

【例 5-3】 抓取酒店常见问答 JSON 信息。

```
    import requests
    import json
    from pprint import pprint

    urls = ['http://hotels.ctrip.com/Domestic/tool/AjaxHotelFaqLoad.aspx?hotelid=473871-
&currentPage={}'.format(i) for i in range(1,6)]
    for url in urls:
      res = requests.get(url)
      js1 = json.loads(res.text)
    asklist = dict(js1).get('AskList')
      for one in asklist:
    print('问：{}\n 答：{}\n'.format(one['AskContentTitle'], one['ReplyList'][0]['Reply-
ContentTitle']))
```

在上面的代码中，由于只抓取单一页面中的很小一部分 JSON 数据，因此没有使用 headers 信息，也没有任何对爬虫的限制（比如访问的时间间隔），urls 是一个根据 currentPage 的值进行构造的 url 列表，对其中的 url 进行循环抓取，asklist 是将 JSON 中的 AskList 字段单独拿出来，以便于后续在其中寻找 AskContentTile（代表提问的标题）和 ReplyContentTitle（代表回答的标题）。

运行上面的程序，能够看到非常整洁的输出，见图 5-10，内容与在网页中看到的一致：

问：4大1小，孩子8岁，景观套房能住下吗？用加钱加床吗？
答：尊敬的客人您好，景观套房这个房间您加床恐怕您也是住不下的，建议您订红木家庭套房，然后我们酒店这边为您再加钱加张床估计就没问题啦。

问：三大一小住什么房型合适？
答：您好您三大一小住帐幔大床就可以了

问：三大一小住什么房型合适
答：住帐幔和家庭房都可以的

问：我们四大两小勺小孩一个六岁一个2岁 一套家庭房住得下吗
答：您好，您四位大人，两个小孩要是住家庭房需要加一张床

问：请问大床房可以加床吗
答：可以加床的，这个需要每天加收200加床费的。

图 5-10　简单的 JSON 抓取程序的输出

但这样的简单程序毕竟稍显单薄，主要的不足在于：

（1）只能抓取问答 JSON 中的少量信息，回答日期和回答用户身份（普通用户或者酒店经理）没有记录下来。

（2）有一些提问同时拥有多条回答，这里没有完整的获取。

（3）没有足够的爬虫限制机制，可能有被服务器拒绝访问的风险。

（4）程序模块化不够，不利于后续的调试和使用。

（5）没有合理的数据存储机制，输出完毕后，机器的内存和存储中都不再有这些信息了。

从这些考虑出发，可以对上面的代码进行一次重新编写，从而解决这几条不足，得到的最终程序如下，程序的解释可见代码中的注释，见例 5-4。

【例 5-4】 携程网酒店问答数据抓取程序。

```
import requests
import time
from pymongo import MongoClient

# client = MongoClient('mongodb://yourserver:yourport/')
client = MongoClient() # 使用Pymongo对数据库进行初始化，由于使用了本地mongodb，因此此处不需要配置
# 等效于client = MongoClient('localhost', 27017)

# 使用名为"ctrip"的数据库
db = client['ctrip']
# 使用其中的collection表：hotelfaq（酒店常见问答）
collection = db['hotelfaq']
global hotel
global max_page_num
# 原始数据获取URL
raw_url = 'http://hotels.ctrip.com/Domestic/tool/AjaxHotelFaqLoad.aspx?'
# 根据开发者工具中的request header信息来设置headers
headers = {
'Host': 'hotels.ctrip.com',
'Referer': 'http://hotels.ctrip.com/hotel/473871.html',
'User-Agent':
'Mozilla/5.0 (Macintosh; Intel MacOS X 10_13_3) AppleWebKit/537.36 (KHTML, like Gecko) Chrome/66.0.3359.170 Safari/537.36'
```

```
    }
    #在此只使用了Host、Referer、UA这几个关键字段

    def get_json(hotel, page):
    params= {
    'hotelid': hotel,
    'page': page
      }
    try:
    # 使用request 中get 方法的params 参数
    res = requests.get(raw_url, headers=headers, params=params)
    if res.ok:# 成功访问
    return res.json()# 返回json
    except Exception as e:
    print('Error here:\t', e)

    # JSON 数据处理
    def json_parser(json):
      if jsonis not None:
    asks_list = json.get('AskList')
    if not asks_list:
          return None
        for ask_item in asks_list:
    one_ask = {}
          one_ask['id'] = ask_item.get('AskId')
          one_ask['hotel'] = hotel
          one_ask['createtime'] = ask_item.get('CreateTime')
          one_ask['ask'] = ask_item.get('AskContentTitle')
          one_ask['reply'] = []
    if ask_item.get('ReplyList'):
            for reply_item in ask_item.get('ReplyList'):
    one_ask['reply'].append((reply_item.get('ReplierText'),
                                     reply_item.get('ReplyContentTitle'),
                                     reply_item.get('ReplyTime')
    ))
    yield one_ask # 使用生成器yield 方法

    # 存储到数据库
    def save_to_mongo(data):
      if collection.insert(data): # 插入一条数据
    print('Saving to db!')

    # 工作函数
    def worker(hotel):
    max_page_num = int(input('input max page num:'))# 输入最大页数（通过观察问答网页可
以得到）
    for page in range(1, max_page_num + 1):
    time.sleep(1.5) # 访问间隔，避免服务器由于过高压力而拒绝访问
    print('page now:\t{}'.format(page))
       raw_json= get_json(hotel, page) # 获取原始JSON 数据
```

```
    res_set = json_parser(raw_json)
    for res in res_set:
    print(res)
        save_to_mongo(res)

    if __name__ == '__main__':
    hotel = int(input('input hotel id:'))# 以本例而言，hotel id为473871
    worker(hotel)
```

输入我们之前所看到的一家酒店页面中的信息，酒店 ID 为 473871，页数为 27 页，程序运行结束后可以看到成功爬取到了数据（见图 5-11），当然，使用另外一家酒店的页面中的酒店 ID 和页数信息，也能得到类似的结果。

{ "_id" : ObjectId("5af7c79de1c439e78a41e734"), "id" : 2861251, "createtime" : "2016-09-28", "ask" : "单人间可以两个人人一起住吗？", "reply" : [["酒店经理", "可以，不过需要加床", "2017-09-16"], ["入住用户", "不可以的 单人间是一张单人床 只能住一个人", "2016-10-21"]] }
{ "_id" : ObjectId("5af7c79de1c439e78a41e735"), "id" : 2845235, "createtime" : "2016-09-24", "ask" : "我是 ? ", "reply" : [["酒店经理", "容许，欢迎您来", "2017-09-16"], ["入住用户", "可以接待外宾的", "2016-10-21"]] }
{ "_id" : ObjectId("5af7c79de1c439e78a41e736"), "id" : 2839712, "createtime" : "2016-09-23", "ask" : "3 ！", "reply" : [["酒店经理", "家庭套", "2017-09-16"], ["入住用户", "加我住套房合适", "2017-08-29"]] }
{ "_id" : ObjectId("5af7c79de1c439e78a41e737"), "id" : 2826469, "createtime" : "2016-09-21", "ask" : "特惠房，可以睡两个人吗？", "reply" : [["酒店经理", "可以", "2017-09-16"], ["入住用户", "可以", "2017-08-06"]] }
{ "_id" : ObjectId("5af7c79de1c439e78a41e738"), "id" : 2826782, "createtime" : "2016-09-21", "ask" : "我刚定的两个特惠房，三个成人一个老人，请问能住得下吗", "reply" : [["酒店经理", "能，欢迎您来", "2017-09-17"], ["入住用户", "特惠房只要是大床应该能住下", "2016-10-20"], ["入住用户", "注明两个单人床应该没问题", "2016-09-29"]] }
{ "_id" : ObjectId("5af7c79de1c439e78a41e739"), "id" : 2777285, "createtime" : "2016-09-10", "ask" : "标准间的大床请问是1.8米的吗", "reply" : [["酒店经理", "1.5/2米的床", "2017-09-16"], ["入住用户", "1.5的", "2017-08-29"]] }
{ "_id" : ObjectId("5af7c79de1c439e78a41e73a"), "id" : 2774927, "createtime" : "2016-09-09", "ask" : "请问大床一张床是多大", "reply" : [["酒店经理", "您好，宽是1米8长两米的", "2017-09-19"], ["入住用户", "问前台服务员", "2017-08-29"]] }

图 5-11　数据库中的问答内容

除了这种直接在 JSON 数据中抓取信息的方法，有时候不会那么直接，而是将 AJAX 数据作为跳板，通过其中的内容来继续下一步抓取，这种模式最为典型的例子就是在一些网页中抓取图片，比如说，类似于新闻或门户网站，往往会将每一则新闻报道项目中的图片链接地址单独作为一份 AJAX 数据来传输，并最终通过网页元素渲染给用户，这时如果打算抓取网页中的图片，可能就会避开网页采集，而直接访问对应的 AJAX 接口，进行图片的下载保存操作。

下面通过一个简单的例子来说明这一点，哔哩哔哩网站的首页下方有一个特别推荐区域，该区域会展示一些推广视频，见图 5-12。

特别推荐

图 5-12　哔哩哔哩首页中的“特别推荐”内容

其中的内容正是通过 AJAX 进行加载的，用户在开发者工具中能够很清楚地看到这一点，见图 5-13。

在 RequestHeaders 中，可以确定最为重要的一些信息，获取该数据的 URL 为 https://www.bilibili.com/index/recommend.json，而 Host、Referer、User-Agent 等字段可以完全照搬。结合之前采集 AJAX 中 JSON 数据和抓取图片的经验，最终便能够编写出抓取“特别推荐”中视频图片的爬虫程序，见例 5-5。

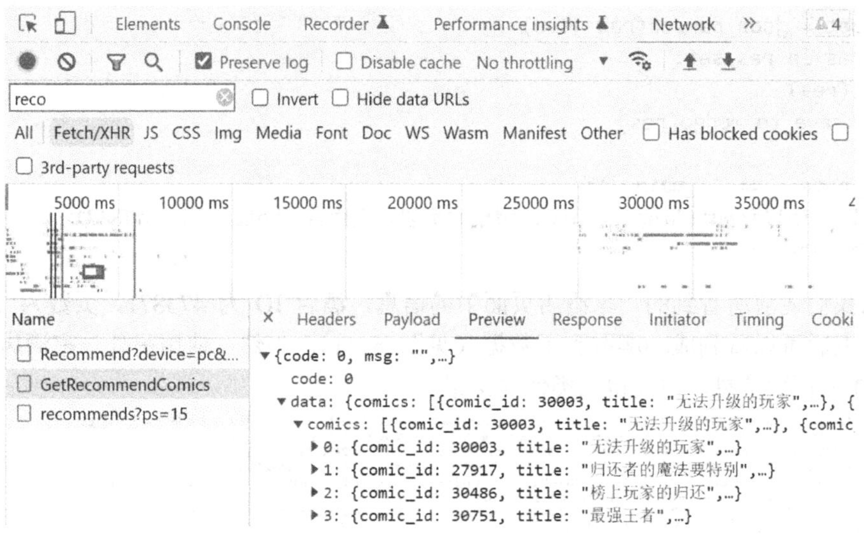

图 5-13　在开发者模式下找到的“特别推荐”数据

【例 5-5】 哔哩哔哩“特别推荐”视频图片抓取。

```
import requests
import time
import os

# 原始数据获取URL
raw_url = 'https://www.bilibili.com/index/recommend.json'
# 根据开发者工具中的request header 信息来设置headers
headers = {
'Host':'www.bilibili.com',
'X-Requested-With': 'XMLHttpRequest',
'User-Agent':
'Mozilla/5.0 (Macintosh; Intel MacOS X 10_13_3) AppleWebKit/537.36 (KHTML, like Gecko) Chrome/66.0.3359.170 Safari/537.36'
}

def save_image(url):
  filename = url.lstrip('http://').replace('.', '').replace('/', '').rstrip('jpg')+ '.jpg'
# 将图片地址转化为图片文件名
try:
    res = requests.get(url, headers=headers)
    if res.ok:
img = res.content
      if not os.path.exists(filename): # 检查该图片是否已经下载过
with open(filename, 'wb') as f:
          f.write(img)
  except Exception:
print('Failed to load the picture')
```

```
def get_json():
  try:
    res = requests.get(raw_url, headers=headers)
    if res.ok:  # 成功访问
return res.json()  # 返回json
else:
print('not ok')
      return False
  except Exception as e:
print('Error here:\t', e)

# JSON 数据处理
def json_parser(json):
  if jsonis not None:
    news_list = json.get('list')
    if not news_list:
      return False
    for news_item in news_list:
      pic_url = news_item.get('pic')
      yield pic_url  # 使用生成器yield 方法

def worker():
  raw_json = get_json()  # 获取原始JSON 数据
print(raw_json)
urls = json_parser(raw_json)
  for url in urls:
    save_image(url)

if __name__ == '__main__':
  worker()
```

这个程序在框架上和之前的例 5-4 携程网酒店问答抓取非常接近，运行该程序，最终能够在本地文件目录下看到下载后的图片（见图 5-14），如果想要在一个特定的目录中存放这些图片，只需要在文件操作中设置统一的上级目录即可（或者直接更改 filename，变为“…/parentdir/xxx.jpg”的形式）。

i2hdslbcombfsarc hive05c...17f47.jpg　i2hdslbcombfsarc hive90c...c751.jpg　i2hdslbcombfsarc hivea83...c409.jpg　i2hdslbcombfsarc hiveaec...dd07.jpg

图 5-14　下载到本地的视频封面图片

5.3 抓取动态内容

5.3.1 动态渲染页面

在上一节中看到，网页会使用 JavaScript 加载数据，对应于这种模式，可以通过分析数据接口来进行直接抓取，这种方式需要对网页的内容、格式和 JavaScript 代码有所研究才能顺利完成。但可能还会碰到另外一些页面，这些页面同样使用 AJAX 技术，但是其页面结构比较复杂，很多网页中的关键数据由 AJAX 获得，而页面元素本身也使用 JavaScript 来添加或修改，甚至于用户感兴趣的内容在原始页面中并不出现，需要进行一定的用户交互（比如不断下拉滚动条）才会显示。对于这种情况，为了方便就会考虑使用模拟浏览器的方法来进行抓取，而不是通过“逆向工程”去分析 AJAX 接口，使用模拟浏览器的方法，特点是普适性强、开发耗时短、抓取耗时长（模拟浏览器的性能问题始终令人忧虑），使用分析 AJAX 的方法，特点则刚好与模拟浏览器相反，甚至在同一个网站同一个类别中的不同网页上，AJAX 数据的具体访问信息都有差别，因此开发过程投入的时间和精力成本是比较大的。对于上一节提到的携程网酒店问答抓取，也可以用模拟浏览器的方法来做，但鉴于这个 AJAX 形式并不复杂，而且页面结构也相对简单（没有复杂的动画），因此，使用 AJAX 逆向分析会是比较明智的选择。如果碰到页面结构相对复杂或者 AJAX 数据分析比较困难（比如数据经过加密）的情况，就需要考虑使用浏览器模拟的方式了。

需要注意的是，“AJAX 数据抓取”和“动态页面抓取”是两个很容易混淆的概念，正如“AJAX 页面”和“动态页面”让人摸不着头脑一样。可以这样说，动态页面（Dynamic HTML，有时简称为 DHTML）是指利用了 JavaScript 在客户端改变页面元素的一类页面，而 AJAX 页面是指利用 JavaScript 请求了网页中数据内容的页面，这两者很难分开，因为很少会见到利用 JavaScript 只请求数据或者用 JavaScript 只改变页面内容的网页，因此，将“AJAX 数据抓取”和“动态页面抓取”分开谈其实也是不太妥当的，在这里分开两个概念只是为了从抓取的角度审视网页，实际上这两类网页并没有本质上的不同。

5.3.2 使用 Selenium

在 Python 模拟浏览器进行数据抓取方面，Selenium（见图 5-15）永远是绕不过去的一个坎。Selenium（意为化学元素“硒”）是浏览器自动化工具，在设计之初是为了进行浏览器的功能测试，直观地说，Selenium 的作用就是操纵浏览器进行一些类似于普通用户的行为，比如访问某个地址、判断网页状态、单击网页中的某个元素（按钮）等。使用 Selenium 来操控浏览器进行的数据抓取其实已经不能算是一种“爬虫”程序，一般谈到爬虫自然会想到的是独立于浏览器之外的程序，但无论如何，这种方法能够帮助用户解决一些比较复杂的网页抓取任务，由于直接使用了浏览器，因此麻烦的 AJAX 数据和 JavaScript 动态页面一般都已经渲染完成，利用一些函数完全可以做到随心所欲的抓取，加之开发流程也比较简单，因此有必要进行基本的介绍。

Selenium 本身只是一个工具，而不是一个具体的浏览器，但是 Selenium 支持包括 Chrome 和 Firefox 在内的主流浏览器。为了在 Python 中使用 Selenium，需要安装 Selenium 库（仍然通过 pip install selenium 的方式进行安装）。完成安装后，为了使用特定的浏览器，用户可能需要下载对应的驱动，以 Chrome 为例，可以在 Google 的对应站点下载。可以将下载到的文件放在某个路径下，并在程序中指明该路径即可，如果想避免每次配置路径的麻烦，可以将该路径设置为环境变量，这里就不再赘述了。

图 5-15　Selenium 官网介绍（2020 年的官网首页）

下面通过一个访问百度新闻站点的例子来引入 Selenium，见例 5-6。

【例 5-6】 使用 Selenium 最简单的例子。

```
from selenium import Webdriver
import time

browser = Webdriver.Chrome('yourchromedriverpath')
# 如"/home/zyang/chromedriver"
browser.get('http:www.baidu.com')
print(browser.title) # 输出："百度一下，你就知道"
browser.find_element_by_name("tj_trnews").click() # 单击"新闻"
browser.find_element_by_class_name('hdline0').click() # 单击头条
print(browser.current_url) # 输出：http://news.baidu.com/
time.sleep(10)
browser.quit()# 退出
```

运行上面的代码，会看到 Chrome 程序被打开，浏览器访问了百度首页，然后跳转到了百度新闻页面，之后又选择了该页面的第一个头条新闻，从而打开了新的新闻页。一段时间后，浏览器关闭并退出。控制台会输出“百度一下，你就知道”（对应 browser.title）和 http://news.baidu.com/（对应 browser.current_url）。如果能获取对浏览器的控制权，那么抓取某一部分的内容会变得如臂使指。

另外，Selenium 库能够为用户提供实时网页源码，这使得通过结合 Selenium 库和 BeautifulSoup（以及其他的在之前章节中提到的网页元素解析方法）成为可能，如果对 Selenium 库自带的元素定位 API 不甚满意，那么这会是一个非常好的选择。总的来说，使用 Selenium 库的主要步骤如下。

（1）创建浏览器对象，即使用类似下面的语句：

```
from selenium import Webdriver

browser = Webdriver.Chrome()
browser = Webdriver.Firefox()
browser = Webdriver.PhantomJS()
```

```
browser = Webdriver.Safari()
...
```

（2）访问页面，主要使用 browser.get()方法，传入目标网页地址。

（3）定位网页元素，可以使用 Selenium 自带的元素查找 API，即：

```
element = browser.find_element_by_id("id")
element = browser.find_element_by_name("name")
element = browser.find_element_by_xpath("xpath")
element = browser.find_element_by_link_text('link_text')
element = browser.find_element_by_tag_name('tag_name')
element = browser.find_element_by_class_name('class_name')
element = browser.find_elements_by_class_name() # 定位多个元素的版本
# ...
```

还可以使用 browser.page_source 获取当前网页源码并使用 BeautifulSoup 等网页解析工具定位：

```
from selenium import Webdriver
from bs4 import BeautifulSoup

browser = Webdriver.Chrome('yourchromedriverpath')
url = 'https://www.douban.com'
browser.get(url)
ht = BeautifulSoup(browser.page_source,'lxml')
for one in ht.find_all('a',class_='title'):
print(one.text)
# 输出:
# 52 倍人生—戴锦华大师电影课
# 哲学闪耀时—不一样的西方哲学史
# 黑镜人生—网络生活的传播学肖像
# 一个故事的诞生—22 堂创意思维写作课
# 12 文豪—围绕日本文学的冒险
# 成为更好的自己—许燕人格心理学32 讲
# 控制力幻象—焦虑感背后的心理觉察
# 小说课—毕飞宇解读中外经典
# 亲密而独立—洞悉爱情的20 堂心理课
# 觉知即新生—终止童年创伤的心理修复课
```

（4）网页交互，对元素进行输入、选择等操作。如访问豆瓣并搜索某一关键字（见例 5-7，效果见图 5-16）。

【例 5-7】 使用 Selenium 配合 Chrome 在豆瓣进行搜索。

```
from selenium import Webdriver
import time
from selenium.Webdriver.common.by import By

browser = Webdriver.Chrome('yourchromedriverpath')
browser.get('http://www.douban.com')
time.sleep(1)
search_box = browser.find_element(By.NAME,'q')
search_box.send_keys('网站开发')
```

```
button = browser.find_element(By.CLASS_NAME,'bn')
button.click()
```

图5-16　使用Selenium操作Chrome进行豆瓣搜索的结果

📖 提示：在上面的例子中使用了By，这是一个附加的用于网页元素定位的类，为查找元素提供了更抽象的统一接口，实际上，代码中的browser.find_element(By.CLASS_NAME, 'bn')与browser.find_element_by_class_name('bn')是等效的。

在导航（窗口中的前进与后退）方面，主要使用browser.back()和browser.forward()两个函数。

（5）获取元素属性，可供使用的函数方法很多：

```
# one 应该是一个 selenium.Webdriver.remote.Webelement.WebElement 类的对象
one.text
one.get_attribute('href')
one.tag_name
one.id
...
```

在Selenium自动化浏览器时，除了单击、查找这些操作，实际上需要一个常用操作，即“下拉页面”，直观地讲，就是在模拟浏览器中实现鼠标滚轮下滑或者拖动右侧滚动条的效果。遗憾的是，Selenium库本身没有为用户提供这一便利，但可以使用两种方式来解决这个问题，一是使用模拟键盘输入（比如输入PageDown），二是使用执行JavaScript代码的形式见5-8。

【例 5-8】 Selenium 模拟页面下拉滚动。

```
from selenium import Webdriver
from selenium.Webdriver import ActionChains
from selenium.Webdriver.common.keys import Keys
import time

# 滚动页面
browser = Webdriver.Chrome('your chrome diver path')
browser.get('https://news.baidu.com/')
print(browser.title) # 输出："百度一下，你就知道"
for i in range(20):
# browser.execute_script("window.scrollTo(0,document.body.scrollHeight)") # 使用
执行JS 的方式滚动
ActionChains(browser).send_keys(Keys.PAGE_DOWN).perform() # 使用模拟键盘输入的方式
滚动
time.sleep(0.5)

browser.quit() # 退出
```

在上面的代码中，使用 Selenium 操作 Chrome 访问百度新闻首页，并执行下滚页面的动作，第一种方法使用了 ActionChains（动作链，一些中文文档中译为“行为链”），这是一个为模拟一组键鼠操作而设计的类，在 perform()调用时，会执行 ActioncChains 所存储的所用动作，比如：

```
ActionChains(browser).move_to_element(some_element).click(a_button).send_keys(som-
e_keys).perform()
```

这种写法被称为“链式模型”，当然，同样的逻辑可以换种写法：

```
ac = ActionChains(browser)
ac.move_to_element(some_element)
ac.click(a_button)
ac.send_keys(some_keys)
ac.perform()
```

ActionChains 可以允许用户进行一些相对复杂的操作，比如将网页中的一部分进行拖拽并读取页面弹出窗口信息。可以使用 switch_to()方法来切换框架（frame），通过 Webdriver.common.alert 包中的 Alert 类来读取当前弹窗警告信息。利用菜鸟教程中的一个演示页面来说明（地址为http://www.runoob.com/try/try.php?filename=jqueryui-api-droppable，见图 5-17），打开开发者工具查看网页结构，可以看到 iframe 这个节点。

据此可以编写出代码，见例 5-9。

【例 5-9】 拖拽网页中区域并读取弹出框信息。

```
from selenium import Webdriver
from selenium.Webdriver import ActionChains
from selenium.Webdriver.common.alert import Alert

browser = Webdriver.Chrome('yourchromedriverpath')
url = 'http://www.runoob.com/try/try.php?filename=jqueryui-api-droppable'
browser.get(url)
# 切换到一个frame
```

```python
browser.switch_to.frame('iframeResult') #
# 不推荐browser.switch_to_frame()方法
# 根据id 定位元素
source = browser.find_element_by_id('draggable')                  # 被拖拽区域
target = browser.find_element_by_id('droppable')                  # 目标区域
ActionChains(browser).drag_and_drop(source, target).perform() # 执行动作链
alt = Alert(browser)
print(alt.text)                                                   # 输出："dropped"
alt.accept()                                                      # 接受弹出框
```

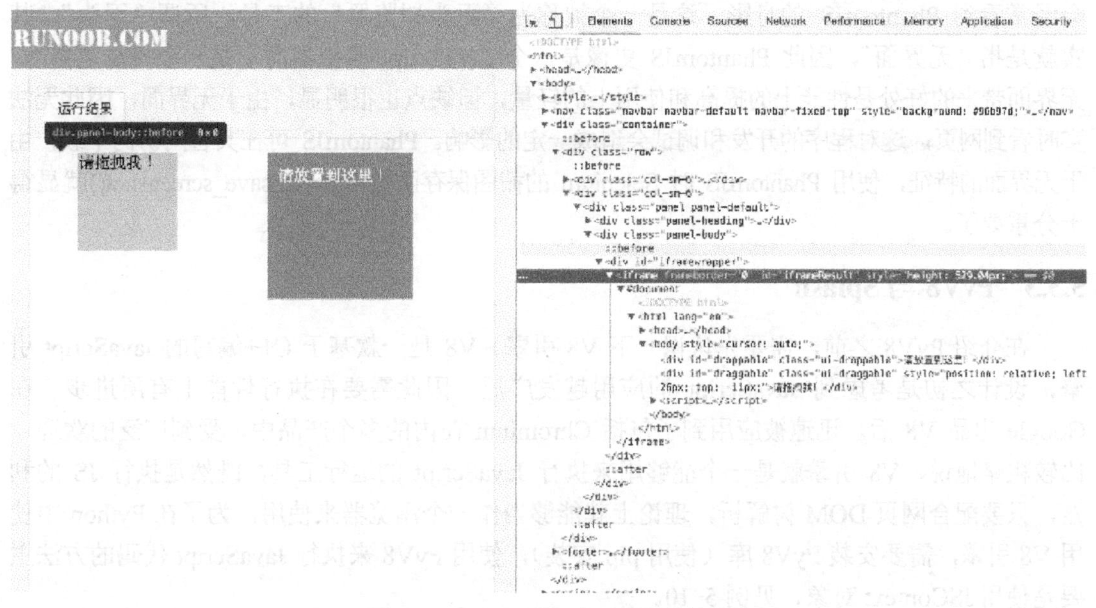

图 5-17　RUNOOB 演示网页的结构

除了上面的方法，另一种下滚页面的策略是使用 execute_script()这个函数，该方法会在当前的浏览器窗口中执行一段 JavaScript 代码。一般而言，DOM（网页的文档对象模型）的 window 对象中的 scrollTo 方法可以滚动到任意位置，我们传入的参数“document.body.scrollHeight”则是页面整个主体（body）的高度，因此该方法执行后会滚动到当前页面的最下方。除了下滚页面之外，利用 execute_script 显然还可以实现很多有意思的效果。

最后，在使用 Selenium 时要注意隐式等待的概念，在 Selenium 中具体的函数为 implicitly_wait()。由于 AJAX 技术的原因（使用 Selenium 的主要出发点就是应对比较复杂的基于 JavaScript 的页面），网页中的元素可能是在打开页面后的不同时间加载完成的（取决于网络通信情况和 JS 脚本详细内容等），等待机制保证了浏览器在被驱动时能够有寻找元素的缓冲时间，显式等待是指使用代码命令浏览器在等待一个确定的条件出现后执行后续操作，隐式等待一般需要先使用元素定位 API 函数来指定某个元素，使用方法类似下面的代码：

```python
from selenium import Webdriver

browser = Webdriver.Firefox()
browser.implicitly_wait(10) # implicitly wait for 10 seconds
```

```
browser.get("the site you want to visit")
myDynamicElement= browser.find_element_by_id('Dynamic Element')
```

如果 find_element_by_id()未能立即获取结果，程序将保持轮询并等待 10s 的期限。由于隐式等待的使用方式不够灵活，而显式等待则可以通过 WebDriverWait 结合 ExpectedCondition 等方法进行比较灵活的定制，因此后者是比较推荐的选择，前者可以用在程序前期的调试开发中。

值得一提的是，除了 Chrome 和 Firefox 这样的界面型浏览器，在网络数据抓取中用户还会经常看到 PhantomJS 的身影，这是一个被称为“无头浏览器”的工具，所谓“无头”，其实就是指“无界面”，因此 PhantomJS 更像是一个 JavaScript 模拟器而不是一个“浏览器”。无界面带来的好处是性能上的提高和使用上的轻量，但缺点也很明显，由于无界面，因此无法实时看到网页，这对程序的开发和调试会造成一定的影响。PhantomJS 可在其官网访问下载，由于无界面的特征，使用 PhantomJS 时 Selenium 的截图保存函数 browser.save_screenshot()就显得十分重要了。

5.3.3 PyV8 与 Splash

在介绍 PyV8 之前，需要先认识一下 V8 引擎。V8 是一款基于 C++编写的 JavaScript 引擎，设计之初是考虑到 JavaScript 的应用越发广泛，因此需要在执行性能上有所进步。在 Google 出品 V8 后，迅速被应用到了包括 Chromium 在内的多个产品中，受到广泛的欢迎。比较粗略地说，V8 引擎就是一个能够用来执行 JavaScript 的运行工具，既然是执行 JS 的利器，只要配合网页 DOM 树解析，理论上就能够当作一个浏览器来使用。为了在 Python 中使用 V8 引擎，需要安装 PyV8 库（使用 pip 安装），使用 PyV8 来执行 JavaScript 代码的方法主要是使用 JSContext 对象，见例 5-10。

【例 5-10】 使用 PyV8 执行 JavaScript 代码。

```
import PyV8

ct = PyV8.JSContext()
ct.enter()
func = ct.eval(
"""
(function(){
        function hi(){
            return "Hi!";
        }
        return hi();
})
"""
)

print(func())# 输出"Hi!"
```

由于 PyV8 只能单纯提供 JS 执行环境，无法与实际的网页 URL 对接（除非在脚本基础上做更多的扩展和更改），只能用于单纯的 JS 执行，因此比较常见的使用方式是通过分析网页代码，将网页中用于构造 JSON 数据接口的 JavaScript 语句写入 Python 程序中，利用 PyV8 执行 JS 并获取必要的信息（比如获取 JSON 数据的特定 URL），换句话说，单纯使用 PyV8 并不能直接获得最终的网页元素信息。与 V8 不同，Splash 则是一个专为 JS 渲染而生的工具（文档可见 https://splash.readthedocs.io/en/stable/），基于 Twisted 和 QT5 开发的 Splash 为用户提供了 JavaScript 渲染服务，同时也可以作为一个轻量级浏览器来使用，可以先使用 Docker 安装 Splash（如果机器上尚未安装 Docker，还需要先安装 Docker 服务）：

```
docker pull scrapinghub/splash
```

之后使用对应的命令来运行 splash 服务：

```
docker run -p 8050:8050 -p 5023:5023 scrapinghub/splash
```

运行后会出现类似图 5-18 的输出结果。

```
: docker run -p 8050:8050 -p 5023:5023 scrapinghub/splash
g opened.
Splash version: 3.2
Qt 5.9.1, PyQt 5.9, WebKit 602.1, sip 4.19.3, Twisted 16.1.1, Lua 5.2
Python 3.5.2 (default, Nov 23 2017, 16:37:01) [GCC 5.4.0 20160609]
Open files limit: 1048576
Can't bump open files limit
Xvfb is started: ['Xvfb', ':1925382788', '-screen', '0', '1024x768x24'

: not set, defaulting to '/tmp/runtime-root'
proxy profiles support is enabled, proxy profiles path: /etc/splash/pr

verbosity=1
slots=50
argument_cache_max_entries=500
Web UI: enabled, Lua: enabled (sandbox: enabled)
Server listening on 0.0.0.0:8050
Site starting on 8050
Starting factory <twisted.web.server.Site object at 0x7f4ed4c957f0>
```

图 5-18　运行后的终端输出

打开http://localhost:8050 即可看到 Splash 自带的 WebUI，见图 5-19。

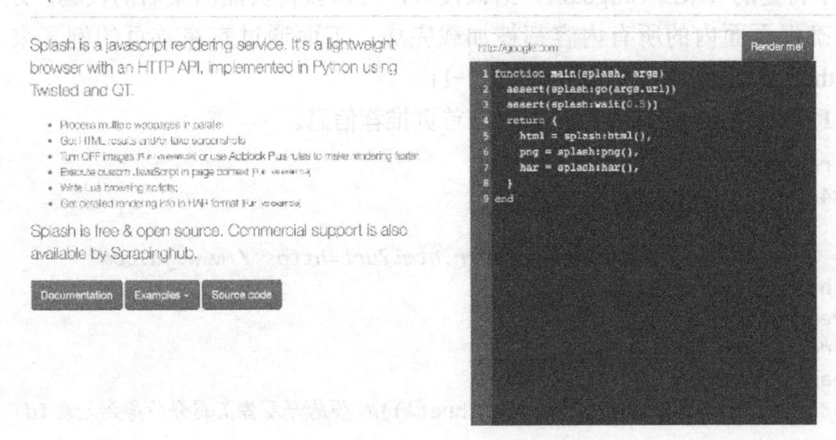

图 5-19　Splash 运行后的界面

下面可以输入携程网的地址来试验一下，由图 5-20 可见 Splash 提供了很多信息，包括界面截图、网页源代码等。

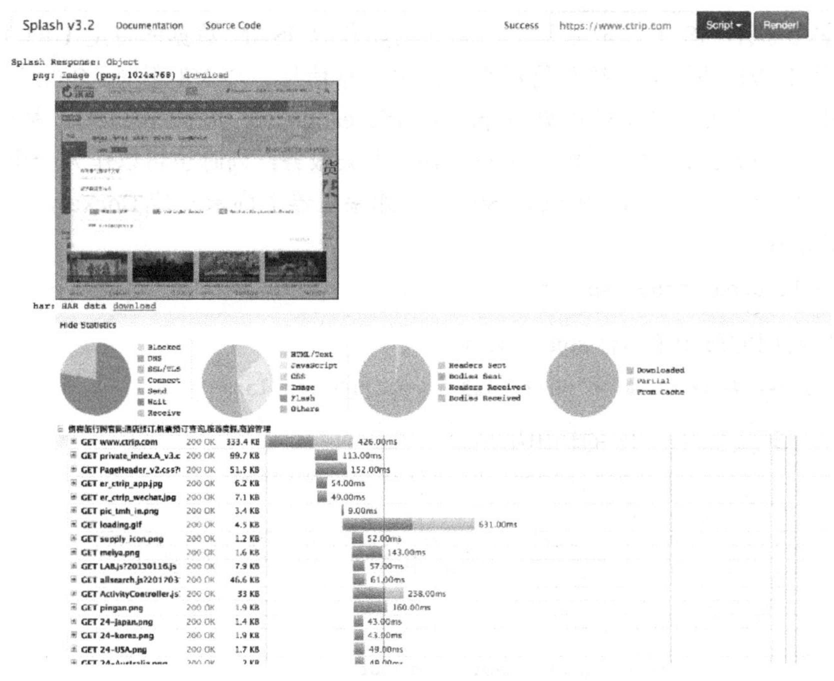

图 5-20　利用 Splash 访问携程网的结果

在 HAR Data 中可以看到渲染过程中的通信情况，这部分的内容类似于 Chrome 开发者工具中的 Network 模块。

使用 Splash 服务的最简单方法就是使用 API 来获取渲染后的网页源码，Splash 提供了这样的 URL 来访问某个页面的渲染结果，这使得用户可以通过 requests 来获取 JavaScript 加载后的页面代码，而非原始的静态源码：

```
http://localhost:8050/render.html?url=targeturl
```

传递一个特定的 URL（targeturl）给该接口，可以获得页面渲染后的代码，还可以指定等待时间，确保页面内的所有内容都被加载完成。下面通过京东首页的例子来具体说明 Splash 在 Python 抓取程序中的用法，见例 5-11。

【例 5-11】 使用 requests 直接获取京东首页推荐信息。

```python
import requests
from bs4 import BeautifulSoup

# url = 'http://localhost:8050/render.html?url=https://www.jd.com'
url = 'https://www.jd.com'
resp= requests.get(url)
html = resp.text
ht = BeautifulSoup(html)
print(ht.find(id='J_event_lk').get('href'))# 根据开发者工具分析得到元素id
```

上面的程序试图访问京东商城首页并获取活动推荐信息（图 5-21 中的最上方区域的信息），但输出结果为“AttributeError: 'NoneType' object has no attribute 'get'”，这正是因为该元素是 JavaScript 加载的动态内容，因此无法使用直接访问 URL 获取源码的形式来解析。如果将 URL 替换为“http://localhost:8050/render.html?url=https://www.jd.com&wait=5”，即使用

Splash 服务，其他代码不变，最终得到的输出为：

```
    //c-nfa.jd.com/adclick?keyStr=6PQwtwh0f06syGHwQVvRO7pzzm8GVdWoLPSzhvezmOUieGAQ0E
B4PPcsnv4tPllwbxK7wW7Kf1CBkRCm1uYvOJnvdYZDppI+XkwTAYaaVUaxLOaI1mk2Xg1G8DT1I9Ea4fLWlvRBk
xoM4QrINBB7LY7hQn2KQCvRIb1VTSHvkrdxr1ZcSsjvXwtVY5sfkeNsjnSIFtrxkX4xkYbQvHViCGKnFtB6rhrx
WO1MpkcMG5SoRUSOdb56zrttLfl8vNBFcptr0poJNKZrfeMvuWRplv4bRbtDQshzWfMXyqdyQxyNrmP1wRDLNlo
YOL46zk6YpGgD9f7DD80JI2OBqrgiZA==&cv=2.0&url=//sale.jd.com/act/ePj4fdN51p6Smn.html
```

访问这个链接便能看到活动详情，说明抓取成功。

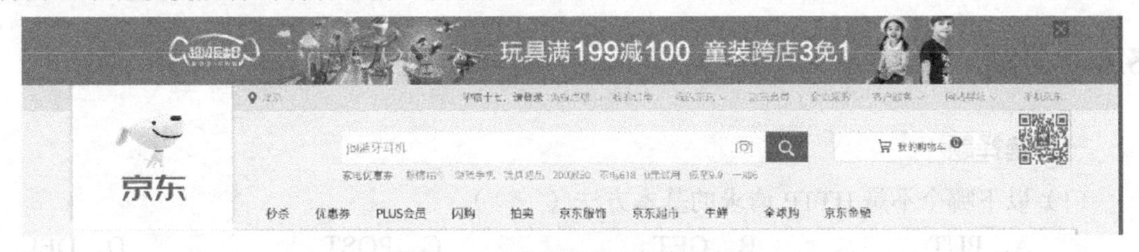

图 5-21　京东首页的活动推荐信息

这个例子说明了 Splash 最大的优点：提供十分方便的 JS 网页渲染服务，提供简单的 HTTP API，而且由于不需要浏览器程序，在机器资源上不会有太大的浪费，和 Selenium 相比，这一点尤其突出。最后要说明的是，Splash 的执行脚本是基于 Lua 语言编写的，支持用户自行编辑，并且仍然可以通过 HTTP API 的方式在 Python 中调用，因此，通过 execute 接口（http://localhost:8050/execute?lua_source=...）可以实现很多更复杂的网页解析过程（与页面元素进行交互而非单纯获取页面源码），能够极大提高用户抓取的灵活性，可访问 Splash 的文档做更多的了解。除此之外，Splash 还可以配合 Scrapy 框架（Scrapy 框架的内容可见后文）来进行抓取，在这方面 Scrapy-splash（pip install Scrapy-splash）会是一个比较好的辅助工具。

🕮 提示：Lua 语言是主打轻量、便捷的嵌入式脚本编程语言，基于 C 语言编写，可与其他一些“重量级”语言配合。其在游戏插件开发、C 程序嵌入编写方面都有着广泛的应用。

5.4 本章小结

本章对 JavaScript 进行了简要的介绍，并对于抓取 JavaScript 页面数据给出了多种不同的参考方案，对于 AJAX 分析以及模拟浏览器等方面进行了重点阐释。在实际应用中，我们很难不碰到使用 AJAX 的网页，因此，对本章内容有一定的了解将会大大有利于爬虫的编写。

5.5 实践：爬取机械工业出版社新书上架信息

5.5.1 需求说明

机械工业出版社官网的新书上架页面（http://www.cmpbook.com/products?top=Product-newbook）是一个动态页面，对该页面进行爬取可以更好地了解网页的动态结构。在本实践中，将会通过 HTTP 请求等方式获取数据并将数据序列化存储起来。

5.5.2 实现思路及步骤

（1）首先进入页面，查看开发者工具中“网络”一项，寻找热销图书信息对应的请求。

（2）使用 requests 模块构造请求，获取到相应的热销图书信息数据。

（3）将获取到的数据序列化，以 JSON 的形式存储到本地。

5.6 习题

一、选择题

（1）以下哪个不是 HTTP 请求的基本方法（　　）。

A．PUT　　B．GET　　C．POST　　D．DEL

（2）以下哪种方式不能获取到动态网页的内容（　　）。

A．使用 Selenium 模拟浏览器打开网页获取内容

B．逆向 AJAX 内容来模拟 JavaScript 请求获取内容

C．直接下载 HTML 文件来获取内容

D．以上都可以获取到动态网页的内容

（3）以下哪种不是 Selenium 中定位网页元素的方式（　　）。

A．ID　　B．XPath　　C．ClassName　　D．SASS

（4）AJAX 中 JavaScript 的作用是（　　）。

A．控制通信　　B．控制文档结构

C．控制页面显示风格　　D．控制其他三个对象

二、判断题

（1）JS 文件不一定保存在本地。（　　）

（2）当浏览器关闭的时候 Cookie 失效。（　　）

（3）JavaScript 通过 DOM 操作来改变网页的内容。（　　）

（4）AJAX 技术让网页每次可以只加载一部分的内容。（　　）

三、问答题

（1）AJAX 技术体系的组成部分有哪些？

（2）为什么 Selenium 可以完成自动化测试工作？

第 6 章 模拟登录与验证码

在每个人的互联网生活体验中，浏览网页都是最为重要的一部分，而在各式各样的网页中，有一类网站页面是基于注册登录功能的，很多内容对于尚未登录的游客并不开放。目前的趋势是，各类网站都在朝着更社交、更注重用户交互的方向发展，因此，在爬虫编写中考虑账号登录的问题就显得很有必要。这部分要先从 HTML 中的表单说起，使用熟悉的 Python 语言及工具来探索网站登录这一主题。在之前的部分中我们的爬虫基本只使用了 HTTP 中的 GET 方法，本章将注意力主要放在 POST 方法上。

学习目标

1. 熟悉 HTML 请求方法中的 POST 方法。
2. 了解 HTML 中的表单构成。
3. 掌握构造请求模拟登录的方法。
4. 了解爬虫中验证码的处理过程。

6.1 表单

6.1.1 表单与 POST

在之前的爬虫编写过程中，我们的程序基本只是在使用 HTTP GET 操作，即仅仅是通过程序去“读”网页中的数据，但每个人在实际的浏览网页过程中，还会大量涉及 HTTP POST 操作。表单（Form）这个概念往往会与 HTTP POST 联系在一起，“表单”具体的是指 HTML 页面中的 form 元素，通过 HTML 页面的表单来 POST 发送出信息是最为常见的与网站服务器的交互方式之一。

以登录表单为例，下面访问 hao123.com 的登录界面，使用 Chrome 的网页检查工具，可以看到源码中十分明显的<form>元素（见图 6-1，由于 hao123 网站官方的更新，此处显示的网页元素分析结果可能也会有所不同），注意其 method 属性为“post”，即该表单将会把用户的输入通过 POST 发送出去。

除了用作登录的表单，还有用于其他用途的表单，而且网页中表单的输入（字段）信息也不一定必须是用户输入的文本内容，在上传文件时也会用到表单。以图床网站为例，这种网站的主要服务就是在线存储图片，用户上传本地图片文件后，由服务器存储并提供一个图片 URL，这样人们就能通过该 URL 来使用这张图片。这里使用 ImgURL 图床服务来进行分析，访问其网址 https://imgurl.org/可以看到，Upload（上传）这个按钮本身就在一个 form 节点下，这个表单发送的数据不是文本数据，而是一份文件，见图 6-2。

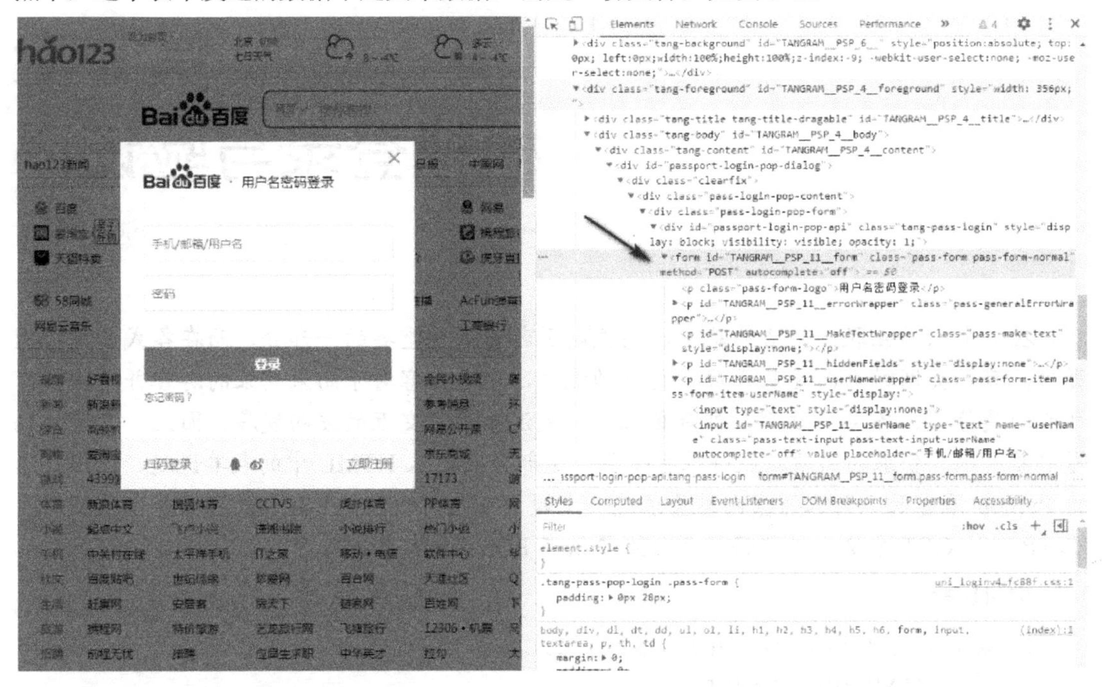

图 6-1　hao123 网站页面的登录表单

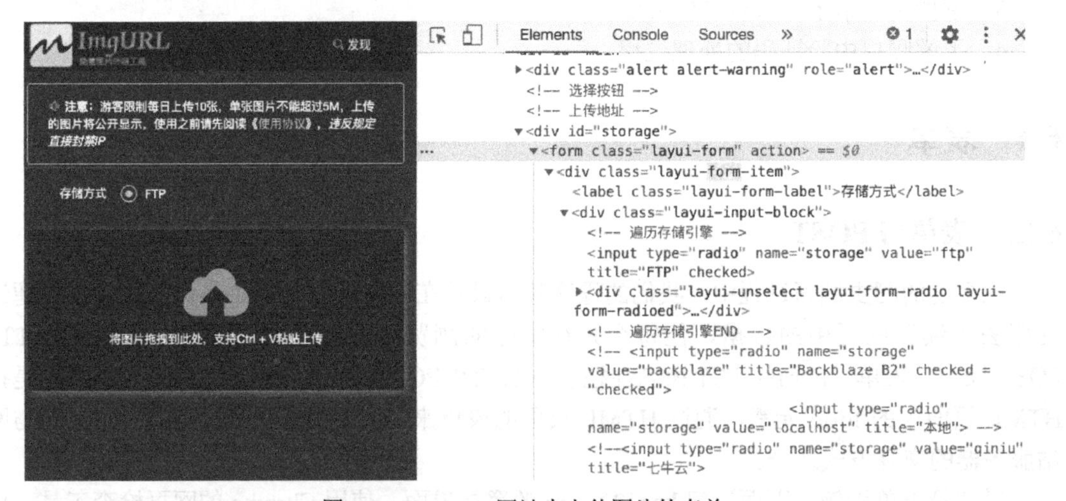

图 6-2　ImgURL 网站中上传图片的表单

在待上传区域添加一张本地图片，单击上传（Upload 按钮），即可在开发者工具的 Network 选项卡中看到本次 POST 的一些详细信息，见图 6-3。

要说明的是，如果网页中的任务只是向服务器发送一些简单信息，表单还可以使用除了 POST 之外的方法，比如 HTTP GET。一般而言，如果使用 HTTP GET 方法来发送一个表单，那么发送到服务器的信息（一般是文本数据）将被追加到 URL 之中。而使用 HTTP

POST 请求，发送的信息会被直接放入 HTTP 请求的主体里。两种方式的特点也很明显，使用 GET 比较简单，适用于发送的信息不复杂且对参数数据安全没有要求的情况（很难想象用户和密码作为 URL 中追加的查询字符串的一部分被发送）；而 POST 更像是“正规”的表单发送方式，用于文件传送的 multipart/form-data 方式也只支持 POST。

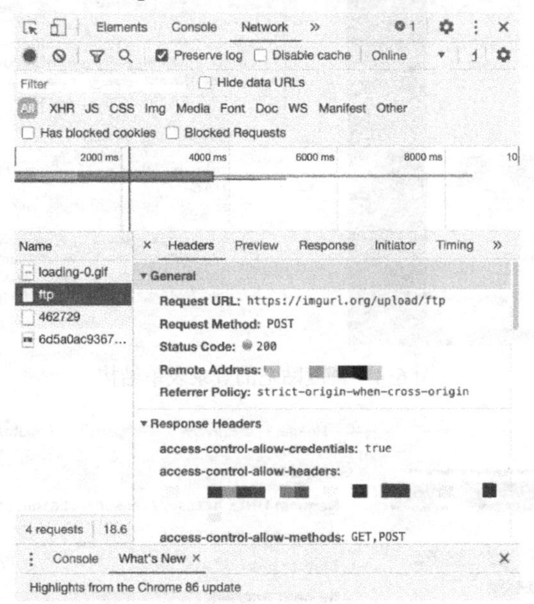

图 6-3　上传图片的 POST 信息

6.1.2　POST 发送表单数据

使用 requests 库中的 POST 方法就可以完成简单的 HTTP POST 操作，下面的代码就是一个最基本的模板：

```
import requests
form_data = {'username':'user','password':'password'}
resp = requests.post('http://Website.com',data=form_data)
```

这段代码将字典结构的 form_data 作为 post()方法的 data 参数，requests 会将该数据 POST 至对应的 URL（http://website.com）。虽然很多网站都不允许非人类用户的程序（包括普通爬虫程序）来发送登录表单，但用户可以使用自己在该网站上的账号信息来试一试，毕竟简单的登录表单发送程序也不会对网站造成资源压力。以百度贴吧（tieba.baidu.com）为例，我们访问其网站，通过网页结构分析可以发现，用户登录表单的主要内容就是用户名与密码（见图 6-4）。

对于这种结构比较简单的网页表单，用户可以通过分析页面源码来获取其字段名并构造自己的表单数据（主要是确定表单每个 input 字段的 name 属性，该名称对应着表单数据被提交到服务器后的变量名称），而对于相对比较复杂的表单，它有可能向服务器提供了一些额外的参数数据，可以使用 Chrome 开发者工具的 Network 界面来分析。进入百度贴吧首页，打开开发者工具并在 Network 界面选中 PreserveLog 选项（见图 6-5），这样可以保证在页面刷新或重定向时不会清除之前的监控数据，接着在网页中填写自己的用户名和密码并单击登录，很容易就能够发现一条登录的 POST 表单记录。

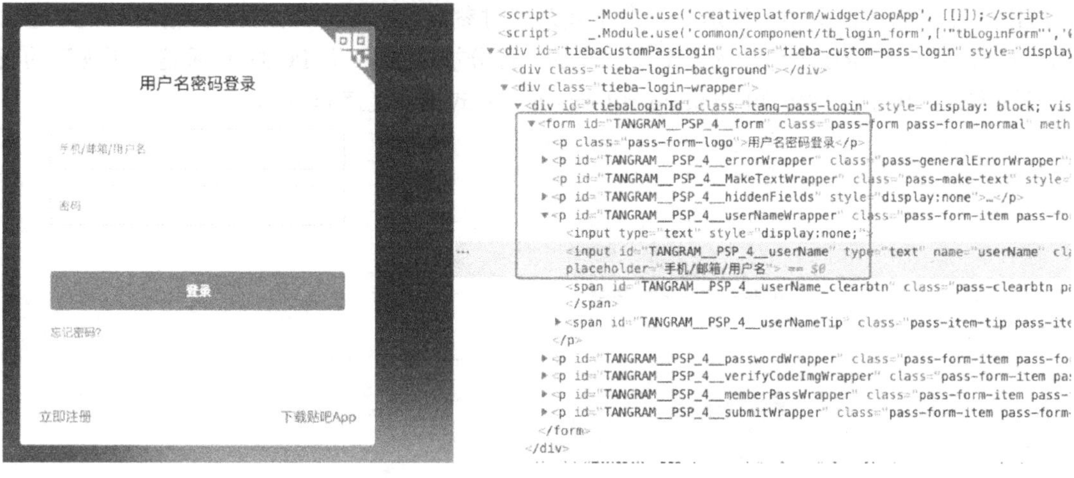

图 6-4　百度贴吧的登录表单结构

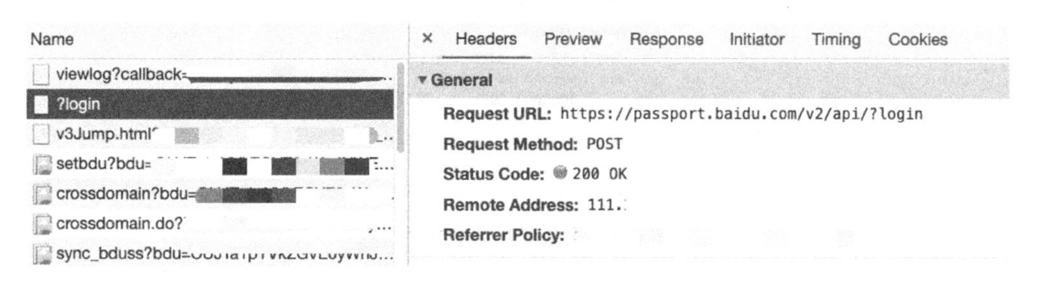

图 6-5　登录的 POST 表单记录

根据这条记录，首先可以确定 POST 的目标 URL 地址，接着需要注意的是 Request Headers 中的信息，其中的 User-Agent 值可以作为用户伪装爬虫的有力帮助。最后，找到 Form Data 数据，其中的字段包括 username、password、loginversion、supportdv，据此用户就可以编写自己的登录表单 POST 程序了。

为了着手编写这个针对 tieba.baidu.com 的登录程序，需要通过图 6-5 中的 URL 地址（passport.baidu.com/v2/api/?login）来模拟登录。用户需要先引入 requests 库中的 Session 对象，官方文档中对此的描述为"Session 会话对象让你能够跨请求保持某些参数，也会在同一个 Session 实例发出的所有请求之间保持 Cookie 信息"，因此，如果使用 Session 对象成功登录了网站，那么访问网站首页应该会获得当前账号的信息，并且下一次使用 Session 仍然记录此登录状态。可以看到，登录后的网页中出现了用户头像信息（见图 6-6），下面将这次模拟登录的目标设为获取这个头像并保存在本地。

使用 Chrome 来分析网页源码，会发现该头像图片是在<div class="media_horizontal clearfix">元素中，据此，可以完成这个简单的头像下载程序，见例 6-1。

【例 6-1】 使用表单 POST 来登录百度贴吧网站。

```
import requests
from bs4 import BeautifulSoup

headers = {
```

```
    'User-Agent': 'Mozilla/6.0 (Macintosh; Intel MacOS X 10_13_3) '
                  'AppleWebKit/537.36  (KHTML,  like  Gecko)  Chrome/66.0.3359.139
Safari/537.36'}
    form_data = {'username': 'yourname', # 用户名，如allenzyoung@163.com
    'password': 'yourpw', # 密码，如123456789
    'loginversion': 'v4', # 对普通用户隐藏的字段，该值不需要用户主动设定
    'supportdv': 1} # 对普通用户隐藏的字段，该值不需要用户主动设定

    session = requests.Session() # 使用requests 的Session 来保持会话状态
    session.post(
    'https://passport.baidu.com/v2/api/?login',
    headers=headers, data=form_data)
    resp = session.get('https://tieba.baidu.com/#').text
    ht = BeautifulSoup(resp, 'lxml') # 根据访问得到的网页数据建立BeautifulSoup 对象
    cds = ht.find('div', {'class': 'media_horizontal clearfix '}).findChildren() # 获
取"<div class="media_horizontal clearfix">元素节点下的孩子元素"
    print(cds)
    # 获取img src 中的图片地址
    img_src_links = [one.find('img')['src'] for one in cds if one.find('img') is not
None]

    for src in img_src_links:
    img_content = session.get(src).content
      src = src.lstrip('http://').replace(r'/', '-') # 将图片地址稍作处理并作为文件名
    with open('{src}.jpg'.format_map(vars()), 'wb+') as f:
       f.write(img_content) # 写入文件
```

图 6-6　网页中的用户头像信息

在上述程序中，BeautifulSoup 和 requests 我们已经非常熟悉了，需要稍作说明的是打开 jpg 文件路径的这段代码：

```
    with open('{src}.jpg'.format_map(vars()), 'wb+') as f:
```

其中 format_map()方法与 format(**mapping)等效，而 vars() 函数是一个 Python 中的内置函数，它会返回一个保存了对象（Object）的属性-属性值键值对的字典，在不接受其他参数时，也可以使用 locals()来替换这里的 vars()，将会实现同样的功能。除此之外，如果需要知道提交表单后网页的响应地址，可以通过网页中 form 元素的 action

属性来分析得到。

执行程序后，在本地就能够看到下载完成后的头像图片，如果用户没有成功进入登录状态，网站将不会在首页显示这个头像，因此能够看到这张图片也说明我们的登录模拟已经成功。为了在本地成功运行，在运行上述代码之前需要将其中的账号信息设置为自己的用户名和密码。另外，由于百度贴吧的网页版本更新较快，例 6-1 仅提供一个登录并下载内容的程序框架，读者在使用示例程序时可能需要根据具体的 POST 表单字段和网页结构来修改代码。

值得一提的是，有一些表单会包含一些单选框、多选框等内容（见图 6-7），分析其本质仍然是简单的字段名：字段值结构，仍然可以使用上述类似的方法进行 GET 和 POST 操作。获取这些信息的最佳方式就是打开 Network 界面并尝试提交一次表单，观察一条 Form Data 的记录。

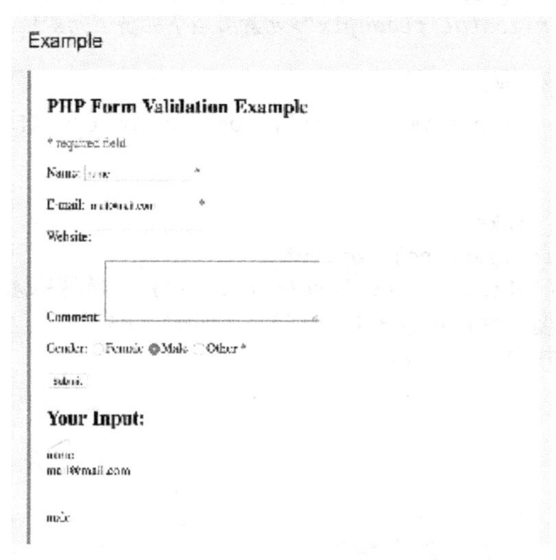

图 6-7　一个具有单选框的表单示例（“单选框”实际上是 radio 类型元素）

6.2　Cookie

6.2.1　Cookie 简介

很多人可能都有这样的经历，在清除浏览器的历史记录数据时，碰到一个“Cookies 数据”这样的选项（见图 6-8），对于那些对 Web 开发不太了解的用户而言，这个 “Cookies”可能是非常令人疑惑的，从字面意思上完全看不出它具有哪些功能。“Cookie”的本意是指曲奇饼干，在 Web 技术中则是指网站方为了一定的目的而存储在用户本地的数据，如果要细分的话，可以分为非持久的 Cookie 和持久的 Cookie。

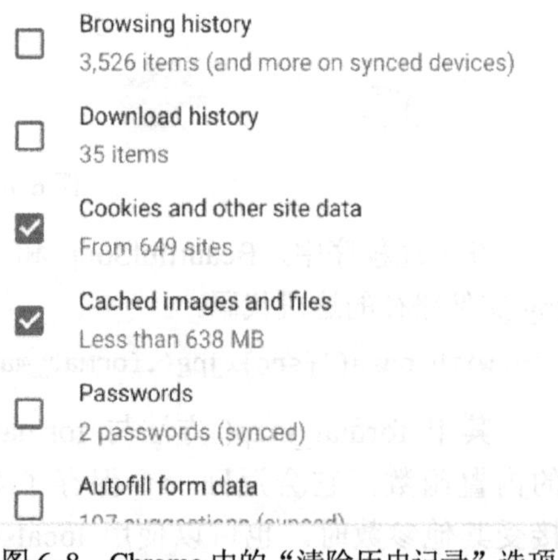

图 6-8　Chrome 中的“清除历史记录”选项

Cookie 的诞生来源于 HTTP 协议本身的一个小问题，因为仅仅通过 HTTP 协议，服务器（网站方）无法辨别用户（浏览器使用者）的身份，换句话说，服务器并不能获知两次请求是否来自同一个浏览器，也就不能获知用户的上一次请求信息。解决这个小问题并不困难，最简单的方式就是在页面中加入某个独特的参数数据（一般指“token”），在下一次请求时向服务器提供这个 token，为了达到这个效果，网站方可能需要在网页的表单中加入一个针对用户的 token 字段，或者是直接在 URL 中加入 token，类似在很多 URL query 查询链接中所看到的情况（这种“更改”URL 的方式，在用于标识用户访问的时候，也称为 URL 重写）。而 Cookie 则是更为精巧的一种解决方案，在用户访问网站时，服务器通过浏览器，以一定的规则和格式来在用户本地存储一小段数据（一般是一个文本文件），之后，如果用户继续访问该网站，浏览器将会把 Cookie 数据也发送到服务器，网站得以通过该数据来识别用户（浏览器）。用更概括的方式说，Cookie 就是保持和跟踪用户在浏览网站时的状态的一种工具。

关于 Cookie，一个最为普遍的场景就是“保持登录状态”，在那些需要用户输入用户名和密码进行登录的网站中，往往会有一个“下次自动登录”的选项。图 6-9 即为百度的用户登录界面，如果勾选这个“下次自动登录”按钮，下次（比如关闭这个浏览器，然后重新打开）访问网站，会发现自己仍然是登录后的状态。在第一次登录时，服务器会把包含了经过加密的登录信息作为 Cookie 来保存到用户本地（硬盘），在新的一次访问时，如果 Cookie 中的信息尚未过期（网站会设定登录信息的过期时间），网站收到了这一份 Cookie，就会自动为用户进行登录。

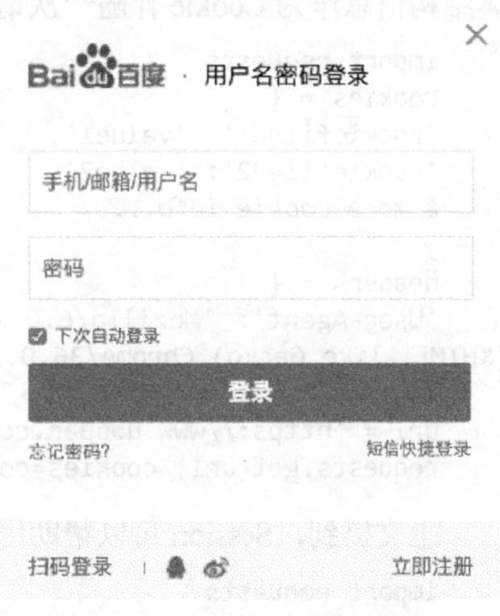

图 6-9　百度的用户登录界面

📖 提示：Cookie 和 Session 不是一个概念，Cookie 数据保存在本地（客户端），Session 数据则保存在服务器（网站方），一般而言，Session 是指抽象的客户端-服务器端交互状态（往往被翻译成“会话”），其作用是“跟踪”状态，比如保持用户在电商网站加入购物车的商品信息，而 Cookie 这时就可以作为 Session 的一个具体实现手段，在 Cookie 中设置一个标明 Session 的 SessionID。

具体到发送 Cookie 的过程中，浏览器一般把 Cookie 数据放在 HTTP 请求的 Header 数据中，由于增加了网络流量，也招致了一些人对 Cookie 的批评。另外，由于 Cookie 中包含了一些敏感信息，容易成为网络攻击的目标，在 XSS 攻击（跨网站指令攻击）中，黑客往往会尝试对 Cookie 数据进行窃取。

6.2.2　在 Python 中 Cookie 的使用

Python 提供了 Cookielib 库来对 Cookie 数据进行简单的处理（在 Python 3 中为 http.cookiejar 库），这个模块里主要的类有 CookieJar、FileCookieJar、MozillaCookieJar、LWPCookieJar 等。在源代码注释中特意说明了这些类之间的继承关系，见图 6-10。

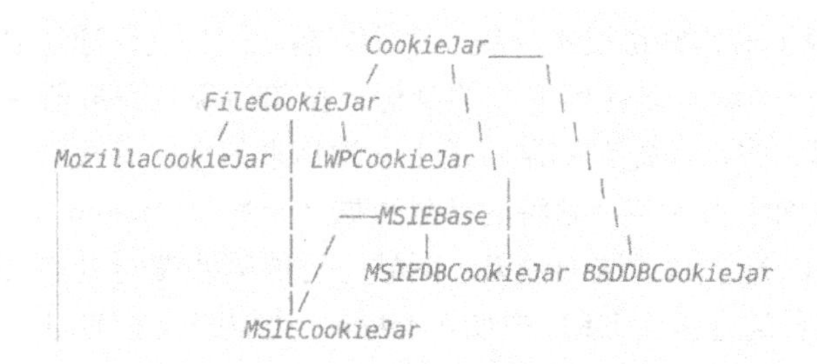

图 6-10 各类 CookieJar 的关系

除了 CookieJar 模块，在抓取程序编写中使用更为广泛的是 requests 的 Cookie 功能（实际上，requests.cookie 模块中的 RequestsCookieJar 类就是一种 CookieJar 的继承），可以将字典结构信息作为 Cookie 伴随一次请求来发送：

```
import requests
cookies = {
'cookiefiled1': 'value1',
'cookiefiled2': 'value2',
# more cookie info...
}
headers = {
'User-Agent': 'Mozilla/6.0 (Macintosh; Intel MacOS X 10_9_4) AppleWebKit/537.36
(KHTML, like Gecko) Chrome/36.0.1986.125 Safari/537.36',
}
url = 'https://www.douban.com'
requests.get(url, cookies=cookies, headers=headers) # 在get 方法中加入Cookie 信息
```

上文提到，Session 可以帮助用户保持会话状态，可以通过这个对象来获取 Cookie：

```
import requests
import requests.cookies

headers = {
'User-Agent': 'Mozilla/6.0 (Macintosh; Intel MacOS X 10_13_3) '
             'AppleWebKit/537.36 (KHTML, like Gecko) Chrome/66.0.3359.139 Safari
/537.36'}
form_data = {'username': 'yourname', # 用户名
'password': 'yourpw', # 密码
'quickforward': 'yes', # 对普通用户隐藏的字段，该值不需要用户主动设定
'handlekey': 'ls'} # 对普通用户隐藏的字段，该值不需要用户主动设定

sess = requests.Session() # 使用requests 的Session 来保持会话状态
sess.post(
'http://www.1point3acres.com/bbs/member.php?mod=logging&action=login&loginsubmit=
yes&infloat=yes&lssubmit=yes&inajax=1',
headers=headers, data=form_data)

print(sess.cookies) # 获取当前Session 的Cookie 信息
print(type(sess.cookies))# 输出: <class 'requests.cookies.RequestsCookieJar'>
```

还可以借助 requests.util 模块中的函数实现一个包含了 Cookie 存储和 Cookie 加载双向功能的爬虫类模板：

```
import requests
```

```
    import pickle

    class CookieSpider:
    # 实现了基于requests 的Cookie 存储和加载的爬虫模板
    cookie_file = ''

    def __init__(self, cookie_file):
    self.initial()
    self.cookie_file = cookie_file

    def initial(self):
    self.sess = requests.Session()

    def save_cookie(self):
        with open(self.cookie_file, 'w') as f:
    pickle.dump(requests.utils.dict_from_cookiejar(# dict_from_cookiejar turn a cookiejar
object to dict
    self.sess.cookies), f
    )

    def load_cookie(self):
        with open(self.cookie_file) as f:
    self.sess.cookies = requests.utils.cookiejar_from_dict(# cookiejar_from_dict turn a
dict into a cookiejar
    pickle.load(f)
    )
      ...
```

6.3 模拟登录网站

6.3.1 分析网站

以国内著名的问答社区网站“知乎”为例，下面通过 Python 编写一个程序来模拟对知乎的登录。首先手动访问其首页并登录，进入用户后台界面后，可以看到这里有“基本资料”界面，其中比较重要的信息包括用户名、个性域名等，详情见图 6-11。

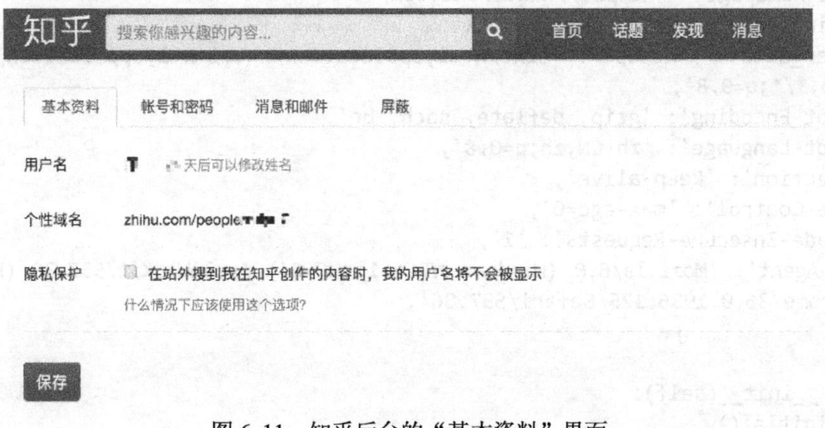

图 6-11　知乎后台的“基本资料”界面

接下来，为了获知知乎 Cookies 的字段信息，用户打开 Chrome 开发者工具的 Application 选项卡，在 Storage（存储）下的 Cookies 选项中就能够看到当前网站的 Cookies 信息，其中的 Name 和 Value 分别是字段名和值，见图 6-12。

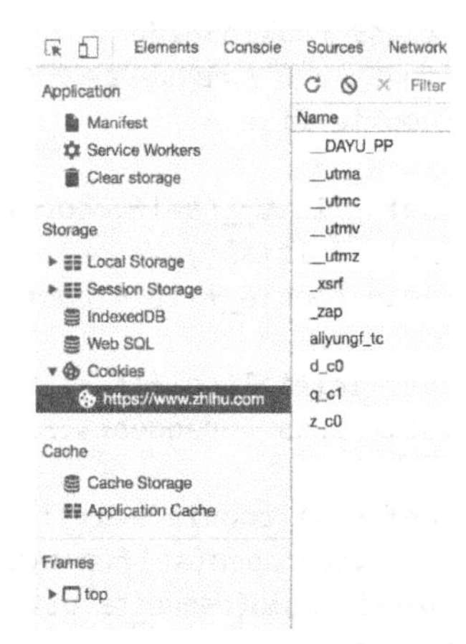

图 6-12 查看知乎 Cookies 的字段内容

可以设想两种模拟登录的基本思路，第一种就是直接在爬虫程序中提交表单（用户名和密码等），通过 requests 的 Session 来保持会话，成功进行登录，在之前登录 1point3acres.com 就是实现了这种思路；第二种则是通过浏览器来进行辅助，先通过一次手工的登录来获取并保存 Cookie，在之后的抓取或者访问中直接加载保存了的 Cookie，使得网站方“认为”用户已经登录。显然，第二种方法在应对一些登录过程比较复杂（尤其是登录表单复杂且存在验证码）的情况时比较合适，理论上说，只要本地的 Cookie 信息仍在过期期限内，就一直能够模拟出登录状态。再想象一下，其实无论是通过模拟浏览器还是其他方法，只要能够成功还原出登录后的 Cookie 状态，那么模拟登录状态就不再困难了。

6.3.2 Cookie 方法的模拟登录

根据上面讨论的第二种思路，即可着手利用 Selenium 模拟浏览器来保存知乎登录后的 Cookie 信息，Selenium 的相关使用方法之前已经介绍过，这里需要考虑的是如何保存 Cookie。一种比较简便的方法是通过 Webdriver 对象的 get_cookies()方法在内存中获得 Cookie，接着用 pickle 工具保存到文件中即可，见例 6-2。

【例 6-2】 使用 Selenium 保存知乎登录后的 Cookie 信息。

```
    import selenium.Webdriver
    import pickle, time, os

    class SeleZhihu():
      _path_of_chromedriver = 'chromedriver'
    _browser = None
      _url_homepage = 'https://www.zhihu.com/'
    _cookies_file = 'zhihu-cookies.pkl'
    _header_data = {'Accept': 'text/html,application/xhtml+xml,application/xml;q=0.9,
image/Webp,*/*;q=0.8',
    'Accept-Encoding': 'gzip, deflate, sdch, br',
    'Accept-Language': 'zh-CN,zh;q=0.8',
    'Connection': 'keep-alive',
    'Cache-Control': 'max-age=0',
    'Upgrade-Insecure-Requests': '1',
    'User-Agent': 'Mozilla/6.0 (Windows NT 6.1; WOW64) AppleWebKit/537.36 (KHTML, like
Gecko) Chrome/36.0.1986.125 Safari/537.36',
                    }

      def __init__(self):
    self.initial()
```

```
    def initial(self):
  self._browser = selenium.Webdriver.Chrome(self._path_of_chromedriver)
  self._browser.get(self._url_homepage)

      if self.have_cookies_or_not():
  self.load_cookies()
      else:
  print('Login first')
        time.sleep(30)
  self.save_cookies()

  print('We are here now')

    def have_cookies_or_not(self):
      if os.path.exists(self._cookies_file):
        return True
      else:
        return False

    def save_cookies(self):
      pickle.dump(self._browser.get_cookies(), open(self._cookies_file, "wb"))
  print("Save Cookies successfully!")

    def load_cookies(self):
  self._browser.get(self._url_homepage)
      cookies = pickle.load(open(self._cookies_file, "rb"))
      for cookie in cookies:
  self._browser.add_cookie(cookie)
  print("Load Cookies successfully!")

    def get_page_by_url(self, url):
  self._browser.get(url)

    def quit_browser(self):
  self._browser.quit()

  if __name__ == '__main__':
    zh = SeleZhihu()
    zh.get_page_by_url('https://www.zhihu.com/')

    time.sleep(10)
    zh.quit_browser()
```

运行上面的程序，将会打开 Chrome 浏览器，如果此前没有本地 Cookie 信息，将会提示用户“login first”，并等待 30s，在此期间用户需要手动输入用户名和密码等信息，执行登录操作，之后程序将会自行存储登录成功后的 Cookie 信息。可以为这个 SeleZhihu 类添加 load_cookies()方法，在之后进行访问网站时，如果发现本地已经存在 Cookie 信息文件，就直接加载。这个逻辑主要通过 initial()方法来实现，而 initial()方法会在__init__()中调用。__init__()是所谓的“初始化”函数，类似于 C++中的构造函数，会在类的实例初始化时被调用。"zhihu-cookies.pkl"是本地的 Cookie 信息文件名，使用 pickle 序列化保存，这方面的详细内容参看本书 4.1.2 节。

在保存过 Cookie 后，用户就可以"移花接木"了。"移花接木"，就是将 Selenium 为用户保存的 Cookie 信息拿到其他工具（比如 requests）中使用，毕竟 Selenium 模拟浏览器的抓取方式效率十分低下，且性能也成问题。使用 requests 来加载用户本地的 Cookie，并通过解析网页元素来获取个性域名，如果模拟登录成功，我们就能够看到对应的域名信息，这部分的程序见例 6-3。

【例 6-3】 使用 request 加载 Cookie，进入知乎登录状态并抓取个性域名。

```
    import requests, pickle
    from bs4 import BeautifulSoup
    from pprint import pprint

    headers = {
    'User-Agent': 'Mozilla/6.0 (Macintosh; Intel MacOS X 10_13_3) '
                  'AppleWebKit/537.36 (KHTML, like Gecko) Chrome/66.0.3359.139 Safari/
537.36'}
    sess = requests.Session()
    with open('zhihu-cookies.pkl', 'rb') as f:
      cookie_data = pickle.load(f) # 加载Cookie 信息

    for cookie in cookie_data:
      sess.cookies.set(cookie['name'], cookie['value']) # 为session 设置Cookie 信息

    res = sess.get('https://www.zhihu.com/settings/profile', headers=headers).text
# 访问并获得页面信息
    ht = BeautifulSoup(res, 'lxml')
    # pprint(ht)
    node = ht.find('div', {'id': 'js-url-preview'}) # 获得个性域名
    print(node.text)
```

运行程序后，顺利的话将会看到个性域名的输出。该程序的抓取目标相对比较简单，https://www.zhihu.com/settings/profile 这个地址所对应的网页也没有使用大量动态内容（指那些经过 JS 刷新或更改的页面元素），如果想要抓取其他页面，在保持模拟登录机制的基础上改进抓取机制即可，可以结合第 5 章的内容进行更复杂的抓取。

最后要提到的是处理 HTTP 基本认证（HTTP Basic Access Authentication）的情形，这种验证用户身份的方式一般不会在公开的商业性网站上使用，但在公司内网或者一些面向开发者的网页 API 中则较为常见。与目前普遍的通过 form 表单提交登录信息的方式不同，HTTP 基本认证会使浏览器弹出要求用户输入用户名和口令（密码）的窗口，并根据输入的信息进行身份验证。下面通过一个例子来说明这个概念：https://www.httpwatch.com/httpgallery/authentication/提供了一个 HTTP 基本认证的示例（见图 6-13），需要用户输入用户名"httpwatch"作为 Username，并输入一个自定义的密码作为 Password，单击 Sign in 登录按钮后，将会显示一个包含了之前输入信息的图片。通过检查元素可以得知，该认证的 URL 地址为：https://www.httpwatch.com/httpgallery/authentication/authenticatedimage/default.aspx，根据以上信息，通过 requests.auth 模块中的 HTTPBasicAuth 类即可通过该认证并下载最终显示的图片到本地，见例 6-4。

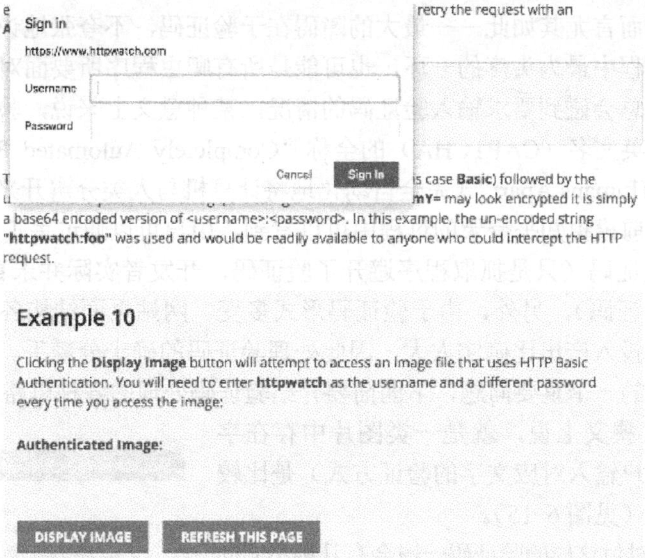

图 6-13　基本认证的界面，需要输入 Username 和 Password

【例 6-4】 使用 requests 来通过 HTTP 基本认证并下载图片。

```
import requests
from requests.auth import HTTPBasicAuth

url = 'https://www.httpwatch.com/httpgallery/authentication/authenticatedimage/default.aspx'

auth = HTTPBasicAuth('httpwatch', 'pw123') # 将用户名和密码作为对象初始化的参数
resp = requests.post(url, auth=auth)

with open('auth-image.jpeg','wb') as f:
  f.write(resp.content)
```

运行程序后，即可在本地看到这个 auth-image.jpeg 图片（见图 6-14），说明已经成功使用程序通过验证。

图 6-14　下载到本地的图片

6.4　验证码

6.4.1　图片验证码

弄明白模拟表单提交和使用 Cookie 可以说解决了登录问题的主要难点，但不幸的是，目前的网站在验证用户身份这个问题上总是精益求精，不惜下大力气防范非人类的访问，对

于大型商业性网站而言尤其如此——最大的障碍在于验证码，不夸张地说，验证码问题始终是程序模拟登录过程中最为头疼的一环，也可能是所有爬虫程序所要面对的最大问题之一。我们在日常生活中总会碰到要求输入验证码的情况，某种意义上来说，验证码其实是一种图灵测试，这从它的英文名（CAPTCHA）的全称“Completely Automated Public Turing test to tell Computers and Humans Apart”（完全自动化地将计算机与人类分辨开来的公开图灵测试）就能看出来。从之前模拟知乎登录的过程中可以看到，用户可以通过手工登录并加载 Cookie 的方式“避开”验证码（只是抓取程序避开了验证码，开发者实际并未真正“避开”，毕竟还需要手动输入验证码），另外，由于验证码形式多变、网站页面结构各异，试图用程序全自动破解验证码的投入产出比确实太大，因此处理验证码的确十分棘手。考虑到攻克验证码始终是爬虫开发中的一个重要问题，下面简要介绍验证码处理的各种思路。

图片验证码（狭义上说，就是一类图片中存在字母或数字，需要用户输入对应文字的验证方式）是比较简单的一类验证码（见图 6-15）。

图 6-15　典型的图片验证码

在爬虫程序中对付这样的验证码一般会有几种不同的思路，一是通过程序识别图片，转换为文字并输入；二是手动打码，等于直接避开程序破解验证码的环节；三是使用一些人工打码平台的服务。有关处理图片验证码这方面的讨论很多，下面对这几种方式都做一简要的介绍。

首先是识别图片并转换到文字的思路，传统上这种方式会借助 OCR（文字光学识别）技术，步骤包括对图像进行降噪、二值化、分割和识别，这要求验证码图片的复杂度不高，否则很可能识别失败。近年来随着机器学习技术的发展，目前这种图片转文字的方式拥有了更多的可能性，比如，使用卷积神经网络（CNN），只要用户手头拥有足够多的训练数据，通过训练神经网络模型，就能够实现很高的验证码识别准确度。

手动打码是指在验证码出现时，通过解析网页元素的方式将验证码图片下载下来，由开发者自行输入验证码内容，通过编写好的函数填入对应的表单字段（或者是网站对应的 HTTP API）中，从而完成后续抓取工作。这种方式最为简单，在开发中也最为常用，优点是完全没有经济成本，缺点也很突出：需要开发者自身劳动，自动化程度低。不过，如果只是应对登录情形的话，配合 Cookie 数据的使用，可以做到“毕其功于一役”，初次登录填写验证码后在一段时间内便可以摆脱验证码的烦恼。

使用人工打码服务则是直接将验证码识别的任务“外包”给第三方，图 6-16 为某人工打码平台，在实际的使用中，除非遇到需要频繁通过验证的情形，对这种打码服务的需求不大，有一些打码平台开放了免费打码的 API（一般会有使用次数和频率的限制），可以用来在

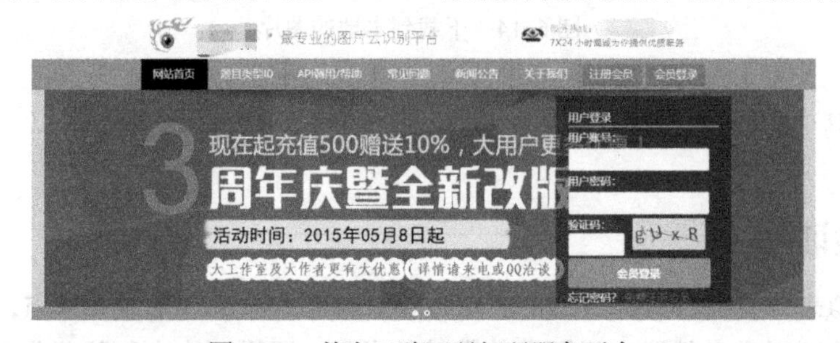

图 6-16　某人工验证码打码服务平台

抓取程序中进行调用，以满足调试和开发的需要。

6.4.2 滑动验证

与图片验证码不同，目前被广泛使用的滑动验证不仅需要验证用户的视觉能力，还会通过要求拖拽元素的方式防止验证关卡被暴力破解（见图 6-17）。对于这类滑动验证，其实也存在通过程序进行破解的方式，基本思路就是通过模拟浏览器来实现对拖拽元素的自动拖动，尽可能模仿人类用户的拖动行为，“欺骗”验证。这种方式可以分为几个主要步骤：①获取验证码图像；②获取背景图片与缺失部分；③计算滑动距离；④操纵浏览器进行滑动；⑤等待验证完成。这里主要存在两个难点，其一是如何获得背景图片与缺失部分轮廓，背景图片往往是由一组剪切后的小图拼接而成，因此在程序抓取元素的过程中，可能需要使用 PIL 库做更复杂的拼接等工作；其二是模拟人类的滑动动作，过于机械式的滑动（比如严格的匀速滑动或加速度不变的滑动）可能就会被系统识别为机器人。

图 6-17　某滑动验证服务

假设需要登录某个网站，就很有可能需要在输入用户名和密码后通过这种类似的滑动验证。针对这种情况，可以编写一个综合了上述步骤的模拟完成滑动验证的程序，见例 6-5。

【例 6-5】 通过 Selenium 模拟浏览器方式通过滑动验证的示例

```
# 模拟浏览器通过滑动验证的程序示例，目标是在登录时通过滑动验证
import time
from selenium import Webdriver
from selenium.Webdriver import ActionChains
from PIL import Image

def get_screenshot(browser):
browser.save_screenshot('full_snap.png')
  page_snap_obj = Image.open('full_snap.png')
return page_snap_obj

# 在一些滑动验证中，获取背景图片可能需要更复杂的机制
# 原始的HTML 图片元素需要经过拼接整理才能拼出最终想要的效果
# 为了避免这样的麻烦，一个思路就是直接对网页截图，而不是去下载元素中的img src
def get_image(browser):
img= browser.find_element_by_class_name('geetest_canvas_img')  # 根据元素class 名
定位
time.sleep(2)
  loc = img.loc
  size = img.size

  left = loc['x']
  top = loc['y']
  right = left + size['width']
  bottom = top + size['height']

  page_snap_obj = get_screenshot(browser)
  image_obj = page_snap_obj.crop((left, top, right, bottom))
```

```
return image_obj

# 获取滑动距离
def get_distance(image1, image2, start=57, thres=60, bias=7):
# 比对RGB的值
for i in range(start, image1.size[0]):
   for j in range(image1.size[1]):
rgb1 = image1.load()[i, j]
rgb2 = image2.load()[i, j]
      res1 = abs(rgb1[0] - rgb2[0])
      res2 = abs(rgb1[1] - rgb2[1])
      res3 = abs(rgb1[2] - rgb2[2])

if not (res1 <thresandres2 <thresandres3 <thres):
        return i - bias
return i - bias

# 计算滑动轨迹
def gen_track(distance):
# 也可通过随机数来获得轨迹

  # 将滑动距离增大一点，即先滑过目标区域，再滑动回来，有助于避免被判定为机器人
distance += 10
v = 0
t = 0.2
forward = []

  current = 0
mid = distance * (3 / 5)
while current <distance:
   if current <mid:
a = 2.35
# 使用浮点数，避免机器人判定
else:
a = -3.35
s = v * t + 0.5 * a * (t ** 2)  # 使用加速直线运动公式
v = v + a * t
    current += s
    forward.append(round(s))

  backward = [-3, -2, -2, -2, ]

return {'forward_tracks': forward, 'back_tracks': backward}

def crack_slide(browser):  # 破解滑动认证
  # 单击验证按钮，得到图片
button = browser.find_element_by_class_name('geetest_radar_tip')
  button.click()
  image1 = get_image(browser)

# 单击滑动，得到有缺口的图片
button = browser.find_element_by_class_name('geetest_slider_button')
  button.click()
```

```
    # 获取有缺口的图片
    image2 = get_image(browser)
    # 计算位移量
    distance = get_distance(image1, image2)
    # 计算轨迹
    tracks = gen_track(distance)
    # 在计算轨迹方面，还可以使用一些鼠标采集工具事先采集人类用户的正常轨迹，将采集到的轨迹数
据加载到程序中

      # 执行滑动
    button = browser.find_element_by_class_name('geetest_slider_button')
    ActionChains(browser).click_and_hold(button).perform()  # 单击并保持

    for track in tracks['forward']:
    ActionChains(browser).move_by_offset(xoffset=track, yoffset=0).perform()
      time.sleep(0.95)
    for back_track in tracks['backward']:
    ActionChains(browser).move_by_offset(xoffset=back_track, yoffset=0).perform()

    # 在滑动终点区域进行小范围的左右位移，模仿人类的行为
    ActionChains(browser).move_by_offset(xoffset=-2, yoffset=0).perform()
    ActionChains(browser).move_by_offset(xoffset=2, yoffset=0).perform()

      time.sleep(0.5)
    ActionChains(browser).release().perform()  # 松开

    def worker(username, password):
    browser = Webdriver.Chrome('your chrome driver path')
    try:
    browser.implicitly_wait(3)  # 隐式等待
    browser.get('your target login url')

    # 在实际使用时需要根据当前网页的情况定位元素
    username = browser.find_element_by_id('username')
        password = browser.find_element_by_id('password')
        login = browser.find_element_by_id('login')
    username.send_keys(username)
    password.send_keys(password)
        login.click()

        crack_slide(browser)

        time.sleep(15)
    finally:
    browser.close()

    if __name__ == '__main__':
    worker(username='yourusername', password='yourpassword')
```

程序的一些说明可详见上方代码中的注释，值得一提的是，这种破解滑动验证的方式使用了 Selenium 自动化 Chrome 作为基础，为了在一定程度上降低性能开销，还可以使用 PhantomJS 这样的无头浏览器来代替 Chrome。这种模式的缺点在于无法离开浏览器环境，但

退一步说，如果需要自动化控制滑动验证，没有 Selenium 这样的浏览器自动化工具可能是难以想象的，网络上也出现了一些针对滑动验证的打码 API，但总体上看，实用性和可靠性都不高，这种模拟鼠标拖动的方案虽然耗时长，但至少能够取得应有的效果。

将上述程序有针对性地进行填充和改写，运行程序后即可看到程序成功模拟出了滑动验证并通过验证（见图 6-18）。

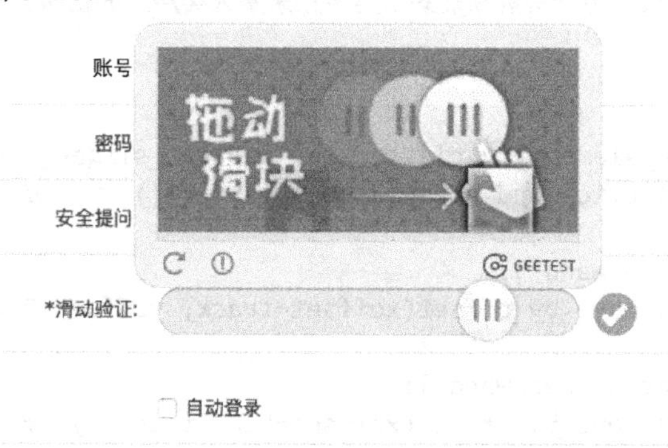

图 6-18 滑动验证结果

另外要提到的是，有一些滑动验证服务的数据接口设计较为简单，JS 传输数据的安全性也不高，针对这种验证码完全可以采取破解 API 的方式来欺骗验证码服务，不过这种方式普适性不高，往往需要花费大量精力去分析对应的数据接口，并且具有一定的道德和法律问题，因此暂不赘述。

在今天，除了传统的图形验证码（典型的例子就是单词验证码），新式的验证码（或类验证码）手段正在成为主流，如滑动验证、拼图验证、短信验证（一般用于手机号快速登录的情形）以及 Google 大名鼎鼎的 reCAPTCHA（据称该解决方案甚至会将用户鼠标在页面内的移动方式作为一条判定依据）等。这样不仅在登录环节会遇到验证码，很多时候如果用户的抓取程序运行频率较高，网站方也会通过弹出验证码的方式进行“拦截”，不夸张地说，要做到程序模拟通过验证码的完全自动化很不容易。但无论如何，总体上看，针对图形验证码而言，通过 OCR、人工打码或者神经网络识别等方式至少能够降低一部分时间和精力成本，因此算是比较可行的方案。而针对滑动验证方式，也可以使用模拟浏览器的方法来应对。从省时省力的角度来说，先进行一次人工登录，记录 Cookie，再使用 Cookie 加载登录状态进行抓取也是不错的选择。

6.5 本章小结

表单、登录以及验证码识别是爬虫程序编写中相对不那么“愉快”的部分，但对提高爬虫的实用性有着很大作用，因此，本章中的内容也是用户编写更复杂更强大爬虫程序的必备要点，如果读者对模拟登录较感兴趣，可以抽时间多研究一些 JavaScript 与表单的配合使用，在很多网页中用户填写的表单信息实际上会经过页面中 JS 的一层“再加工”处理才会发送至服务器。在图片验证码破解方面，网络上有很多利用 OCR 手段识别验证码文字的例子，如果对基于神经网络的图像文字识别感兴趣，可以参考斯坦福大学的 CS231 课程入门图像识别领域。

6.6　实践：通过 Selenium 模拟登录 Gitee 并保存 Cookie

6.6.1　需求说明

Gitee 是开源中国社区推出的基于 Git 的代码托管服务，本实践的目标是，针对于登录网址https://gitee.com/login，通过 Selenium 模拟输入操作和单击操作，进而模拟登录，并在登录后将 Cookie 保存下来。

6.6.2　实现思路及步骤

（1）首先进入给定网址，使用 F12 的开发者工具分析账号输入框、密码输入框、确认按钮所在的 XPath。因为我们发现登录不需要验证码，所以不需要考虑验证码相关的问题。

（2）使用 Selenium 模拟输入账号、输入密码、单击确认按钮的操作。

（3）使用 save_cookies()方法将登录账号后得到的 Cookie 保存下来。

6.7　习题

一、选择题

（1）（　　）是 HTML 的一个重要部分，主要用于采集和提交用户输入的信息。

A．图像　　B．列表菜单　　C．表单　　D．文件

（2）表单登录需要使用的请求方法为（　　）。

A．POST　　B．GET　　C．PUT　　D．DELETE

（3）在 HTML 中表单的标签是（　　）。

A．<a>　　B．<form>　　C．<table>　　D．<text>

（4）Requests 提供的（　　）集合允许用户检索在 HTTP 请求中发送的 Cookies 的值。

A．Form　　B．Cookies

C．QueryString　　D．SeverVariables

二、判断题

（1）OCR 技术现在已经可以百分百识别验证码。（　　）

（2）Cookies 一般包含在请求头 Headers 中。（　　）

（3）可以通过 JavaScript 校验表单的输入内容。（　　）

三、问答题

（1）简述什么是 Cookie。

（2）HTTP 基本认证要如何解决？

（3）对于滑动验证码，有什么更好的解决方式吗？

第 7 章 爬虫数据的分析与处理

网络爬虫抓取到的数值、文本等各类信息，在经过存储和预处理后，可以通过 Python 进行更深层次的分析，本章就以 Python 应用最为广泛的文本分析和数据统计为例，介绍一些对数据做进一步处理的方式方法。

学习目标

1．了解 Python 文本分析相关模块。

2．了解 Python 对于数据的处理方法、根据数据绘制图片和科学计算的内容。

7.1　Python 与文本分析

7.1.1　文本分析简介

文本分析，也就是通过计算机对文本数据进行分析，其实不算新的话题，但是近年来随着 Python 在数据分析和自然语言处理领域的广泛应用，使用 Python 进行文本分析也变得十分方便。

🕮 提示：结构化数据一般是指能够存储在数据库里，可以用二维表结构逻辑来表达的数据。与之相比，不适合通过数据库二维逻辑表来表现的数据就称为非结构化数据，包括所有格式的办公文档、文本、图片、XML、HTML、各类报表、图像和音频/视频信息等。这种数据的特征在于，其数据是多种信息的混合，通常无法直接知道其内部结构，只有经过识别以及一定的存储分析后才能体现其价值。

由于文本数据是非结构化数据（或者半结构化数据），所以用户一般都需要对其进行某种预处理，这时可能遇到的问题包括：

（1）数据量问题，这是任何数据预处理过程中都可能碰到的一个问题，由于现在人们在网络上进行文字信息交流十分广泛，文本数据规模往往也非常大。

（2）在文本挖掘时，用户往往将文本（词语等）转换为文本向量，但一般在数据处理后，向量都会面临维度过高和过于稀疏的问题，如果希望进行进一步的文本挖掘，可能需要一些特定的降维处理。

（3）文本数据的特殊性，由于人类语言的复杂性，计算机目前对文本数据进行逻辑和情感上的分析能力还很有限，近年来机器学习技术火热发展，但在语言处理方面的能力尚不如图像视觉方面的成就。

一般来说，文本分析（有时候也称为文本挖掘）的主要内容包括：

- 语言处理：虽然一些文本数据分析会涉及较高级的统计方法，但是部分分析还是会更多地涉及自然语言处理过程，如分词、词性标注、句法分析等。
- 模式识别：文本中可能会出现像电话号码、邮箱地址这样的有正规表示方式的实体，通过这些特殊的表示方式或者其他模式来识别这些实体的过程就是模式识别。
- 文本聚类：运用无监督机器学习手段归类文本，适用于海量文本数据的分析，在发现文本话题、筛选异常文本资料方面应用广泛。
- 文本分类：在给定分类体系下，根据文本特征构建有监督机器学习模型，达到识别文本类型或内容主旨的目的。

Python 发达的第三方库提供了一些文本分析的实用工具，这里要说的是，文本分析与字符串处理并不是一个含义，字符串处理更多的是指对一个 str 在形式上进行一些变换和更改，而文本分析则更多地强调对文本内容进行语义、逻辑上的分析和处理。在整个分析的过程中，需要使用一些基本的概念和方法，在各种实现文本挖掘的工具中，一般都会有所体现，具体包括：

- 分词：是指将由连续字符组成的句子或段落按照一定规则划分成独立词语的过程。在英文中，由于单词之间是以空格作为自然分界符的，因此可以直接使用“空格（Space）”符作为分词标记，而中文句子内部一般没有分界符，所以中文分词比之英文要更为复杂。
- 停用词：是指在文本中不影响核心语义的“无用”字词，通常为在自然语言中常见但没有具体实在意义的助词、虚词、代词，如“的”“了”“啊”等，停用词的存在直接增加了文本数据的特征维度，提高了文本数据分析过程中的成本，因此一般都需要先设置停用词，对其进行筛选。
- 词向量：为了能够使用计算机和数学方式分析文本信息，就要使用某种方法把文字转变为数学形式，这方面比较常见的解决方法就是将自然语言中的字词通过数学中向量的形式进行表示。
- 词性标注：是指对每个字词进行词性归类（标签），比如“苹果”为名词、“吃”为动词等，便于后续的处理。不过中文语境下词性本身就比较复杂，因此词性标注也是一个值得深入探索的领域。
- 句法分析：是指在给定的语法体系下分析句子的句法结构，划分句子中词语的语法功能，并判断词语之间的句法关系，在语义分析的基础上，这是对文本逻辑进行分析的关键。
- 情感分析：是指在文本分析和挖掘过程中对内容中体现的主观情感性进行分析和推理的过程，情感分析与舆论分析、意见挖掘等领域有着十分密切的联系。

7.1.2　jieba 与 SnowNLP

下面通过 jieba 和 SnowNLP 两个中文文本分析工具来简要熟悉文本分析的简单用途。其中，jieba 是一个国人开发的中文分词与文本分析工具，可以实现很多实用的文本分析处理。和其他模块一样，jieba 通过“pip install jieba”指令安装后，用“import jieba”即可使用。接下来通过一些例子来介绍具体的细节。

使用 jieba 进行分词非常方便，jieba.cut()方法接受三个输入参数：待处理的字符串、cut_all（是否采用全模式）、HMM（是否使用 HMM 模型）。jieba.cut_for_search()方法接受两个参数：待处理的字符串和 HMM，该方法适合用于搜索引擎构建倒排索引的分词，粒度比较细，使用频率不高。

```
import jieba

seg_list = jieba.cut("这里曾经有一座大厦", cut_all=True)
print(" / ".join(seg_list))# 全模式

seg_list = jieba.cut("欢迎使用 Python 语言", cut_all=False)
print(" / ".join(seg_list))# 精确模式

seg_list = jieba.cut("我喜欢吃苹果，不喜欢吃香蕉。") # 默认是精确模式
print(" / ".join(seg_list))
```

输出为：

```
这里 / 曾经 / 有 / 一座 / 大厦
欢迎 / 使用 / Python / 语言
我 / 喜欢 / 吃 / 苹果 / ， / 不 / 喜欢 / 吃 / 香蕉 / 。
```

cut()与 cut_for_research()方法返回生成器，而 jieba.lcut()以及 jieba.lcut_for_search()方法会直接返回 list。

📖 提示：迭代器和生成器是 Python 中很重要的概念，实际上 list 本身即是一个可迭代对象，关于它们的具体关系，可以简单理解为：迭代器就是一个可以迭代（遍历）的对象，而生成器是其中一种特殊的生成器，更适用于对海量数据的操作。

---

jieba 还支持关键词提取，比如基于 TF-IDF（Term Frequency-Inverse Document Frequency）算法的关键词提取方法 jieba.analyse.extract_tags(sentence, topK=20, withWeight=False, allowPOS=())，其中：

- sentence 为待提取的文本。
- topK 为返回几个 TF-IDF 权重最大的关键词，默认值为 20。
- withWeight 为是否一并返回关键词权重值，默认值为 False。
- allowPOS 仅包括指定词性的词，默认值为空，即不筛选。

```
import jieba.analyse
import jieba

sentence = '''
上海市（Shanghai），简称"沪"或"申"，有"东方巴黎"的美称。是中国四个直辖市之一，也是中国
第一大城市。
上海是中国的经济、金融、贸易和航运中心，创造和打破了中国世界纪录协会多项世界之最、中国之最。
上海位于中国大陆海岸线中部的长江口，拥有中国最大的外贸港口、最大的工业基地。
'''
res = jieba.analyse.extract_tags(sentence, topK=5, withWeight=False, allowPOS=())
print(res)
```

输出为：['中国', '大陆', '中国之最', 'Shanghai', '世界之最']

jieba.posseg.POSTokenizer(tokenizer=None) 方法可以新建自定义分词器，其中 tokenizer 参数可指定内部使用的 jieba.Tokenizer 分词器。

jieba.posseg.dt 则为默认词性标注分词器：

```
from jieba import posseg
words = posseg.cut("我不明白你这句话的意思")
for word, flag in words:
print('{}:\t{}'.format(word, flag))
```

tokenize 方法会返回分词结果中词语在原文的起止位置：

```
result = jieba.tokenize('它是站在海岸遥望海中已经看得见桅杆尖头的一只航船')
for tk in result:
print("word %s\t\t start: %d \t\t end:%d" % (tk[0],tk[1],tk[2]))
```

部分输出如下：

```
word 遥望          start: 6          end:8
word 海            start: 8          end:9
word 中            start: 9          end:10
word 已经          start: 10         end:12
word 看得见        start: 12         end:15
```

另外，jieba 模块还支持自定义词典、调整词频等，这里就不赘述了。

SnowNLP 是一个主打简洁实用的中文处理类 Python 库，与 jieba 分词不同的是，SnowNLP 模仿 TextBlob 编写，拥有更多的功能，但是 SnowNLP 并非基于 NLTK（Natural Language Toolkit）库，在使用上也仍存在一些不足。

> 📖 提示：TextBlob 是基于 NLTK 和 Pattern 封装的英文文本处理工具包，同时提供了很多文本处理功能的接口，包括词性标注、名词短语提取、情感分析、文本分类、拼写检查等，还具有翻译和语言检测功能。

SnowNLP 中的主要方法如下：

```
from snownlp import SnowNLP
s = SnowNLP('我来自中国，喜欢吃饺子，爱好是游泳。')
# 分词
print(s.words)
# 输出：['我', '来自', '中国', '，', '喜欢', '吃', '饺子', '，', '爱好', '是', '游泳', '。']
# 输出:
# 情感极性概率
print(s.sentiments)    # positive 的概率，输出：0.9959503726200969
# 文字转换为拼音
print(s.pinyin)
# 输出:
# ['wo', 'lai', 'zi', 'zhong', 'guo', '，', 'xi', 'huan',
# 'chi', 'jiao', 'zi', '，', 'ai', 'hao', 'shi', 'you', 'yong', '。']
s = SnowNLP(u'君不見黃河之水天上來，奔流到海不復回。')
# 繁简转换
print(s.han)
```

```
    # 输出：君不见黄河之水天上来，奔流到海不复回。
    text = u'''
    '深圳，'称"深"，别称"鹏城"，古称南越、新安、宝安，是中国四大一线城市之一，
    为广东省省辖市、计划单列市、副省级市、国家区域中心城市、超大城市。
    深圳地处广东南部，珠江口东岸，东临大亚湾和大鹏湾，西濒珠江口和伶仃洋，
    南隔深圳河与香港相连，北部与东莞、惠州接壤。
    '''
    s = SnowNLP(text)
    # 关键词提取
    print(s.keywords(3))
    # 输出：['南', '深圳', '珠江']
    # 文本摘要
    print(s.summary(5))
    # 输出：['南隔深圳河与香港相连', '珠江口东岸', '西濒珠江口和伶仃洋',
    # '为广东省省辖市、计划单列市、副省级市、国家区域中心城市、超大城市', '是中国四大一线城
市之一']
    # 分句
    print(s.sentences)
    # 输出：['深圳', '简称"深"', '别称"鹏城"', '古称南越、新安、宝安', '是中国四大一
线城市之一',
    # '为广东省省辖市、计划单列市、副省级市、国家区域中心城市、超大城市', '深圳地处广东南部',
    #  '珠江口东岸', '东临大亚湾和大鹏湾', '西濒珠江口和伶仃洋', '南隔深圳河与香港相连',
'北部与东莞、惠州接壤']
```

以上是两个比较简单的中文处理工具，一般如果只是想要对文本信息进行初步的分析，并且对于准确性要求不太高，那么就足以满足用户的需求。与 jieba 和 SnowNLP 相比，在文本分析领域，NLTK 是比较成熟的库，接下来将对此进行一些简单的介绍。

7.1.3 NLTK

NLTK 是一个比较完备的提供 Python API 的语言处理工具，提供了丰富的语料和词典资源接口以及一系列的文本处理库，支持分词、标记、语法分析、语义推理、分文本类等文本数据分析需求。

NLTK 提供了对语料与模型等的内置管理器（见图 7-1），使用下面的语句就可以管理包：

```
import nltk
nltk.download()
```

安装需要的语料或模型之后，可以看一下 NLTK 的一些基本用法，首先是基础的文本解析。

基本的 tokenize 操作（英文分词）如下：

```
import nltk
sentence = "Susie got your number and Susie said it's right."
tokens = nltk.word_tokenize(sentence)
print(tokens)
```

输出为：['Susie','got','your','number','and','Susie','said','it',"'s",'right', '. ']

这里需要注意的是，如果是首次在计算机上运行这段 NLTK 的代码，会提示安装 punkt 包（punkt tokenizer models），这时通过上面提到的 download()方法安装即可。这里建议在包管理器里同时也安装 books，之后通过 from nltk.book import * 可以导入这些内置文本。导入

成功后结果如下：

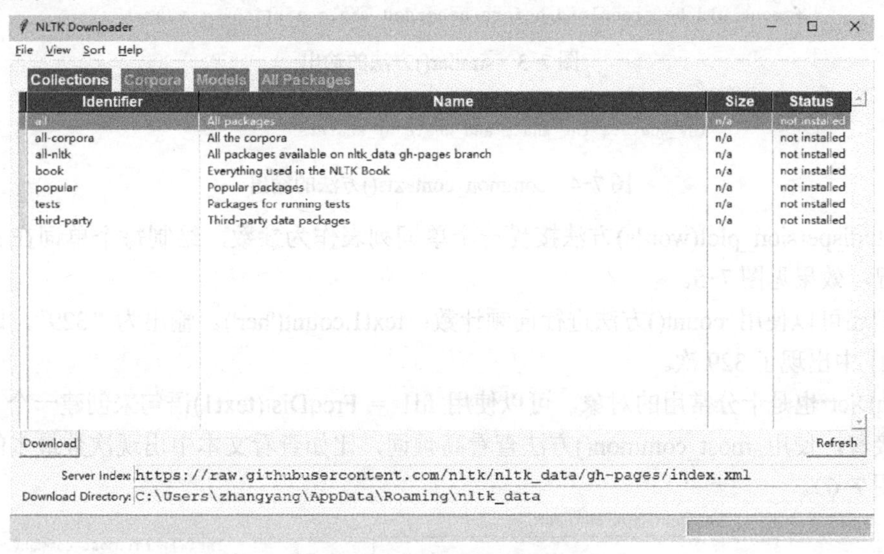

图 7-1　NLTK 内置的管理器

```
*** Introductory Examples for the NLTK Book ***
Loading text1, ..., text9 and sent1, ..., sent9
Type the name of the text or sentence to view it.
Type: 'texts()' or 'sents()' to list the materials.
Text1: Moby Dick by Herman Melville 1851
text2: Sense and Sensibility by Jane Austen 1811
text3: The Book of Genesis
text4: Inaugural Address Corpus
text5: Chat Corpus
text6: Monty Python and the Holy Grail
text7: Wall Street Journal
text8: Personals Corpus
text9: The Man Who Was Thursday by G . K . Chesterton 1908
```

这实际上是加载了一些书籍数据，而 text1～text9 为 Text 类的实例对象名称，对应内置的书籍。

Text::concordance(word)方法会接受一个单词，会打印出输入单词在文本中出现的上下文，见图 7-2。

```
In[6]: text1.concordance('america')
Displaying 12 of 12 matches:
 of the brain ." -- ULLOA ' S SOUTH AMERICA . " To fifty chosen sylphs of speci
, in spite of this , nowhere in all America will you find more patrician - like
hree pirate powers did Poland . Let America add Mexico to Texas , and pile Cuba
 , how comes it that we whalemen of America now outnumber all the rest of the b
mocracy in those parts . That great America on the other side of the sphere , A
f age ; though among the Red Men of America the giving of the white belt of wam
 and fifty leagues from the Main of America , our ship felt a terrible shock ,
```

图 7-2　concordance()方法的输出

Text::similar(word)方法接受一个单词字符串，会打印出和输入单词具有相同上下文的其他单词，比如寻找与“american”具有相同上下文的单词，见图 7-3。

common_contexts()方法则返回多个单词的共用上下文，见图 7-4。

```
In[4]: text1.similar('american')
english sperm whale entire great last same ancient right oars that
famous old he greenland before beheaded whole particular trumpa
```

图 7-3　similar()方法的输出

```
In[15]: text1.common_contexts(['english','american'])
the_whalers the_whale and_whale of_whalers
```

图 7-4　common_contexts()方法的输出

Text::dispersion_plot(words)方法接受一个单词列表作为参数，绘制每个单词在文本中的分布情况，效果见图 7-5。

我们还可以使用 count()方法进行词频计数：text1.count('her')。输出为“329”，即这个单词在 text1 中出现了 329 次。

FreqDict 也是十分常用的对象，可以使用 fd1 = FreqDist(text1)语句来创建一个 FredDict 对象。接着，使用 most_common()方法查看高频词，比如查看文本中出现次数最多的 20 个词（见图 7-6）。

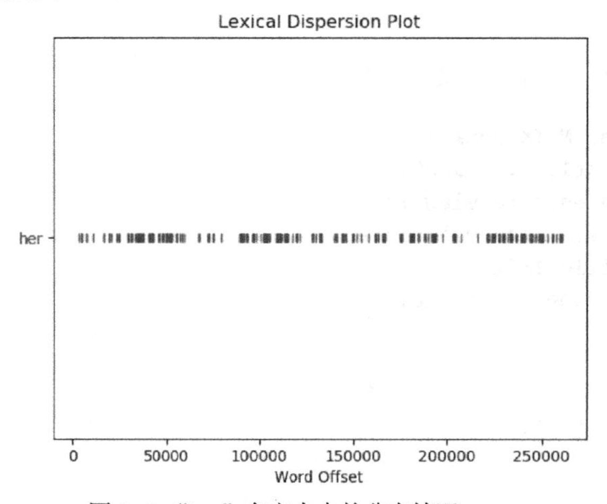

图 7-5　“her”在文本中的分布情况

```
In[14]: fd1.most_common(20)
Out[14]:
[(',', 18713),
 ('the', 13721),
 ('.', 6862),
 ('of', 6536),
 ('and', 6024),
 ('a', 4569),
 ('to', 4542),
 (';', 4072),
 ('in', 3916),
 ('that', 2982),
 ("'", 2684),
 ('-', 2552),
 ('his', 2459),
 ('it', 2209),
 ('I', 2124),
 ('s', 1739),
 ('is', 1695),
 ('he', 1661),
 ('with', 1659),
 ('was', 1632)]
```

图 7-6　查看文本中出现最多的 20 个词

FreqDict 也自带绘图方法，如绘制高频词折线图，查看出现最多的前 15 项，语句为：fd1.plot(15)，绘图效果见图 7-7。

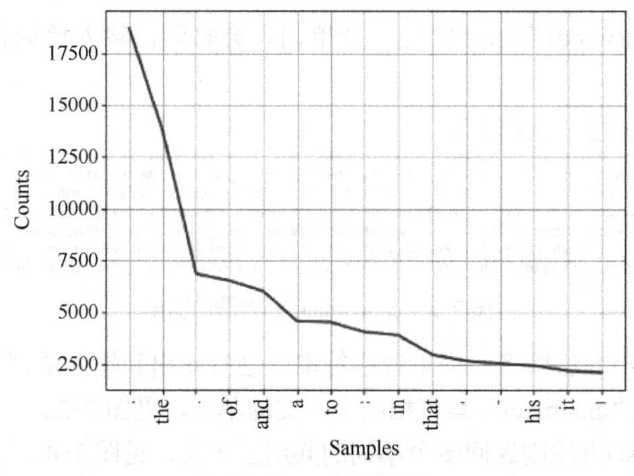

图 7-7　绘图效果

除了图形方式，还可以用表格方式呈现高频词，使用 tabulate()方法，见图 7-8。

```
In[16]: fd1.tabulate(15)
    ,   the     .    of   and     a    to     ;    in  that     '     -   his    it     I
18713 13721  6862  6536  6024  4569  4542  4072  3916  2982  2684  2552  2459  2209  2124
```

图 7-8　tabulate()方法的使用

NLTK 中也提供了分词（tokenize）和词性标注的方法，即使用 nltk.word_tokenize()方法和 nltk.pos_tag()方法，见图 7-9。

```
In[17]: words = nltk.word_tokenize('There is something different with this girl.')
In[18]: words
Out[18]: ['There', 'is', 'something', 'different', 'with', 'this', 'girl', '.']
In[19]: tags = nltk.pos_tag(words)
In[20]: tags
Out[20]:
[('There', 'EX'),
 ('is', 'VBZ'),
 ('something', 'NN'),
 ('different', 'JJ'),
 ('with', 'IN'),
 ('this', 'DT'),
 ('girl', 'NN'),
 ('.', '.')]
```

图 7-9　词性标注结果

词性标注一般需要先借助语料库进行训练，除了西方文字，还可以使用中文语料库实现对中文句子的词性标注。

以上就是 NLTK 中一些最基础的方法，另外需要提到的是，除了下载到本地的 Python 类库之外，还有必要提到一些基于并行计算系统和分布式爬虫构建的中文语义开放平台，其中的基本功能是免费使用的，用户可以通过 API 实现搜索、推荐、舆情、挖掘等语义分析应用，国内比较知名的平台比如哈工大语言云、腾讯文智（见图 7-10）等。

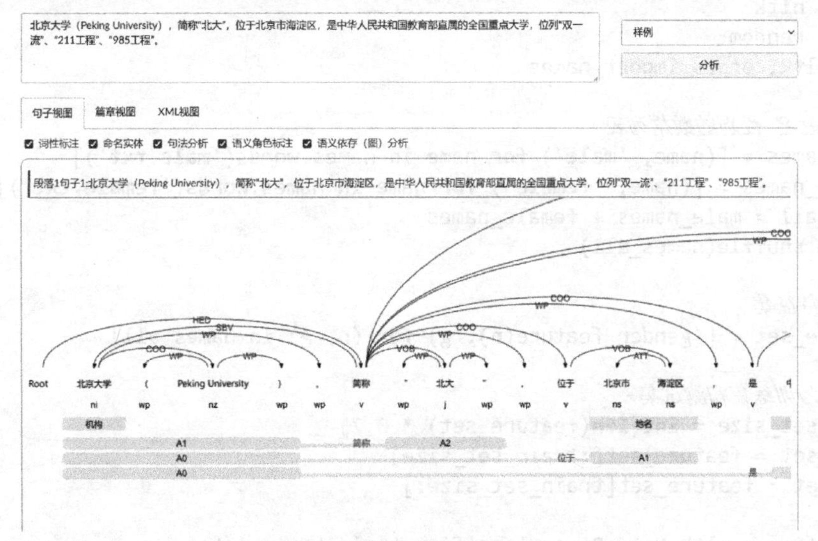

图 7-10　在线文本分析 API

7.1.4　文本分类与聚类

分类和聚类是数据挖掘领域非常重要的概念，在文本数据分析的过程中，分类和聚类也有举足轻重的意义。文本分类可以预测判断文本的类别，广泛用于垃圾邮件的过滤、网页分类、推荐系统等，而文本聚类主要用于用户兴趣识别、文档自动归类等。

分类和聚类最核心的区别在于训练样本是否有类别标注。分类模型的构建基于有类别标注的训练样本，属于有监督学习，即每个训练样本的数据对象已经有对应的类（标签）。通过分类学习，用户可以构建出一个分类函数或分类模型，也就是常说的分类器，分类器会把数据项映射到已知的某一个类别中。数据挖掘中的分类方法一般都适用于文本分类，这方面常用的方法有：决策树、神经网络、朴素贝叶斯、支持向量机（SVM）等。

与分类不同，聚类是一种无监督学习。换句话说，聚类任务预先并不知道类别（标签），所以会根据信息相似度的衡量来进行信息处理。聚类的基本思想是使得属于同类别的项之间的“差距”尽可能小，同时使得不同类别上的项的“差距”尽可能大。常见的聚类算法包括：K-均值算法、K-中心点聚类算法、DBSCAN 等。如果需要通过 Python 实现文本聚类和分类的任务，推荐使用 scikit-learn 库，这是一个非常强大的库，提供了包括朴素贝叶斯、KNN、决策树、K-均值等在内的各种工具。

这里可以使用 NLTK 做一个简单的分类任务，由于 NLTK 中内置了一些统计学习函数，所以操作并不复杂。比如，借助内置的 names 语料库，可以通过朴素贝叶斯分类来判断一个输入的名字是男名还是女名，见例 7-1。

【例 7-1】 NLTK 使用朴素贝叶斯分类判断姓名对应的性别。

```
def gender_feature(name):
   return {'first_letter': name[0],
'last_letter': name[-1],
'mid_letter': name[len(name) // 2]}
# 提取姓名中的首字母、中位字母、末尾字母为特征

import nltk
import random
from nltk.corpus import names

# 获取姓名-性别的数据列表
male_names = [(name, 'male') for name in names.words('male.txt')]
female_names = [(name, 'female') for name in names.words('female.txt')]
names_all = male_names + female_names
random.shuffle(names_all)

# 生成特征集
feature_set = [(gender_feature(n), g) for (n, g) in names_all]

# 拆分为训练集和测试集
train_set_size = int(len(feature_set) * 0.7)
train_set = feature_set[:train_set_size]
test_set = feature_set[train_set_size:]

classifier = nltk.NaiveBayesClassifier.train(train_set)
for name in ['Ann', 'Sherlock', 'Cecilia']:
print('{}:\t{}'.format(name,classifier.classify(gender_feature(name))))
```

这里使用“Ann”（女名）、“Sherlock”（男名）、“Cecilia”（女名）为输入，输出为：

```
Ann:        female
Sherlock:   male
Cecilia:    female
```

最后，classifier.show_most_informative_features()方法可以查看影响最大的一些特征值，部分输出如下：

```
Most Informative Features
            mid_letter = 'w'              male : female  =      5.8 : 1.0
          first_letter = 'W'              male : female  =      4.7 : 1.0
          first_letter = 'U'              male : female  =      3.3 : 1.0
            mid_letter = 'f'              male : female  =      2.9 : 1.0
```

可见，通过简单的训练，已经获得了相对满意的预测结果。

最后要说明的是，NLTK 在文本分析和自然语言处理方面拥有很丰富的沉淀，语料也支持用户定义和编辑，如上所述，NLTK 在配合一些统计学习方法（这里可以笼统地称为“机器学习”）处理文本时能获得非常好的效果，上面的姓名-性别分类就是一个小例子。统计学习方法这部分涉及的数学知识和 Python 工具较为复杂，已经超出了本书的讨论范围，在此就不再赘述了。NLTK 还有很多其他功能，包括分块、实体识别等，都可以帮助人们获得更多更丰富的文本挖掘结果。

7.2　数据处理与科学计算

7.2.1　从 MATLAB 到 Python

MATLAB 的官方说法是，“MATLAB 是一种用于算法开发、数据分析、数据可视化以及数值计算的高级技术计算语言和交互式环境”（官网介绍见图 7-11）。MATLAB 凭借着在科学计算与数据分析领域强大的表现，被学术界和工业界接纳为主流的技术。不过，MATLAB 也有一些劣势，首先是价格，与 Python 这种下载即用的语言不同，MATLAB 软件的正版价格不菲，这一点导致其受众并不十分广泛。其次，MATLAB 的可移植性与可扩展性都不强，比起在这方面得天独厚的 Python，可以说是没有任何长处。随着 Python 语言的发展，由于其简洁和易于编码的特性，使用 Python 进行科研和数据分析的人越来越多。另外，

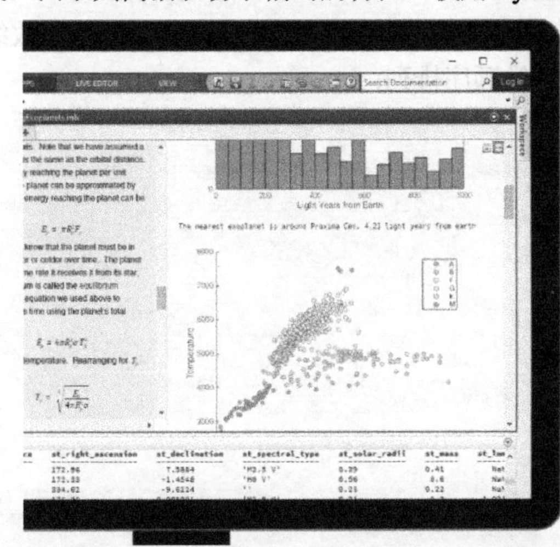

图 7-11　MATLAB 官网中的介绍

由于 Python 活跃的开发者社区和日新月异的第三方扩展库市场，Python 在这一领域也逐渐与 MATLAB 并驾齐驱，成为中流砥柱。Python 中用于数据处理与科学计算方面的著名工具包括：

- NumPy：这个库提供了很多关于数值计算的工具，比如矢量与矩阵处理，以及精密的计算。
- SciPy：科学计算函数库，包括线性代数模块、统计学常用函数、信号和图像处理等。
- Pandas：可以视为 NumPy 的扩展包，在 NumPy 的基础上提供了一些标准的数据模型（比如二维数组）和实用的函数（方法）。
- Matplotlib：有可能是 Python 中最负盛名的绘图工具，模仿 MATLAB 的绘图包。

作为一门通用的程序语言，Python 比 MATLAB 的应用范围更广泛，有更多程序库（尤其是一些十分实用的第三方库）的支持。下面以 Python 中常用的科学计算与数值分析库为例，简单介绍 Python 在这个方面的一些应用方法。篇幅所限，将注意力主要放在 NumPy、Pandas 和 Matplotlib 三个最为基础的工具上。

7.2.2 NumPy

NumPy 这个名字一般认为是“Numeric Python”的缩写，使用它的方法和使用其他库一样：import numpy。还可以在 import 扩展模块时给它起一个“外号”，就像这样：

```
import numpy as np
```

NumPy 中的基本操作对象是 ndarray，与原生 Python 中的 list（列表）和 array（数组）不同，ndarray 的名字就暗示了这是一个“多维”的对象。首先可以创建一个这样的 ndarray:

```
raw_list = [I for i in range(10)]
a = numpy.array(raw_list)
pr(a)
```

输出为：array([0, 1, 2, 3, 4, 5, 6, 7, 8, 9])，这只是一个一维的数组。

还可以使用 arange()方法做等效的构建过程（提醒一下，Python 中的计数是从 0 开始的），之后，通过函数 reshape()，可以重新构造这个数组，例如，可以构造一个三维数组，其中 reshape 的参数表示各维度的大小，且按各维顺序排列：

```
from pprint import pprint as pr
a = numpy.arange(20) # 构造一个数组
pr(a)
a = a.reshape(2,2,5)
pr(a)
pr(a.ndim)
pr(a.size)
pr(a.shape)
pr(a.dtype)
```

输出为：

```
array([ 0,  1,  2,  3,  4,  5,  6,  7,  8,  9, 10, 11, 12, 13, 14, 15, 16, 17, 18, 19])
array([[[ 0,  1,  2,  3,  4],
        [ 5,  6,  7,  8,  9]],
       [[10, 11, 12, 13, 14],
```

```
       [15, 16, 17, 18, 19]]]])
3
20
(2, 2, 5)
Dtype('int32')
```

上面通过 reshape()方法将原来的数组构造为了 2×2×5 的数组（三个维度），之后还可进一步查看 a（ndarray 对象）的相关属性：ndim 属性表示数组的维度；shape 属性则为各维度的大小；size 属性表示数组中全部的元素个数（等于各维度大小的乘积）；dtype 属性可查看数组中元素的数据类型。

数组创建的方法比较多样，可以直接以列表（list）对象为参数创建，还可以通过特殊的方式，numpy.random.rand()就会创建一个 0-1 区间内的随机数组：

```
a = numpy.random.rand(2,4)
pr(a)
```

输出为：array([[0.61546266, 0.51861284, 0.04923905, 0.84436196], [0.98089299, 0.21496841, 0.23208293, 0.81651831]])

ndarray 也支持四则运算：

```
a = numpy.array([[1, 2], [2, 4]])
b = numpy.array([[3.2, 1.5], [2.5, 4]])
pr(a+b)
pr((a+b).dtype)
pr(a-b)
pr(a*b)
pr(10*a)
```

上面代码演示了对 ndarray 对象进行基本的数学运算，其输出为：

```
array([[ 4.2,  3.5],
       [ 4.5,  8. ]])
Dtype('float64')
array([[-2.2,  0.5],
       [-0.5,  0. ]])
array([[  3.2,   3. ],
       [  5. ,  16. ]])
array([[10, 20],
       [20, 40]])
```

在两个 ndarray 做运算时要求维度满足一定条件（比如加减时维度相同），另外，a+b 的结果作为一个新的 ndarray，其数据类型已经变为 float64，这是因为 b 数组的类型为浮点，在执行加法时自动转换为了浮点类型。

另外，ndarray 还提供了十分方便的求和、最大/最小值方法：

```
ar1 = numpy.arange(20).reshape(5,4)
pr(ar1)
pr(ar1.sum())
pr(ar1.sum(axis=0))
pr(ar1.min(axis=0))
pr(ar1.max(axis=1))
```

axis=0 表示按行，axis=1 表示按列。输出结果为：

```
array([[ 0,  1,  2,  3],
       [ 4,  5,  6,  7],
       [ 8,  9, 10, 11],
       [12, 13, 14, 15],
       [16, 17, 18, 19]])
190
array([40, 45, 50, 55])
array([0, 1, 2, 3])
array([ 3,  7, 11, 15, 19])
```

众所周知，在科学计算中常常用到矩阵的概念，NumPy 中也提供了基础的矩阵对象（numpy.matrixlib.defmatrix.matrix）。矩阵和数组的不同之处在于，矩阵一般是二维的，而数组却可以是任意维度（正整数），另外，矩阵进行的乘法是真正的矩阵乘法（数学意义上的），而在数组中的“*”则只是每一对应元素的数值相乘。

创建矩阵对象也非常简单，可以通过 asmatrix 把 ndarray 转换为矩阵。

```
ar1 = numpy.arange(20).reshape(5,4)
pr(numpy.asmatrix(ar1))
mt = numpy.matrix('1 2; 3 4',dtype=float)
pr(mt)
pr(type(mt))
```

输出为：

```
matrix([[ 0,  1,  2,  3],
        [ 4,  5,  6,  7],
        [ 8,  9, 10, 11],
        [12, 13, 14, 15],
        [16, 17, 18, 19]])
matrix([[ 1.,  2.],
        [ 3.,  4.]])
<class'numpy.matrixlib.defmatrix.matrix'>
```

对两个符合要求的矩阵可以进行乘法运算：

```
mt1 = numpy.arange(0,10).reshape(2,5)
mt1 = numpy.asmatrix(mt1)
mt2 = numpy.arange(10,30).reshape(5,4)
mt2 = numpy.asmatrix(mt2)
mt3 = mt1 * mt2
pr(mt3)
```

输出为：

```
matrix([[220, 230, 240, 250],
        [670, 705, 740, 775]])
```

访问矩阵中的元素仍然使用类似于列表索引的方式：

```
pr(mt3[[1],[1,3]])
```

输出为：matrix([[705, 775]])

对于二维数组以及矩阵，还可以进行一些更为特殊的操作，具体包括转置、求逆、求特征向量等，示例代码如下：

```
import numpy.linalg as lg
a = numpy.random.rand(2,4)
pr(a)
a = numpy.transpose(a) # 转置数组
pr(a)
b = numpy.arange(0,10).reshape(2,5)
b = numpy.mat(b)
pr(b)
pr(b.T) # 转置矩阵
```

上面代码的输出为：

```
array([[0.70783322, 0.4725858 , 0.9228725 , 0.27243749],
       [0.58434864, 0.07971169, 0.07732084, 0.00310289]])
array([[0.70783322, 0.58434864],
       [0.4725858 , 0.07971169],
       [0.9228725 , 0.07732084],
       [0.27243749, 0.00310289]])
matrix([[0, 1, 2, 3, 4],
        [5, 6, 7, 8, 9]])
matrix([[0, 5],
        [1, 6],
        [2, 7],
        [3, 8],
        [4, 9]])
import numpy.linalg as lg

a = numpy.arange(0,4).reshape(2,2)
a = numpy.mat(a) # 将数组构造为矩阵（方阵）
pr(a)
ia = lg.inv(a) # 求逆矩阵
pr(ia)
pr(a*ia) # 验证ia是否为a的逆矩阵，相乘结果应该为单位矩阵
eig_value, eig_vector = lg.eig(a) # 求特征值与特征向量
pr(eig_value)
pr(eig_vector)
```

上面代码的输出为：

```
matrix([[0, 1],
        [2, 3]])
matrix([[-1.5,  0.5],
        [ 1. ,  0. ]])
matrix([[ 1.,  0.],
        [ 0.,  1.]])
array([-0.56155281,  3.56155281])
matrix([[-0.87192821, -0.27032301],
        [ 0.48963374, -0.96276969]])
```

另外，可以对二维数组进行拼接操作，包括横纵两种拼接方式：

```
import numpy as np

a = np.random.rand(2,2)
b = np.random.rand(2,2)
pr(a)
pr(b)
c = np.hstack([a,b])
d = np.vstack([a,b])
pr(c)
pr(d)
```

输出为：

```
array([[ 0.39433009,  0.61635481],
       [ 0.90390343,  0.58251318]])
array([[ 0.48100629,  0.89721558],
       [ 0.07523263,  0.33338738]])
array([[ 0.39433009,  0.61635481,  0.48100629,  0.89721558],
       [ 0.90390343,  0.58251318,  0.07523263,  0.33338738]])
array([[ 0.39433009,  0.61635481],
       [ 0.90390343,  0.58251318],
       [ 0.48100629,  0.89721558],
       [ 0.07523263,  0.33338738]])
```

最后，可以使用 boolean mask（布尔屏蔽）来筛选需要的数组元素并绘图：

```
import matplotlib.pyplot as plt
a = np.linspace(0, 2 * np.pi, 100)
b = np.cos(a)
plt.plot(a,b)
mask = b >= 0.5
plt.plot(a[mask], b[mask],'r')
mask = b <= - 0.5
plt.plot(a[mask], b[mask],'b')
plt.show()
```

最终的绘图效果见图 7-12。

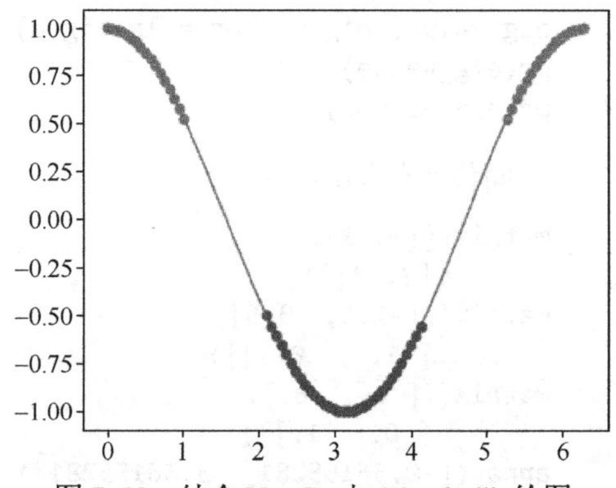

图 7-12　结合 NumPy 与 Matplotlib 绘图

7.2.3 Pandas

Pandas 一般被认为是基于 NumPy 而设计的，由于其丰富的数据对象和强大的函数方法，Pandas 成为数据分析与 Python 结合的最好范例之一。Pandas 中主要的高级数据结构 Series 和 DataFrame，帮助用户使用 Python 更为方便简单地处理数据，其受众也越发广泛。

由于用户一般需要配合 NumPy 使用，因此可以这样导入两个模块：

```
import pandas
import numpy as np
from pandas import Series, DataFrame
```

Series 可以看作是一般的数组（一维数组），不过， Series 这个数据类型具有索引（index），这是与普通数组十分不同的一点：

```
s = Series([1,2,3,np.nan,5,1]) # 从list创建
print(s)

a = np.random.randn(10)
s = Series(a, name='Series 1') # 指明Series的name
print(s)

d = {'a': 1, 'b': 2, 'c': 3}
s = Series(d,name='Series from dict') # 从dict创建
print(s)

s = Series(1.5, index=[]) # 指明index
print(s)
```

需要注意的是，如果在使用字典创建 Series 时指定 index，那么 index 的长度要和数据（数组）的长度相等。如果不相等，则会被 NaN 填补，类似这样：

```
d = {'a': 1, 'b': 2, 'c': 3}
s = Series(d,name='Series from dict',index=['a','c','d','b']) # 从dict创建
print(s)
```

输出为：

```
a    1.0
c    3.0
d    NaN
b    2.0
name: Series from dict, dtype: float64
```

注意这里索引的顺序是和创建时索引的顺序一致的，“d”索引是“多余的”，因此被分配了 NaN（Not a Number，表示数据缺失）值。

当创建 Series 时的数据只是一个恒定的数值时，会为所有索引分配该值，因此，s= Series(1.5, index=['a','b','c','d','e','f','g'])会创建一个所有索引都对应 1.5 的 Series。另外，如果需要查看 index 或者 name，可以使用 Series.index 或 Series.name 来访问。

访问 Series 的数据仍然是使用类似列表的下标方法，或者是直接通过索引名访问，不同的访问方式包括：

```
s = Series(1.5, index=['a','b','c','d','e','f','g']) # 指明index
print(s[1:3])
print(s['a':'e'])
print(s[[1,0,6]])
print(s[['g','b']])
print(s[s <1])
```

输出为：

```
b    1.5
c    1.5
dtype: float64
a    1.5
```

```
b    1.5
c    1.5
d    1.5
e    1.5
dtype: float64
b    1.5
a    1.5
g    1.5
dtype: float64
g    1.5
b    1.5
dtype: float64
Series([], dtype: float64)
```

想要单纯访问数据值的话，可以使用 values 属性：

```
print(s['a':'e'].values)
```

输出为：[1.5 1.5 1.5 1.5 1.5]

除了 Series，Pandas 中的另一个基础的数据结构就是 DataFrame，粗略地说，DataFrame 是将一个或多个 Series 按列逻辑合并后的二维结构，也就是说，每一列单独取出来是一个 Series，DataFrame 这种结构听起来很像是 MySQL 数据库中的表（table）结构。我们仍然可以通过字典（dict）来创建一个 DataFrame，比如通过一个值是列表的字典创建：

```
d = {'c_one': [1., 2., 3., 4.], 'c_two': [4., 3., 2., 1.]}
df = DataFrame(d, index=['index1', 'index2', 'index3', 'index4'])
print(df)
```

输出为：

```
        c_one  c_two
index1  1.0    4.0
index2  2.0    3.0
index3  3.0    2.0
index4  4.0    1.0
```

但其实，从 DataFrame 的定义出发，应该从 Series 结构来创建。DataFrame 有一些基本的属性可供用户访问：

```
d = {'one': Series([1., 2., 3.], index=['a', 'b', 'c']),
'two': Series([1, 2, 3, 4], index=['a', 'b', 'c', 'd'])}
df = DataFrame(d)
print(df)
print(df.index)
print(df.columns)
print(df.values)
```

输出为：

```
   one  two
a  1.0    1
b  2.0    2
c  3.0    3
d  NaN    4
index(['a', 'b', 'c', 'd'], dtype='object')
```

```
index(['one', 'two'], dtype='object')
[[  1.   1.]
 [  2.   2.]
 [  3.   3.]
 [ NaN   4.]]
```

由于“one”这一列对应的 Series 数据个数少于“two”这一列，因此其中有一个 NaN 值，表示数据空缺。

创建 DataFrame 的方式多种多样，还可以通过二维的 ndarray 来直接创建：

```
d = DataFrame(np.arange(10).reshape(2,5),columns=['c1','c2','c3','c4','c5'],index=
['i1','i2'])
print(d)
```

输出为：

```
    c1  c2  c3  c4  c5
i1   0   1   2   3   4
i2   5   6   7   8   9
```

还可以将各种方式结合起来。利用 describe()方法可以获得 DataFrame 的一些基本特征信息：

```
df2 = DataFrame({ 'A' : 1., 'B': pandas.Timestamp('20120110'), 'C': Series(3.14,
index=list(range(4))), 'D' : np.array([4] * 4, dtype='int64'), 'E' : 'This is E' })
print(df2)
print(df2.describe())
```

输出为：

```
    A          B     C  D          E
0  1.0 2012-01-10  3.14  4  This is E
1  1.0 2012-01-10  3.14  4  This is E
2  1.0 2012-01-10  3.14  4  This is E
3  1.0 2012-01-10  3.14  4  This is E
         A     C    D
count  4.0  4.00  4.0
mean   1.0  3.14  4.0
std    0.0  0.00  0.0
min    1.0  3.14  4.0
25%    1.0  3.14  4.0
50%    1.0  3.14  4.0
75%    1.0  3.14  4.0
max    1.0  3.14  4.0
```

DataFrame 中包括了两种形式的排序。第一种是按行列排序，即按照索引（行名）或者列名进行排序，指定 axis=0 表示按索引（行名）排序，axis=1 表示按列名排序，并可指定升序或降序。第二种是按值排序，同样，也可以自由指定列名和排序方式：

```
d = {'c_one': [1., 2., 3., 4.], 'c_two': [4., 3., 2., 1.]}
df = DataFrame(d, index=['index1', 'index2', 'index3', 'index4'])
print(df)
print(df.sort_index(axis=0,ascending=False))
print(df.sort_values(by='c_two'))
```

```
    print(df.sort_values(by='c_one'))
```

在 DataFrame 中访问（以及修改）数据的方法也非常多样化，最基本的方法是使用类似列表索引的方式：

```
    dates = pd.date_range('20140101', periods=6)
    df = pd.DataFrame(np.arange(24).reshape((6,4)),index=dates, columns=['A','B','C',
'D'])
    print(df)
    print(df['A']) # 访问"A"这一列
    print(df.A) # 同上，另外一种方式
    print(df[0:3]) # 访问前三行
    print(df[['A','B','C']]) # 访问前三列
    print(df['A']['2014-01-02']) # 按列名行名访问元素
```

除此之外，还有很多更复杂的访问方法，主要见下：

```
    print(df.loc['2014-01-03']) # 按照行名访问
    print(df.loc[:,['A','C']]) # 访问所有行中的A、C 两列
    print(df.loc['2014-01-03',['A','D']]) # 访问'2014-01-03'行中的A 和D 列
    print(df.iloc[0,0]) # 按照下标访问，访问第1 行第1 列元素
    print(df.iloc[[1,3],1]) # 按照下标访问，访问第2、4 行的第2 列元素
    print(df.ix[1:3,['B','C']]) # 混合索引名和下标两种访问方式，访问第 2 行到第 3 行的 B、C
两列
    print(df.ix[[0,1],[0,1]]) # 访问前两行前两列的元素（共4 个）
    print(df[df.B>5]) # 访问所有B 列数值大于5 的数据
```

对于 DataFrame 中的 NaN 值，Pandas 也提供了实用的处理方法，为了演示 NaN 的处理，首先为目前的 DataFrame 添加 NaN 值：

```
    df['E'] = pd.Series(np.arange(1,7),index=pd.date_range('20140101',periods=6))
    df['F'] = pd.Series(np.arange(1,5),index=pd.date_range('20140102',periods=4))
    print(df)
```

这时输出的 df 是：

```
                A   B   C   D  E   F
    2014-01-01  0   1   2   3  1  NaN
    2014-01-02  4   5   6   7  2  1.0
    2014-01-03  8   9  10  11  3  2.0
    2014-01-04 12  13  14  15  4  3.0
    2014-01-05 16  17  18  19  5  4.0
    2014-01-06 20  21  22  23  6  NaN
```

下面可以通过 dropna（丢弃 NaN 值，可以选择按行或按列丢弃）和 fillna 来处理（填充 NaN 部分）：

```
    print(df.dropna())
    print(df.dropna(axis=1))
    print(df.fillna(value='Not NaN'))
```

对于两个 DataFrame 进行拼接（或者说合并），可以为拼接指定一些参数：

```
    df1 = pd.DataFrame(np.ones((4,5))*0, columns=['a','b','c','d','e'])
    df2 = pd.DataFrame(np.ones((4,5))*1, columns=['A','B','C','D','E'])
    pd3 = pd.concat([df1,df2],axis=0) # 按行拼接
    print(pd3)
```

```
pd4 = pd.concat([df1,df2],axis=1) # 按列拼接
print(pd4)
pd3 = pd.concat([df1,df2],axis=0,ignore_index=True) # 拼接时丢弃原来的index
print(pd3)
pd_join = pd.concat([df1,df2],axis=0,join='outer') # 类似SQL中的外连接
print(pd_join)
pd_join = pd.concat([df1,df2],axis=0,join='inner') # 类似SQL中的内连接
print(pd_join)
```

对于“拼接”，其实还有另一种方法“append”，不过 append 和 concat 之间有一些小差异，有兴趣的读者可以做进一步的了解，这里就不再赘述。最后，使用 Pandas 自带的绘图功能（这里导入 Matplotlib 只是为了使用 show 方法显示图表）：

```
from matplotlib import pyplot as plt

df = DataFrame(abs(np.random.randn(4,5)),
columns=['Students','Doctors','Teachers','Drivers','Trader'],
index = ['Beijing','Shanghai','Hangzhou','Shenzhen'])
df.plot(kind='bar')
plt.show()
```

绘图结果可见图 7-13。

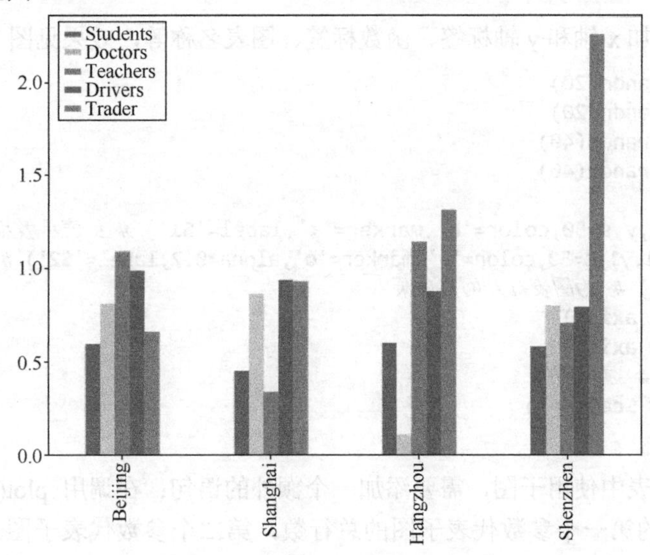

图 7-13　绘制 DataFrame 柱状图

7.2.4 Matplotlib

matplotlib.pyplot 是 Matplotlib 中最常用的模块，几乎就是一个从 MATLAB 的风格“迁移”过来的 Python 工具包。每个绘图函数对应某种功能，比如创建图形、创建绘图区域、设置绘图标签等。

```
from matplotlib import pyplot as plt
import numpy as np

x = np.linspace(-np.pi, np.pi)
```

```
plt.plot(x,np.cos(x), color='red')
plt.show()
```

上面是一段最基本的绘图代码，可以用 plot()方法进行绘图工作，还需要使用 show()方法将图表显示出来，最终的绘制结果见图 7-14。

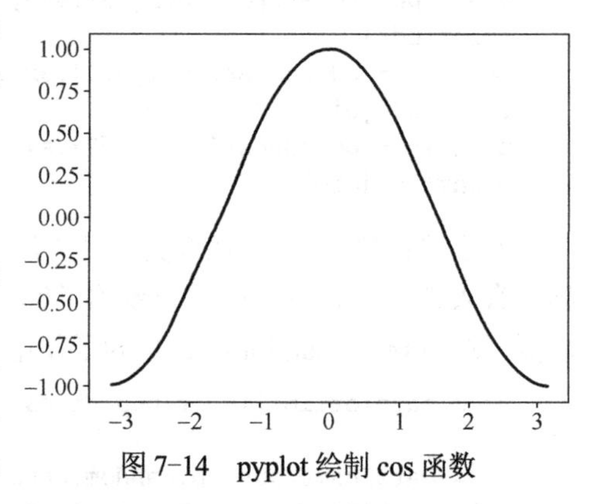

图 7-14　pyplot 绘制 cos 函数

在绘图时可以通过一些参数设置图表的样式，比如颜色可以使用英文字母（表示对应颜色）、RGB 数值、十六进制颜色等方式来设置，线条样式可设置为“:”（表示点状线）、“-”（表示实线）等，点样式还可设置为“.”（表示圆点）、“s”（方形）、“o”（圆形）等。可以通过前三种默认提供的样式直接进行组合设置，这里使用一个参数字符串，第一个字母为颜色，第二个符号为线条样式，最后是点样式：

```
x = np.linspace(0, 2*np.pi, 50)
plt.plot(x, np.sin(x),'c:',
        x, np.sin(x-np.pi/2),'b-.')
plt.show()
```

另外，可以添加 x 轴和 y 轴标签、函数标签、图表名称等，效果见图 7-15。

```
x=np.random.randn(20)
y=np.random.randn(20)
x1=np.random.randn(40)
y1=np.random.randn(40)
# 绘制散点图
plt.scatter(x,y,s=50,color='b',marker='<',label='S1') # s 表示散点尺寸
plt.scatter(x1,y1,s=50,color='y',marker='o',alpha=0.2,label='S2') # alpha 表示透明度
plt.grid(True) # 为图表打开网格效果
plt.xlabel('x axis')
plt.ylabel('y axis')
plt.legend() # 显示图例
plt.title('My Scatter')
plt.show()
```

为了在一张图表中使用子图，需要添加一个额外的语句：在调用 plot() 函数之前先调用 subplot()。该函数的第一个参数代表子图的总行数，第二个参数代表子图的总列数，第三个参数代表子图的活跃区域。绘图效果见图 7-16。

```
x = np.linspace(0, 2 * np.pi, 50)
plt.subplot(2, 2, 1)
plt.plot(x, np.sin(x), 'b',label='sin(x)')
plt.legend()
plt.subplot(2, 2, 2)
plt.plot(x, np.cos(x), 'r',label='cos(x)')
plt.legend()
plt.subplot(2, 2, 3)
plt.plot(x, np.exp(x), 'k',label ='exp(x)')
plt.legend()
plt.subplot(2, 2, 4)
plt.plot(x, np.arctan(x), 'y',label='arctan(x)')
```

```
plt.legend()
plt.show()
```

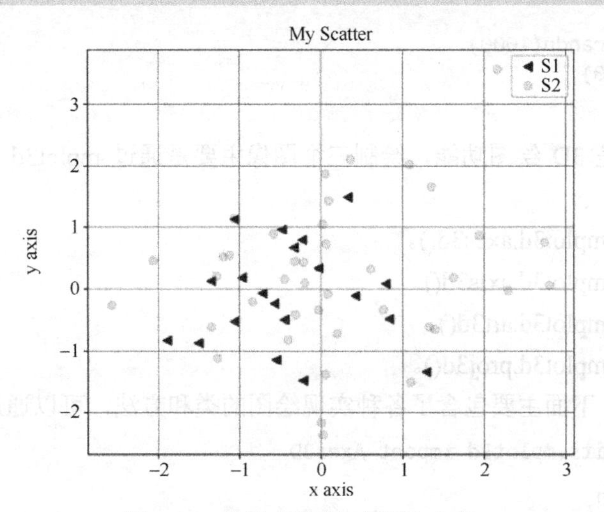

图 7-15　为散点图添加标签与名称

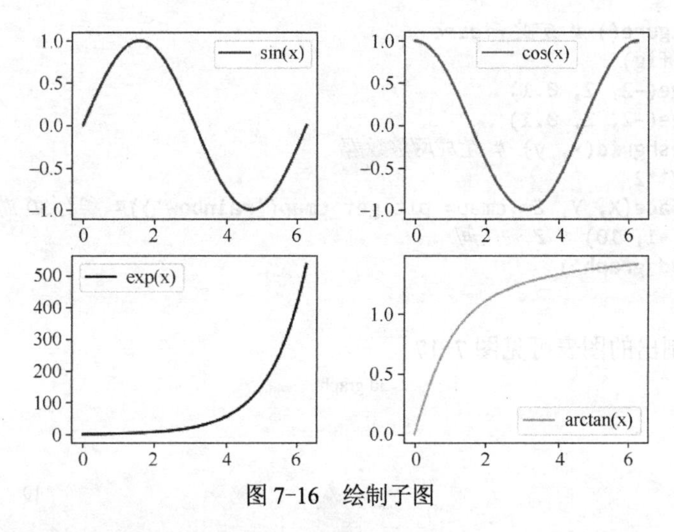

图 7-16　绘制子图

另外几种常用的图表绘图方式如下：

```
# 条形图
x=np.arange(12)
y=np.random.rand(12)
labels=['Jan','Feb','Mar','Apr','May','Jun','Jul','Aug','Sep','Oct','Nov','Dec']
plt.bar(x,y,color='blue',tick_label=labels) # 条形图（柱状图）
# plt.barh(x,y,color='blue',tick_label=labels) # 横条
plt.title('bar graph')
plt.show()

# 饼图
size=[20,20,20,40] # 各部分占比
plt.axes(aspect=1)
explode=[0.02,0.02,0.02,0.05] # 突出显示
plt.pie(size,labels=['A','B','C','D'],autopct='%.0f%%',explode=explode,shadow=True)
```

```
plt.show()

# 直方图
x = np.random.randn(1000)
plt.hist(x, 200)
plt.show()
```

最后要提到的是 3D 绘图功能，绘制三维图像主要是通过 mplot3d 模块实现，它主要包含 4 个大类：

- mpl_toolkits.mplot3d.axes3d()。
- mpl_toolkits.mplot3d.axis3d()。
- mpl_toolkits.mplot3d.art3d()。
- mpl_toolkits.mplot3d.proj3d()。

其中，axes3d() 下面主要包含了各种实现绘图的类和方法，可以通过下面的语句导入：

```
from mpl_toolkits.mplot3d import Axes3D
```

导入后开始作图：

```
from mpl_toolkits.mplot3d import Axes3D

fig = plt.figure() # 定义figure
ax = Axes3D(fig)
x = np.arange(-2, 2, 0.1)
y = np.arange(-2, 2, 0.1)
X, Y = np.meshgrid(x, y) # 生成网格数据
Z = X**2 + Y**2
ax.plot_surface(X, Y, Z ,cmap= plt.get_cmap('rainbow'))# 绘制3D 曲面
ax.set_zlim(-1, 10) # Z 轴区间
plt.title('3d graph')
plt.show()
```

运行代码绘制出的图表可见图 7-17。

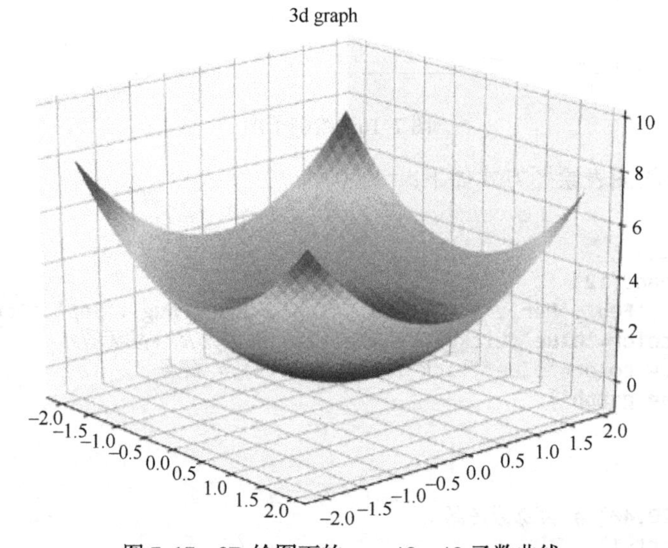

图 7-17 3D 绘图下的 z = x^2+y^2 函数曲线

Matplotlib 中还有很多实用的工具和细节用法（如等高线图、图形填充、图形标记等），用户在有需求的时候查询用法和 API 即可。掌握上面的内容即可绘制一些基础的图表，便于用户进一步数据分析或者做数据可视化应用。如果需要更多图表样例，可以参考官方的这个页面：https://matplotlib.org/gallery.html，其中提供了十分丰富的图表示例。

7.2.5　SciPy 与 SymPy

SciPy 也是基于 NumPy 的库，它包含众多的数学、科学工程计算中常用的函数。例如线性代数、常微分方程数值求解、信号处理、图像处理、稀疏矩阵等。SymPy 是数学符号计算库，可以进行数学公式的符号推导。比如求定积分：

```
from sympy import integrate
from sympy.abc import  a,x,y
a = integrate(x,
(x,0,2.0)
)
print(a) # 输出为2.0
```

SciPy 和 SymPy 在信号处理、概率统计等方面还有其他更复杂的应用，超出了本书主题的范围，在此就不做讨论了。

7.3　本章小结

Python 在数据挖掘和科学计算等领域发展十分迅猛，除了本章关注的文本分析和数据统计等领域，还可以对抓取到的多媒体数据进行处理（比如使用 Python 中的图像处理包进行一些基本的处理），另外，Python 与机器学习的紧密结合使得在大量数据集上进行高准确度、高智能化的分析成为可能。在下一章中将回到抓取本身，讨论更多的抓取思路和方式。

7.4　实践：中国每年大学招生人数变化的可视化

7.4.1　需求说明

读取并实现中国大学的每年招生人数的可视化显示。

7.4.2　实现思路及步骤

（1）在网络上寻找中国每年大学招生人数，下载或制作对应的 CSV 格式或 JSON 格式的数据。

（2）读取数据，并从数据中筛选出中国每年大学的招生人数数据。

（3）使用 Matplotlib 库绘制对应的柱状图。

7.5　习题

一、选择题

（1）关于 import 引用，以下选项中描述错误的是（　　）。

A. 使用 import turtle 引入 turtle 库
B. 可以使用 from turtle import setup 引入 turtle 库
C. 使用 import turtle as t 引入 turtle 库，取别名为 t
D. import 保留字用于导入模块或者模块中的对象

（2）NumPy 中计算元素个数的方法是（　　）。

A. np.sqrt()　　B. np.size()　　C. np.length()　　D. np.identity()

二、判断题

（1）df.tails()函数用来创建数据。（　　）

（2）一定条件下，ndarray 可以与 list 相互转换。（　　）

三、问答题

（1）对文本进行分词处理的目的是什么？

（2）对比 MATLAB，Python 在数据处理上有什么优势？

提　高　篇

第 8 章　爬虫的灵活性和多样性

有些时候，一个小小的爬虫程序的出发点可能并不是抓取某些网页上的信息，而是将本无法通过爬虫解决的需求转化为爬虫问题。爬虫程序本身就是十分灵活的，只要结合合适的应用场景和开发工具，就能获得意想不到的效果。本章将思路打开，从各个角度讨论爬虫程序的更多可能性，了解新的网页数据定位工具，并介绍在线爬虫平台和爬虫部署等方面的内容。

学习目标

1. 通过抓取微信数据的案例。
2. 了解爬虫的灵活性。
3. 了解 PyQuery 库的使用。
4. 了解在线爬虫应用平台的使用方法。

8.1　爬虫的灵活性——以微信数据抓取为例

8.1.1　用 Selenium 抓取 Web 微信信息

微信群聊功能是微信中十分常用的一个功能，但与 QQ 不同的是，微信群聊并没有显示群成员性别比例的选项，如果对所在群聊的成员性别分布感兴趣，就无法得到直观的（类似图 8-1）的信息。对于人数很少的群，可以自行统计，但如果群成员太多，那就很难方便地得到性别分布结果。这个问题也可以使用一种灵活的爬虫方法来解决：利用微信的网页端版本，用户可以通过 Selenium 操控浏览器，通过解析其中的群成员信息来进行成员性别的分析。

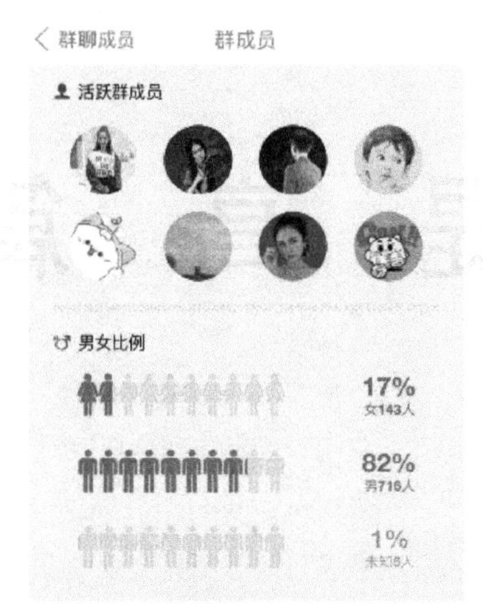

图 8-1　QQ 群查看成员性别比例

首先考虑整体思路，通过 Selenium 访问网页微信，可以在网页中打开群聊并查看其成员头像，通过头像旁的性别分类图标来完成对群成员性别的统计，最终通过统计出的数据来绘制性别比例图。

在 Selenium 访问到网页微信时，首先需要扫码登录，登录成功后还需调出想要统计的群聊子页面，这些操作都需要时间，因此在抓取正式开始之前，需要让程序等待一段时间，最简单的实现方法就是 time.sleep()。

通过 Chrome 工具分析网页，可以发现群成员头像的 XPath 路径都是类似于“//*[@id="mmpop_chatroom_members"]/div/div/div[1]/div[3]/img”这样的格式。通过 XPath 定位元素后，可以通过 click()方法模拟一次单击，之后再定位成员的性别图标，便能够获取性别信息，将这些数据保存在 dict 结构的变量中（由于网页版微信的更新，读者在分析网页时得到的 XPath 可能与上述并不一致，但整个爬取的框架与例 8-1 是一致的。对于变更了的网页，可以进行一些细节上的修改，即可完成新的程序）。最终，再通过已保存的 dict 数据作图，见例 8-1。

【例 8-1】 WechatSelenium.py，使用 Selenium 工具分析微信群成员的性别。

```
from selenium import Webdriver
import selenium.Webdriver, time, re
from selenium.common.exceptions import WebDriverException
import logging
import matplotlib.pyplot as pyplot
from collections import Counter

path_of_chromedriver= 'your path of chromedriver'
driver = Webdriver.Chrome(executable_path=path_of_chromedriver)
logging.getLogger().setLevel(logging.DEBUG)

if __name__ == '__main__':

  try:
driver.get('https://wx.qq.com')
    time.sleep(20)  # waiting for scanning QRcode and open the GroupChat page
```

```
    logging.debug('Starting traking the Webpage')
        group_elem= driver.find_element_by_xpath('//*[@id="chatArea"]/div[1]/div[2]/div/
span')
        group_elem.click()
        group_num = int(str(group_elem.text)[1:-1])
    # group_num = 64
    logging.debug('Group num is {}'.format(group_num))

        gender_dict= {'MALE': 0, 'FEMALE': 0, 'NULL': 0}
    for i in range(2, group_num + 2):
    logging.debug('Now the {}th one'.format(i-1))
          icon = driver.find_element_by_xpath('//*[@id="mmpop_chatroom_members"]/div/
div/div[1]/div[%s]/img' % i)
          icon.click()
          gender_raw = driver.find_element_by_xpath('//*[@id="mmpop_profile"]/div/div
[2]/div[1]/i').get_attribute('class')
    if 'women' in gender_raw:
    gender_dict['FEMALE'] += 1
    elif'men' in gender_raw:
    gender_dict['MALE'] += 1
    else:
    gender_dict['NULL'] += 1

    myicon= driver.find_element_by_xpath('/html/body/div[2]/div/div[1]/div[1]/div[1]/
img')
          logging.debug('Now click my icon')
    myicon.click()
          time.sleep(0.7)
          logging.debug('Now click group title')
          group_elem.click()
          time.sleep(0.3)

    print(gender_dict)
    print(gender_dict.items())
        counts = Counter(gender_dict)

    pyplot.pie([v for v in counts.values()],
    labels=[k for k in counts.keys()],
    pctdistance=1.1,
    labeldistance=1.2,
    autopct='%1.0f%%')
    pyplot.show()

    except WebDriverException as e:
    print(e.msg)
```

在上面的代码中需要解释的是 Matplotlib 的使用和 Counter 这个对象。pyplot 是 Matplotlib 的一个子模块，这个模块提供了和 MATLAB 类似的绘图 API，可以使得用户快捷地绘制 2D 图表。其中一些主要参数的意义是：

- labels，定义饼图的标签（文本列表）。
- labeldistance，文本的位置离原点有多远，比如 1.1 就是指 1.1 倍半径的位置。

- autopct，百分比文本的格式。
- shadow，饼是否有阴影。
- pctdistance，百分比的文本离圆心的距离。
- startangle，起始绘制的角度。默认是从 x 轴正方向逆时针绘制，一般会设定为 90°，即从 y 轴正方向绘制。
- radius，饼图半径。

Counter 可以用来跟踪值出现的次数，这是一个无序的容器类型，它以字典的键值对形式存储计数结果，其中元素作为 key，其计数（出现次数）作为 value（值），计数值可以是任意非负整数。Counter 的常用方法如下。

```
from collections import Counter

# 以下是几种初始化Counter 的方法
c = Counter() # 创建一个空的Counter 类
print(c)
c = Counter(
  ['Mike','Mike','Jack','Bob','Linda','Jack','Linda']
) # 从一个可迭代对象（list、tuple、字符串等）创建
print(c)
c = Counter({'a': 5, 'b': 3}) # 从一个字典对象创建
print(c)
c = Counter(A=5, B=3, C=10) # 从一组键值对创建
print(c)

# 获取一段文字中出现频率前10 的字符
s = 'I love you, I like you, I need you'.lower()
ct = Counter(s)
print(ct.most_common(3))

# 返回一个迭代器。元素被重复了多少次，在该迭代器中就包含多少个该元素
print(list(ct.elements()))

# 使用Counter 对文件计数
with open('tobecount', 'r') as f:
line_count = Counter(f)
print(line_count)
```

上面的代码的输出是：

```
Counter()
Counter({'Mike': 2, 'Jack': 2, 'Linda': 2, 'Bob': 1})
Counter({'a': 5, 'b': 3})
Counter({'C': 10, 'A': 5, 'B': 3})
[(' ', 8), ('i', 4), ('o', 4)]
['i', 'i', 'i', 'i', ' ', ' ', ' ', ' ', ' ', ' ', ' ', ' ', 'l', 'l', 'o', 'o', 
'o', 'o', 'v', 'e', 'e', 'e', 'e', 'y', 'y', 'y', 'u', 'u', 'u', ',', ',', 'k', 'n', 
'd']
Counter({'dog\n': 3, 'cat\n': 2, 'whale\n': 2, 'lion\n': 1, 'tiger\n': 1, 
'dolphin\n': 1, 'cat': 1})
```

📖 提示：collections 模块是 Python 的一个内置模块，其中包含了 dict、set、list、tuple 以外的一些特殊的容器类型，比如：

- OrderedDict 类：有序字典，是字典的子类。
- namedtuple()函数：命名元组，是一个工厂函数。
- Counter 类：计数器，是字典的子类。
- deque：双向队列。
- defaultdict：使用工厂函数创建字典，带有默认值。

运行这个 Selenium 抓取程序并扫码登录微信，打开希望统计分析的群聊页面，等待程序运行完毕后，就会看到图 8-2 这样的饼状图，显示了当前群聊的性别比例，实现了和 QQ 群类似的效果。

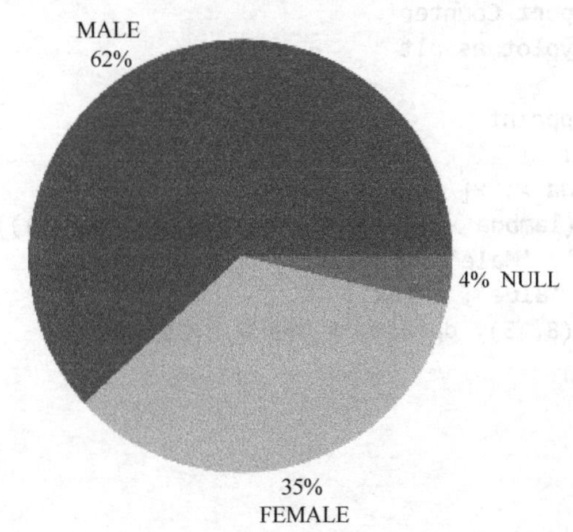

图 8-2　pyplot 绘制的微信群成员性别分布饼状图

8.1.2　基于 Python 的微信 API 工具

虽然上面的程序实现了想要的目的，但总体来看还很简陋，如果需要对微信中的其他数据进行分析，很可能又需要重构绝大部分代码。另外使用 Selenium 模拟浏览器的速度毕竟很慢，如果结合微信提供的开发者 API，可以达到更好的效果。如果能够直接访问 API，这个时候的“爬虫”抓取的就是纯粹的网络通信信息，而不是网页的元素了。

itchat 是一个简洁高效的开源微信个人号接口库，仍然是通过 pip 安装（当然，也可以直接在 PyCharm 中使用 GUI 安装），itchat 的设计非常方便，比如使用 itchat 给微信文件助手发信息：

```
import itchat
itchat.auto_login()
itchat.send('Hello', toUserName='filehelper')
```

auto_login()方法即微信登录，可附带 hotReload 参数和 enableCmdQR 参数，如果设置为 True 即分别开启短期免登录和命令行显示二维码功能。具体来说，如果给 auto_login()方法传入值为真的 hotReload，即使程序关闭，一定时间内重新开启也可以不用重新扫码。该方法会生成一个静态文件 itchat.pkl，用于存储登录的状态。如果给 auto_login()方法传入值为真的 enableCmdQR，那么就可以在登录的时候使用命令行显示二维码，这里需要注意的是，默认情况下控制台背景色为黑色，如果背景色为浅色（白色），则可以将 enableCmdQR 赋值为负值。

get_friends()方法可以帮助用户轻松获取所有的好友（其中好友首位是自己，如果不设置 update 参数会返回本地的信息）：

```
friends = itchat.get_friends(update=True)
```

借助 pyplot 模块以及上面介绍的 itchat 方法，就能够编写一个简洁实用的微信好友性别分析程序，见例 8-2。

【例 8-2】 itchatWX.py，使用第三方库分析微信数据。

```
import itchat
from collections import Counter
import matplotlib.pyplot as plt
import csv
from pprint import pprint
def anaSex(friends):
sexs= list(map(lambda x: x['Sex'], friends[1:]))
  counts = list(map(lambda x: x[1], Counter(sexs).items()))
  labels = ['Unknow', 'Male', 'Female']
  colors = ['Grey', 'Blue', 'Pink']
plt.figure(figsize=(8, 5), dpi=80) # 调整绘图大小
plt.axes(aspect=1)
# 绘制饼图
plt.pie(counts,
labels=labels,
colors=colors,
labeldistance=1.1,
autopct='%3.1f%%',
shadow=False,
startangle=90,
pctdistance=0.6
)
plt.legend(loc='upper right',)
plt.title('The gender distribution of {}\'s WeChat Friends'.format(friends[0]
['NickName']))
plt.show()

def anaLoc(friends):
headers = ['NickName', 'Province', 'City']
with open('location.csv', 'w', encoding='utf-8', newline='', ) as csvFile:
writer = csv.DictWriter(csvFile, headers)
    writer.writeheader()
for friend in friends[1:]:
row = {}
      row['NickName'] = friend['RemarkName']
      row['Province'] = friend['Province']
      row['City'] = friend['City']
      writer.writerow(row)
```

```
if __name__ == '__main__':
itchat.auto_login(hotReload=True)
  friends = itchat.get_friends(update=True)
anaSex(friends)
anaLoc(friends)
pprint(friends)
itchat.logout()
```

其中“anaLoc”“anaSex”分别为分析好友性别与分析好友地区的函数。anaSex 会将性别比例绘制饼图，而 anaLoc 函数则将好友及其所在地区信息保存至 csv 文件中。例 8-2 代码中，需要稍解释下面的代码：

```
sexs= list(map(lambda x: x['Sex'], friends[1:]))
counts = list(map(lambda x: x[1], Counter(sexs).items()))
```

这里的“map”是 Python 中的一个特殊函数，原型为：map(func, *iterables)，函数执行时对*iterables（可迭代对象）中的 item 依次执行 function(item)，返回一个迭代器，之后可以使用 list()变为列表对象。“lambda”可以理解为“匿名函数”，即输入 x，返回 x 的“Sex”字段值。“friends”是一个以 dict 为元素的列表，其首位元素是用户自己的微信账户，使用 friends[1:]可以获得所有好友的列表。因此，list(map(lambda *x*: x['Sex'], *friends*[1:]))就将获得一个所有好友性别的列表，微信中好友的性别值包括 Unkown、Male 和 Female 三种，其对应的数值分别为 0、1、2。如果输出该 sexs 列表，得到的结果如下：

```
[1, 2, 1, 1, 1, 1, 0, 1……]
```

第二行通过 Collection 模块中的 Counter()对这三种不同的取值进行统计，Counter 对象的 items()方法返回的是一个元组的集合，该元组的第一维元素表示键，即 0、1、2，该元组的第二维元素表示对应的键的数目，且该元组的集合是排序过的，即其键按照 0、1、2 的顺序排列，最终通过 map()方法的匿名函数执行，就可以得到这三种不同性别的数目。

main 中的 itchat.logout()为注销登录状态。在执行该程序后，就能看到绘制出的性别比例，见图 8-3。

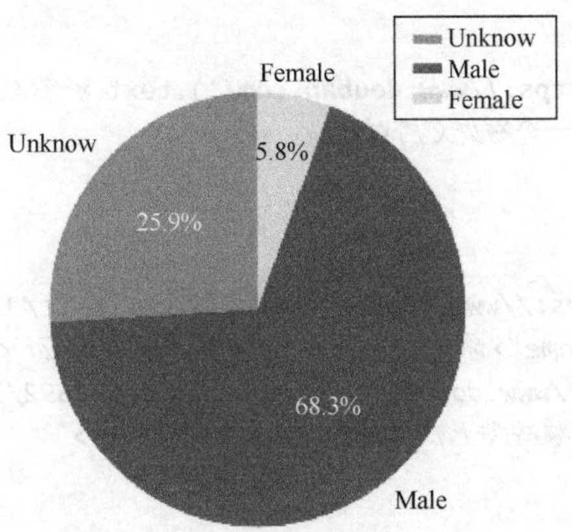

图 8-3　微信好友性别分布分析结果

在本地查看 location.csv 文件，结果类似这样：

```
……
王小明,北京,海淀
```

```
李小狼,江苏,无锡
陈小刚,陕西,延安
张辉,北京,
刘强,北京,西城
......
```

至此，性别分析和地区分析都已经圆满完成。仅就微信接口而言，除了 itchat，Python 开发社区还有很多不错的工具。由国人开发的 wxPy、wxBot 等在使用上也非常方便。对微信接口感兴趣的读者可在网上做更深入的了解。

8.2 爬虫的多样性

8.2.1 在 BeautifulSoup 和 XPath 之外

PyQuery 这个 Python 库，从名字就大概能够猜到，这是一个类似于 jQuery 的工具，实际上，PyQuery 的主要用途就是以类 jQuery 的形式来解析网页，并且支持 CSS 选择器，使用起来与 XPath 和 BeautifulSoup 一样简洁方便。在前面的内容中主要使用的就是 XPath（Python 中的 lxml 库）和 BeautifulSoup（bs4 库）来解析网页和寻找元素，接下来将继续学习使用 PyQuery 这一尚未接触的工具。

> 📖 提示: jQuery 是目前最为流行的 JavaScript 函数库，jQuery 的基本思想是“选择某个网页元素，对其进行一些操作”，其语法和使用也基本是这个思路，因此将 jQuery 的形式迁移到 Python 网页解析中也是十分合适的。

安装 PyQuery 依然是使用 pip(pip installpyquery)，下面通过豆瓣网首页的例子来介绍它的基本使用，首先是 PyQuery 对象的初始化，有几种不同的初始化方式：

```
from pyquery import PyQuery as pq
import requests

ht = requests.get('https://www.douban.com/').text # 获取网页内容
doc = pq(ht) # 初始化一个网页文档对象

print(doc('a'))
# 输出所有<a></a>节点
# < a href = "https://www.douban.com/gallery/topic/3394/?from=hot_topic_anony_sns" class ="rec_topics_name">你人生中哪件小事产生了蝴蝶效应? < / a >
# < a href = "https://www.douban.com/gallery/topic/892/?from=hot_topic_anony_sns" class ="rec_topics_name">哪些关于书的书是值得一看的< / a >
# ...

# 使用本地文件初始化
doc = pq(filename='h1.html')
# 直接使用一个url 来初始化
doc1 = pq('https://www.douban.com')
print(doc1('title'))
```

```
# 输出: <title>豆瓣</title>
```

通过 jQuery 的形式，以 CSS 选择器（可使用 Chrome 开发者工具得到，见图 8-4）来定位网页中的元素：

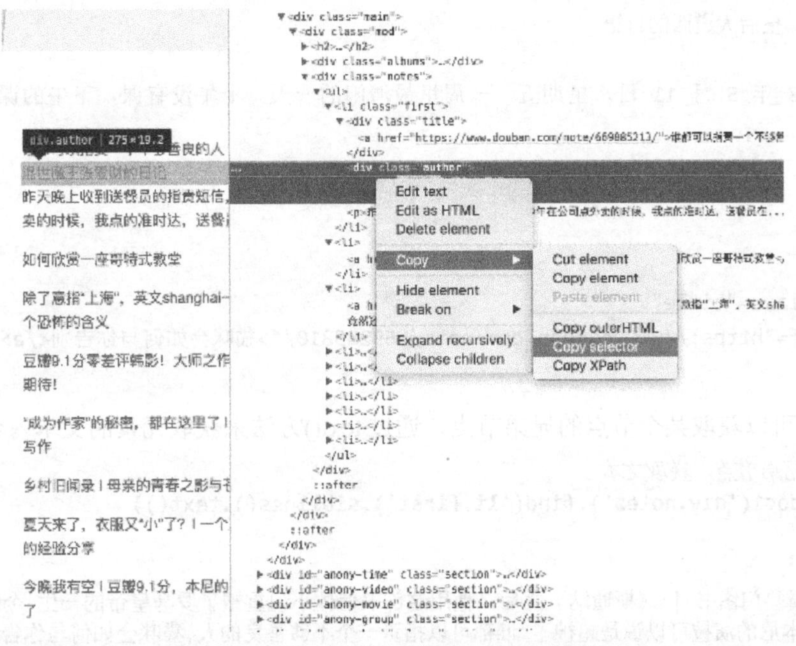

图 8-4　通过 Chrome 开发者工具复制选择器

```
# 元素选择
print(doc1('#anony-sns> div > div.main > div > div.notes > ul > li.first > div.title > a'))
# 一种简便的选择器表达式获取方式是在 Chrome 的开发者工具中选中元素，复制得到 Copy selector

print(doc1('div.notes').find('li.first').find('div.author').text())
# 在<div class="notes">节点下寻找li 节点且class 为first 的节点，输出其文本
# find() 方法会将符合条件的所有节点选择出来
```

上面的语句输出是：

```
<a href="https://www.douban.com/note/669285810/">猫咪会如何与你告别</a>
皇后大道西的日记
```

可以通过定位到的一个节点来获取其子节点：

```
# 查找子节点
print(doc1('div.notes').children())
# 在子节点中查找符合class 为title 这个条件的
print(doc1('div.notes').children().find('.title'))
```

上面的语句会获得所有<div class="notes"></div>下的子节点，下面的语句则将获得子节点中 class 为 title 的节点，输出为：

```
<ul>
<li class="first">
```

```
<div class="title">
<a href="https://www.douban.com/note/669285810/">猫咪会如何与你告别</a>
</div>
<div class="author">
        皇后大道西的日记
</div>
<p>2018 年 5 月 11 日，星期五，一周里最清闲的一天。上午没有课，下午的课正好轮到不是我...</p>
</li>
……
</ul>

<div class="title">
<a href="https://www.douban.com/note/669285810/">猫咪会如何与你告别</a>
</div>
```

同样，可以获取某个节点的兄弟节点，通过 text()方法来获取元素的文本内容：

```
# 查找兄弟节点，获取文本
print(doc1('div.notes').find('li.first').siblings().text())
```

输出为：

```
一周豆瓣热门图书 | 《斯通纳》之后，他用这部书信体小说重塑了罗马皇帝的一生 今晚我有空 | 豆瓣 9.1 分，本尼的演技可以说是超神了 谁都可以指责一个不够善良的人 猫咪会如何与你告别 一周豆瓣热门图书 | 他曾是嬉皮一代的文化偶像，代表作在沉寂半世纪后首出中文版 如何欣赏一座哥特式教堂 明明想写作的你，为什么迟迟没有动笔？ 海内文章谁是我——关于我所理解的汪曾祺及其作品 乡村旧闻录 | 母亲的青春之影与苍老之门
```

最后，除了子节点、兄弟节点，还可获取父节点：

```
# 查找父节点
print(type(doc1('div.notes').find('li.first').parent()))
# 输出：<class 'pyquery.pyquery.PyQuery'>
# 父节点、子节点、兄弟节点都可以使用 find()方法
```

当需要遍历节点时，使用 items()方法来获取一组节点的列表结构：

```
# 使用 items()方法获取节点的列表
li_list = doc1('div.notes').find('li').items()
for li in li_list:
print(li.text())
# 选取 li 节点中的 a 节点，获取其属性
print(li('a').attr('href'))
# 另外一种等效的获取属性的方法
  # print(li('a').attr.href)
```

输出为：

```
除了意指“上海”，英文 shanghai 一词，竟然还有另一个恐怖的含义
benshuier 的日记
上海开埠后，随着“贩卖猪仔”事件的不断反升，Shanghai 一词，除了作“上海”地名...
https://www.douban.com/note/668572260/
```

```
一周豆瓣热门图书 | 《斯通纳》之后，他用这部书信体小说重塑了罗马皇帝的一生
https://www.douban.com/note/670570293/
今晚我有空 | 豆瓣 9.1 分，本尼的演技可以说是超神了
https://www.douban.com/note/670345306/
谁都可以指责一个不够善良的人
https://www.douban.com/note/669885213/
…
```

PyQuery 还支持所谓的伪类选择器，其语法非常用户友好：

```
# 其他的一些选择方式
from pyquery import PyQuery as pq
doc1 = pq('https://www.douban.com')
# 获取<div class="notes">类的第一个子节点下的第一个"li"节点中的第一个子节点
print(doc1.find('div.notes').find(':first-child').find('li.first').find(':first-
child'))
print('-*'*20)
print(doc1.find('div.notes').find('ul').find(':nth-child(3)'))
# :nth-child(3)获取第三个子节点
print('-*'*20)
print(doc1('p:contains("上海")'))# 获取内容包含"上海"的 p 节点
```

输出为：

```
<div class="title">
<a href="https://www.douban.com/note/668572260/">除了意指“上海”，英文 shanghai 一
词，竟然还有另一个恐怖的含义</a>
</div>
<a href="https://www.douban.com/note/668572260/">除了意指“上海”，英文 shanghai 一
词，竟然还有另一个恐怖的含义</a>
        -*-*-*-*-*-*-*-*-*-*-*-*-*-*-*-*-*-*-*-*
<p>上海开埠后，随着“贩卖猪仔”事件的不断反升，Shanghai 一词，除了作“上海”地名...</p>
<li><a href="https://www.douban.com/note/670345306/">今晚我有空 | 豆瓣 9.1 分，本尼
的演技可以说是超神了</a></li>
        -*-*-*-*-*-*-*-*-*-*-*-*-*-*-*-*-*-*-*-*
<p>上海开埠后，随着“贩卖猪仔”事件的不断反升，Shanghai 一词，除了作“上海”地名...</p>
```

由上面的基本用法可见，PyQuery 拥有着不输 BeautifulSoup 的简洁，其函数接口设计也十分方便，可以将它作为与 lxml、BeautifulSoup 并列的几大爬虫网页解析工具之一。

8.2.2　在线爬虫应用平台

随着爬虫技术的广泛应用，目前还出现了一些旨在提供网络数据采集服务或爬虫辅助服务的在线应用平台，这些服务在一定程度上能够帮助用户减少一些编写复杂抓取程序的成本，其中的一些优秀产品也具有很强大的功能。国外的 import.io 就是一个提供网络数据采集服务的平台，允许用户通过 Web 页面来筛选并收集对应的网页数据，另外一款产品 ParseHub 则提供了下载到 Windows、MacOS 的桌面应用，这个应用基于 Firefox 开发，支持页面结构分析、可视化元素抓取等多种功能，抓取示例见图 8-5。

图 8-5　使用 ParseHub 应用抓取京东首页的商品分类

在 Chrome 浏览器上，甚至还出现了一些用于网页数据抓取的插件（比如比较主流的 WebScraper）。

国内的网络数据采集平台也可以说方兴未艾，八爪鱼（见图 8-6）、神箭手采集平台（见图 8-7）、集搜客等都是具有一定市场的服务平台，其中神箭手主打面向开发者的服务（官方介绍是“一个大数据和人工智能的云操作系统”），提供了一系列具有很强实用价值的 API，同时还提供有针对性的云爬虫服务，对于开发者而言是非常方便的。

图 8-6　八爪鱼网站

这些在线爬虫应用平台往往能够很方便地解决用户的一些简单的爬虫需求，而一些 API 服务则能够大大简化用户编写爬虫的流程，有兴趣的读者可对此做深入了解。随着机器学习、大数据技术的逐渐发展，数据采集服务也会迎来更广阔的市场和更大的利好。

8.2.3　使用 urllib

虽然在爬虫编写中大量使用到的是 requests，但由于 urllib 是老牌的 HTTP 库，而网络上使用 urllib 来编写爬虫的样例也十分繁多，因此这里有必要讨论 urllib 的具体使用。在 Python 中，urllib 算是一个比较特殊的库了。从功能上说，urllib 库是用于操作 URL（主要就是访问 URL）的 Python 库，在 Python 2.x 版本中，分为 urllib 和 urllib2。这两个名称十分相近的库的关系比较复杂，简单地说就是，urllib2 作为 urllib 的扩展而存在。它们的主要区别在于：

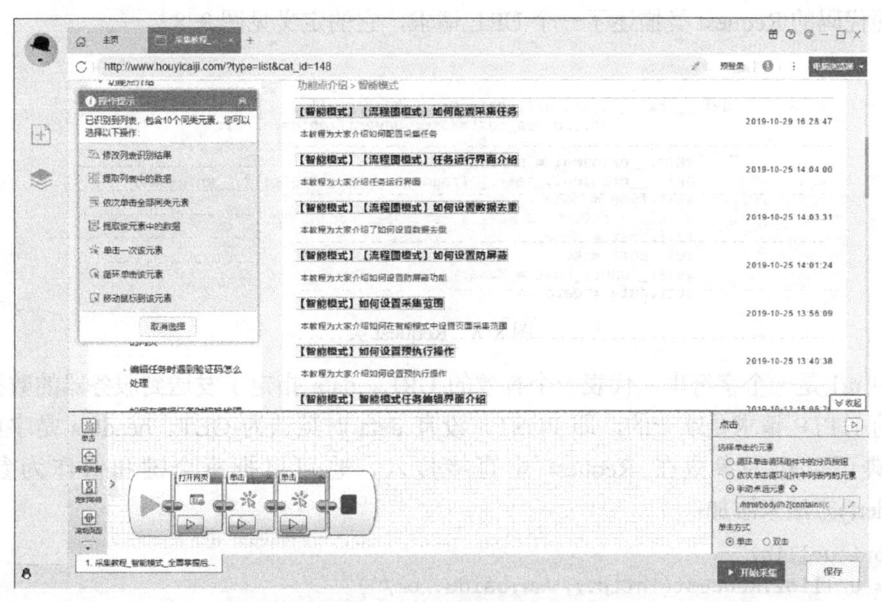

图 8-7　神箭手平台的腾讯数码文章爬虫服务

- urllib2 可以接受 request 对象为 URL 设置头信息、修改用户代理、设置 Cookie 等。与之对比，urllib 只能接受一个普通的 URL。
- urllib 会提供一些比较原始基础的方法，但在 urllib2 中并不存在这些方法，比如 urlencode 方法。

Python 2.x 中的 urllib 库可以实现基本的 GET 和 POST 操作，下面的这段代码根据 params 发送 POST 请求。下面的代码使用了百度搜索的关键字查询 URL 演示 POST 请求，读者还可以使用其他网址。

```
import urllib
params= urllib.urlencode({'wd': 1})
f = urllib.urlopen("https://www.baidu.com/s?", params)
print f.read()
```

而在 Python 2.x 版本的 urllib2 中，urlopen 方法也是最为常用且最简单的方法，它打开一个 URL 网址，url 参数可以是一个字符串 url 或者是一个 Request 对象：

```
import urllib2
response = urllib2.urlopen('http://www.baidu.com/')
html = response.read()
print html
```

urlopen 还可以以一个 Request 对象为参数。调用 urlopen 函数后，对请求的 URL 返回一个 Response 对象，可以用 read()方法操作这个 Response 对象。

```
import urllib2
req= urllib2.Request('http://www.baidu.com/')
response = urllib2.urlopen(req)
the_page = response.read()

print the_page
```

上面代码的 Request 类描述了一个 URL 请求，它的定义见图 8-8。

```
class Request:

    def __init__(self, url, data=None, headers={},
                 origin_req_host=None, unverifiable=False):
        # unwrap('<URL:type://host/path>') --> 'type://host/path'
        self.__original = unwrap(url)
        self.__original, self.__fragment = splittag(self.__original)
        self.type = None
        # self.__r_type is what's left after doing the splittype
        self.host = None
        self.port = None
        self._tunnel_host = None
        self.data = data
```

图 8-8　Request 类

其中 url 是一个字符串，代表一个有效的 URL。data 指定了发送到服务器的数据，使用 data 时的 HTTP 请求是唯一的，即 POST，没有 data 时默认为 GET。headers 是字典类型，这个字典可以作为参数在 Request 中直接传入，也可以把每个键和值作为参数调用 add_header()方法来添加：

```
import urllib2
req= urllib2.Request('http://www.baidu.com/')
req.add_header('User-Agent', 'Mozilla/5.0')
r = urllib2.urlopen(req)
```

当不能正常处理一个 Response 对象时，urlopen 方法会抛出一个 URLError，另外一种异常 HTTPError，则是在特别的情况下被抛出的 URLError 的一个子类。URLError 通常是因为没有网络连接也就是没有路由到指定的服务器，或指定的服务器不存在时抛出这个异常，比如下面这段代码：

```
import urllib2
req= urllib2.Request('http://www.wikipedia123.org/')
try:
response=urllib2.urlopen(req)
except urllib2.URLError,e:
   print e.reason
```

其输出是：

```
[Errno 8] nodename nor servname provided, or not known
```

另外，因为每个来自服务器的响应都有一个“Status Code”（状态码），有时，对于不能处理的请求，urlopen 将抛出 HTTPError 异常。典型的错误如‘404’（没有找到页面），‘403’（禁止请求），‘401’（需要验证）等。下面使用知乎网站的 404 页面来说明：

```
import urllib2
req= urllib2.Request('http://www.zhihu.com/404')
try:
response=urllib2.urlopen(req)
```

```
    except urllib2.HTTPError,e:
        print e.code
    print e.reason
    print e.geturl()
```

上面代码的输出是：

```
404
Not Found
https://www.zhihu.com/404
```

如果需要同时处理 HTTPError 和 URLError 两种异常，应该把捕获处理 HTTPError 的部分放在 URLError 的前面，原因就在于，HTTPError 是 URLError 的子类。

在 Python 3 中，urllib 库整理了 2.x 版本中 urllib 和 urllib2 的内容，合并了它们的功能，并最终以四个不同模块的面貌呈现，它们分别是 urllib.request、urllib.error、urllib.parse、urllib.robotparser。Python 3 的 urllib 相对于 2.x 的版本就更为简洁了，如果说非要在这些库中做一个选择，当然应该首先考虑使用 urllib（3.x 版本）。

urllib.request 模块主要用来访问网页等基本操作，是最常用的一个模块。比如，用户模拟浏览器来发起一个 HTTP 请求，这时就需要用到 urllib.request 模块。urllib.request 同时也能够获取请求返回结果，使用 urllib.request.urlopen()方法来访问 URL 并获取其内容：

```
import urllib.request

url = "http://www.baidu.com"
response = urllib.request.urlopen(url)
html = response.read()
print(html.decode('utf-8'))
```

这样会输出百度首页的网页源码。在某些情况下，请求可能因为网络原因无法得到响应。因此，可以手动设置超时时间，当请求超时，用户可以采取进一步措施，例如选择直接丢弃该请求。

```
import urllib.request

url = "http://www.baidu.com"
response = urllib.request.urlopen(url,timeout=3)
html = response.read()
print(html.decode('utf-8'))
```

从 URL 下载一个图片也很简单，依旧通过 response 的 read()方法来完成。下面代码中的 URL 地址为百度图片网站上一张照片的地址。

```
from urllib import request

url = 'https://ss1.bdstatic.com/70cFvXSh_Q1YnxGkpoWK1HF6hhy/it/u=320188414,720873459&fm=26&gp=0.jpg'
response = request.urlopen(url)

data = response.read()
with open('pic.jpg', 'wb') as f:
  f.write(data)
```

urlopen 方法的 API 是这样的：

```
urllib.request.urlopen(url, data=None, [timeout, ]*, cafile=None, capath=None,
cadefault=False, context=None)
```

其中 url 为需要打开的网址，data 为 POST 提交的数据（如果没有 data 参数则使用 GET 请求），timeout 即设置访问超时时间。还要注意的是，直接用 urllib.request 模块的 urlopen() 方法获取页面的话，page 的数据格式为 bytes 类型，需要 decode()解码，转换成 str 类型。

可以通过一些 HTTPResponse 的方法来获取更多信息：

- read()，readline()，readlines()，fileno()，close()：对 HTTPResponse 类型数据进行操作。
- info()：返回 HTTPMessage 对象，表示远程服务器返回的头信息。
- getcode()：返回 HTTP 状态码。如果是 http 请求，200 表示请求成功完成。
- geturl()：返回请求的 URL。

用一段代码试一下：

```
from urllib import request

url = 'http://www.baidu.com'
response = request.urlopen(url)
print(type(response))
print(response.geturl())
print(response.info())
print(response.getcode())
```

最终的输出见图 8-9。

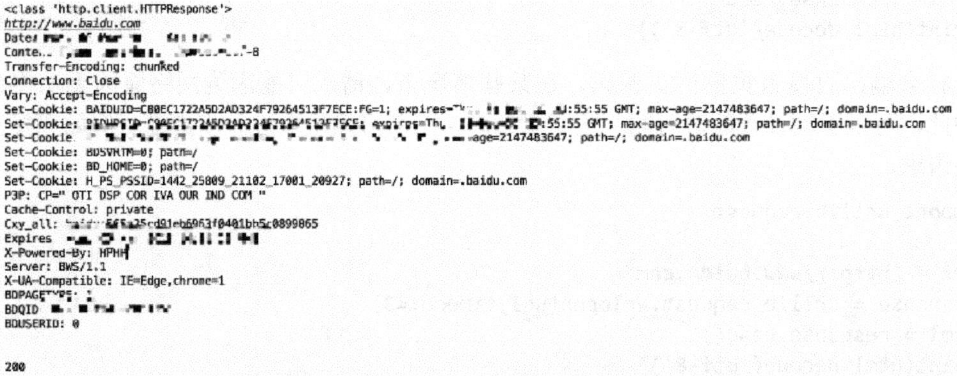

```
<class 'http.client.HTTPResponse'>
http://www.baidu.com
Date: [illegible]
Conte[illegible]-8
Transfer-Encoding: chunked
Connection: Close
Vary: Accept-Encoding
Set-Cookie: BAIDUID=C80EC1722A5D2AD324F79264513F7ECE:FG=1; expires=[illegible]:55:55 GMT; max-age=2147483647; path=/; domain=.baidu.com
Set-Cookie: [illegible] expires=Th[illegible]:55:55 GMT; max-age=2147483647; path=/; domain=.baidu.com
Set-Cookie [illegible]age=2147483647; path=/; domain=.baidu.com
Set-Cookie: BDSVRTM=0; path=/
Set-Cookie: BD_HOME=0; path=/
Set-Cookie: H_PS_PSSID=1442_25809_21102_17001_20927; path=/; domain=.baidu.com
P3P: CP=" OTI DSP COR IVA OUR IND COM "
Cache-Control: private
Cxy_all: [illegible]cd91eb6963f0401bb5c0899865
Expires [illegible]
X-Powered-By: HPHP
Server: BWS/1.1
X-UA-Compatible: IE=Edge,chrome=1
BDPAGE[illegible]
BDQID [illegible]
BDUSERID: 0

200
```

图 8-9　response 对象相关方法的输出

当然，还可以设置一些 Headers 信息，模拟成浏览器去访问网站（正如用户在爬虫开发中常做的那样）。在这里设置一下 User-Agent（UA）信息。打开百度主页（或者任意一个网站），然后进入 Chrome 的开发者模式（按下〈F12〉键），这时会出现一个窗口。切换到 Network 标签，然后输入某个关键词（这里是“mike”），之后单击网页中的“百度一下”，让网页发生一个动作。此时，可以看到下方的窗口出现了一些数据。将界面右上方的标签切换到“Headers”中，就会看到对应的 Header（头）信息（见图 8-10），在这些信息中找到 User-Agent 对应的信息。将其复制出来，作为自己的 urllib.request 执行访问时的 UA 信息，这时需要用到 request 模块里的 Request 对象来“包装”这个请求。

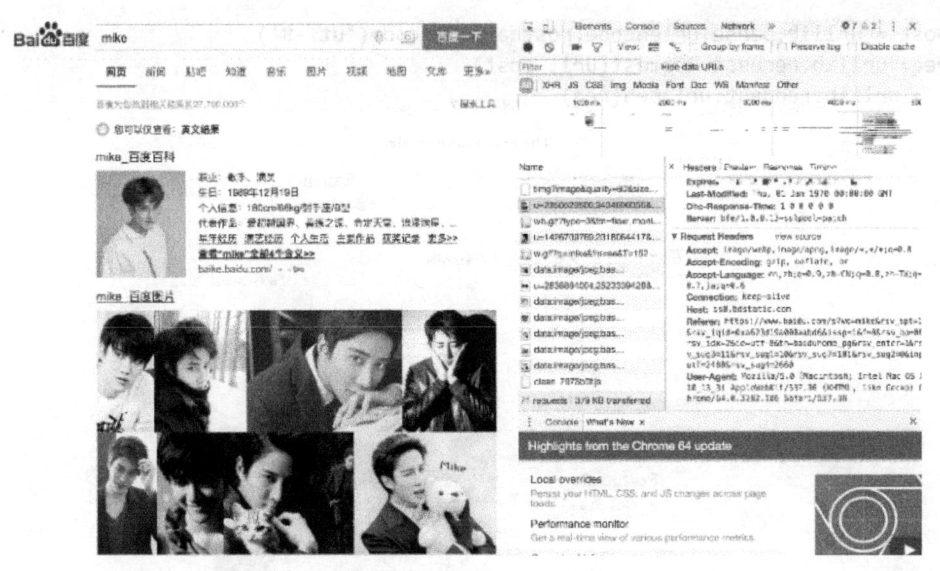

图 8-10　查看 Headers 信息

编写代码如下：

```
import urllib.request

url='https://www.wikipedia.org'
header={
'User-Agent':'Mozilla/5.0 (X11; Fedora; Linux x86_64) AppleWebKit/538.36 (KHTML, 
like Gecko) Chrome/58.0.3029.110 Safari/538.36'
}
request=urllib.request.Request(url, headers=header)
reponse=urllib.request.urlopen(request).read()

fhandle=open("./zyang-htmlsample-1.html","wb")
fhandle.write(reponse)
fhandle.close()
```

在上面的代码中给出了要访问的网址，然后调用 urllib.request.Request()函数创建一个 Request 对象，第一个参数传入访问的 URL，之后传入 Headers 信息。最后通过 urlopen()打开该 Request 对象即可读取并保存网页内容。在本地打开“zyang-htmlsample-1.html”文件，即可看到维基百科的主页，见图 8-11。

除了访问网页（即 HTTP 中的 GET 请求），用户在进行注册、登录等操作的时候，也会用到 POST 请求。下面仍旧是使用 request 模块中的 Request 对象来构建一个 POST 操作。代码如下（下面示例代码中使用豆瓣的登录页面地址作一演示，实际的 URL 与 postdata 等参数的内容要以读者的目标网站为准）：

```
import urllib.request
import urllib.parse
url = 'https://www.douban.com/accounts/'
postdata= {
'username': 'yourname',
'password': 'yourpw'
}
```

```
    post = urllib.parse.urlencode(postdata).encode('utf-8')
    req= urllib.request.Request(url, post)
    r = urllib.request.urlopen(req)
```

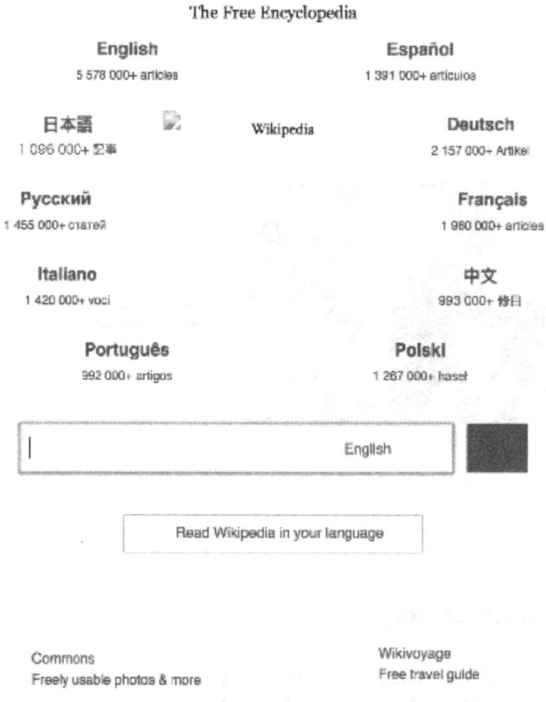

图 8-11　本地保存的 HTML（维基百科主页）

其他请求类型（如 PUT）则可以通过 Request 对象这样实现：

```
    import urllib.request
    data='some data'
    req=  urllib.request.Request(url='http://accounts.douban.com',  data=data,method=
'PUT')
    with urllib.request.urlopen(req) as f:
        pass
    print(f.status)
    print(f.reason)
```

urllib.parse 的目标是解析 url 字符串，用户可以使用它分解或合并 url 字符串。可以试试用它来转换一个包含查询的 URL 地址。

```
    import urllib.parse

    url = 'https://www.baidu.com/s?ie=utf-8&f=8&rsv_bp=1&tn=baidu&wd=cat&oq=cat'
    result = urllib.parse.urlparse(url)
    print(result)
    print(result.netloc)
    print(result.geturl())
```

这里使用了函数 urlparse()，把一个包含搜索查询“cat”的百度 URL 作为参数传给它。最终，它返回了一个 ParseResult 对象，可以用这个对象了解更多关于 URL 的信息（如网络位置）。上面代码的输出如下：

```
    ParseResult(scheme='https', netloc='www.baidu.com', path='/s', params='', query=
'ie=utf-8&f=8&rsv_bp=1&tn=baidu&wd=cat&oq=cat', fragment='')
    www.baidu.com
    https://www.baidu.com/s?ie=utf-8&f=8&rsv_bp=1&tn=baidu&wd=cat&oq=cat
```

urllib.parse 也可以在其他场合发挥作用，比如使用百度来进行一次搜索：

```
    import urllib.parse
    import urllib.request
    data = urllib.parse.urlencode({'wd': 'OSCAR'})
    print(data)
    url = 'http://baidu.com/s'
    full_url = url + '?' + data
    response = urllib.request.urlopen(full_url)
```

用户使用 urllib 就足以完成一些简单的爬虫，比如通过 urllib 编写一个在线翻译程序。用户使用爱词霸翻译来达成这个目标，首先进入爱词霸页面并通过 Chrome 工具来检查页面。仍旧是选择 Network 标签，在左侧输入翻译内容，并观察 POST 请求，见图 8-12。

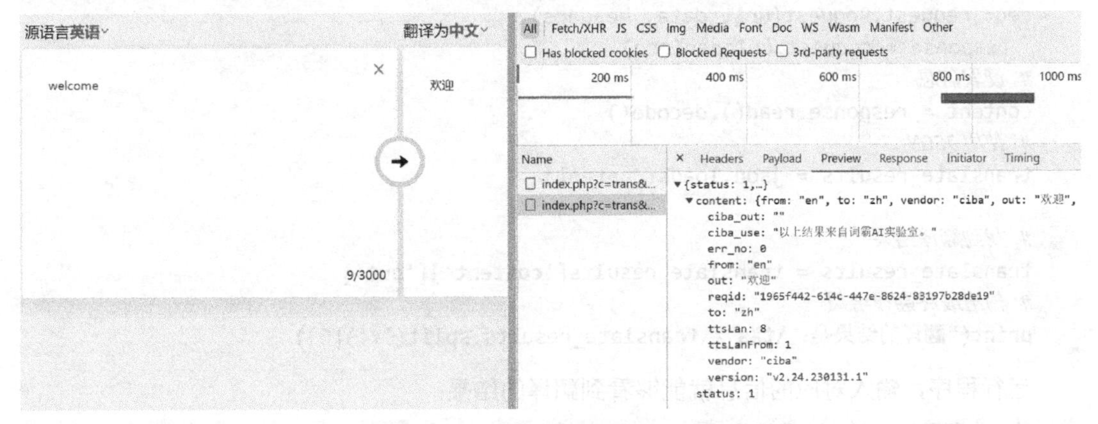

图 8-12　爱词霸页面上的 POST 请求

查看 Form Data 中的数据（见图 8-13），可以发现这个表单的构成较为简单，不难通过程序直接发送。

▼ Form Data　　view source　　view URL encoded
(empty)
f: zh
t: ja
w: 爱

图 8-13　爱词霸翻译的表单数据

有了这些信息，结合之前掌握的 request 和 parse 模块的知识，就可以写出一个简单的翻译程序：

```
    import urllib.request as request
    import urllib.parse as parse
    import json

    if __name__ == "__main__":
    query_word = input("输入需翻译的内容：\t")
      query_type = input("输入目标语言，英文或日文：\t")
      query_type_map = {
```

```
    '英文': 'en',
    '日文': 'ja',
      }
      url = 'http://fy.iciba.com/ajax.php?a=fy'
    headers = {
    'User-Agent': 'Mozilla/5.0 (Macintosh; Intel MacOS X 10_13_3) AppleWebKit/538.36 (KHTML, like Gecko) Chrome/64.0.3282.186 Safari/538.36'
    }
    formdata= {
    'f': 'zh',
    't': query_type_map[query_type],
    'w': query_word,
      }

    # 使用urlencode 进行编码
    data = parse.urlencode(formdata).encode('utf-8')
    # 创建Request 对象
    req= request.Request(url, data, headers)
      response = request.urlopen(req)
    # 读取信息
    content = response.read().decode()
    # 使用JSON
    translate_results = json.loads(content)

    # 找到翻译结果
    translate_results = translate_results['content']['out']
    # 输出最终翻译结果
    print("翻译的结果是：\t%s"% translate_results.split('<')[0])
```

运行程序，输入对应的信息就能够看到翻译的结果：

```
输入需翻译的内容：    我爱你
输入目标语言，英文或日文：  日文
翻译的结果是：あなたのことが好きです
```

urllib 还有两个模块，其中 urllib.robotparser 模块比较特殊，它是由一个单独的 RobotFileParser 类构成的。这个类的目标是网站的 robot.txt 文件。通过使用 robotparser 解析 robot.txt 文件，会得知网站方面认为网络爬虫不应该访问哪些内容，一般使用 can_fetch()方法来对一个 URL 进行判断。还有 urllib.error 这个模块，它主要负责“由 urllib.request 引发的异常类”（按照官方文档的说法），urllib.error 有两个方法，URLError 和 HTTPError。

官方文档在介绍 urllib 库的最后推荐人们尝试第三方库 Requests：一个高级的 HTTP 客户端接口，不过熟悉 urllib 库也是值得的，这也有助于我们理解 Requests 的设计。

8.3 爬虫的部署和管理

8.3.1 使用服务器部署爬虫

使用一些强大的爬虫框架（比如前面曾提到过的 Scrapy 框架），用户可以开发出效率高、扩展性强的各种爬虫程序。在爬取时，用户可以使用自己手头的机器来完成整个运行的过程，但问题在于，机器资源是有限的，尤其是在爬取数据量比较大的时候，直接在自己的机器上来运行爬虫不仅不方便，也不现实。这时，一个不错的方法就是将用户本地的爬虫部署到远程服务器上来执行。

在部署之前，首先需要拥有一台远程服务器，购买 VPS 是一个比较方便的选择。虚拟专用服务器（Virtual Private Server，VPS）是将一台服务器分区成多个虚拟专享服务器的服务。因而每个 VPS 都可分配独立公网 IP 地址、独立操作系统，为用户和应用程序模拟出“独占”使用计算资源的体验。这么听起来，VPS 似乎很像是现在流行的云服务器，但二者也并不相同。云服务器（Elastic Compute Service，ECS）是一种简单高效、处理能力可弹性伸缩的计算服务，特点是能在多个服务器资源（CPU、内存等）中调度，而 VPS 一般只是在一台物理服务器上分配资源。当然，VPS 相比于 ECS 在价格上低廉很多。作为普通开发者，如果只是需要做一些小网站或者简单程序，那么使用 VPS 就已足够满足需求了。下面就从购买 VPS 服务开始，说明在 VPS 部署普通爬虫的过程。

VPS 提供商众多，这里推荐采用国外（尤其是北美）的提供商，包括 Linode、Vultr、Bandwagon 等厂商。方便起见，在此选择 Bandwagon 作为示例（见图 8-14），主要原因是它支持支付宝付款，无须信用卡（其他很多 VPS 服务的支付方式是使用支持 VISA 的信用卡），而且可供选择的服务项目也比较多样化。

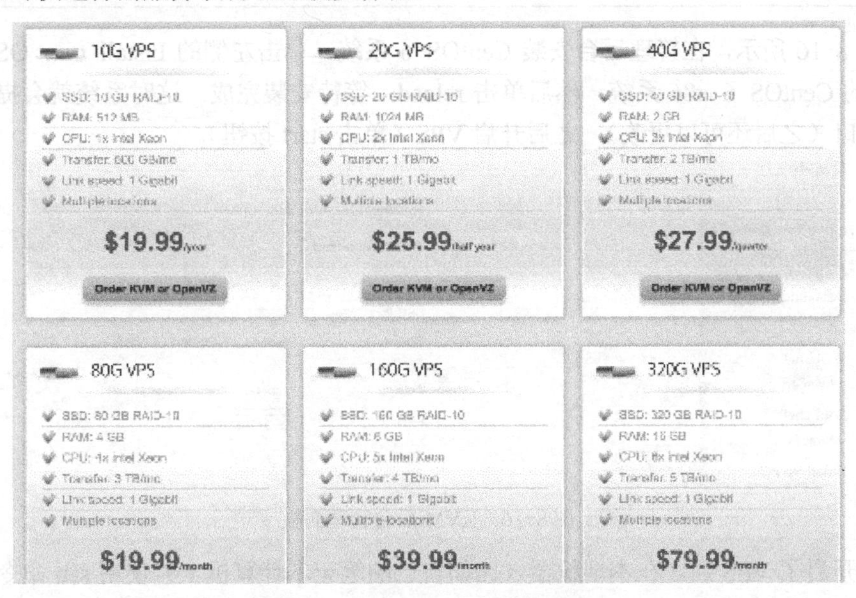

图 8-14　Bandwagon 的服务项目

进入 Bandwagon 的网站，注册账号并填写相关信息，包括姓名、所在地等，见图 8-15。

填写相关信息完毕，拿到了账号之后，选择合适的 VPS 服务项目并订购。这里需要注意的是订购周期（年度、季度等）和架构（OpenVZ 或者 KVM）两个关键信息。一般而言如果选择年度周期，平均计算下来会享受更低的价格。至于 OpenVZ 和 KVM，作为不同的架构各有特点。由于 KVM 架构提供更好的内核优化，也有不错的稳定性，因此在此选择 KVM。付款成功回到管理后台，单击 KiviVM Control Panel 进入控制面板。

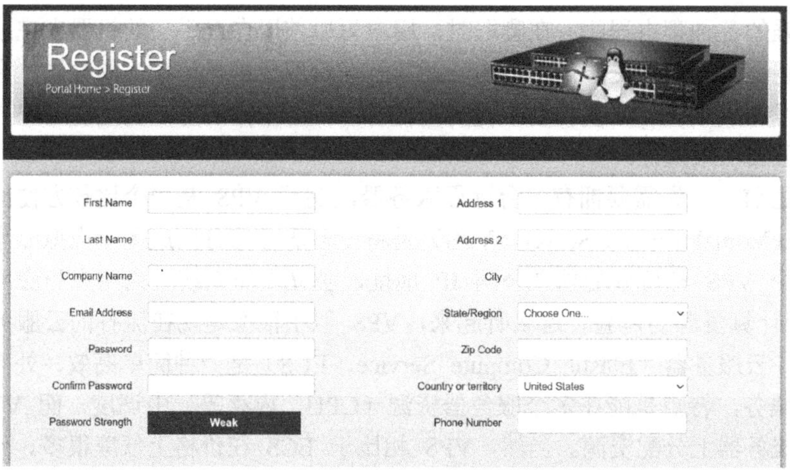

图 8-15　Bandwagon 的注册账号页面

📖 提示：OpenVZ 是基于 Linux 内核和作业系统的虚拟化技术，是操作系统级别的。OpenVZ 的特征就是允许物理机器（一般就是服务器）运行多个操作系统，这被称为虚拟专用服务器（VPS，Virtual Private Server）或虚拟环境（VE，Virtual Environment）。KVM 则是嵌入在 Linux 操作系统标准内核中的一个虚拟化模块，是完全虚拟化的。

如图 8-16 所示，在管理后台安装 CentOS 6 系统，单击左侧的 Install new OS，选择带 bbr 加速的 CentOS 6 x86 系统，然后单击 reload，等待安装完成。这时系统就会提供对应的密码和端口（之后还可以更改），之后开启 VPS（单击 start 按钮）。

图 8-16　KVM 后台管理面板

成功开启了 VPS 后，在本地机器（比如自己的笔记本计算机上）使用 ssh 命令即可登录 VPS，命令如下：

```
ssh username@hostip -p sshport
```

其中 username 和 hostip 分别为用户名和服务器 IP，sshport 为设定的 ssh 端口。执行 ssh 命令后，若看到带有“Last Login”字样的提示就说明登录成功。

当然，如果想要更好的计算资源，还可以使用一些国内的云服务器服务（见图 8-17），阿里云服务器就是值得推荐的选择，购买过程中配置想要的预装系统（如 Ubuntu 14.04），成功购买并开机后即可使用 SSH 等方式连接访问，部署自己的程序。

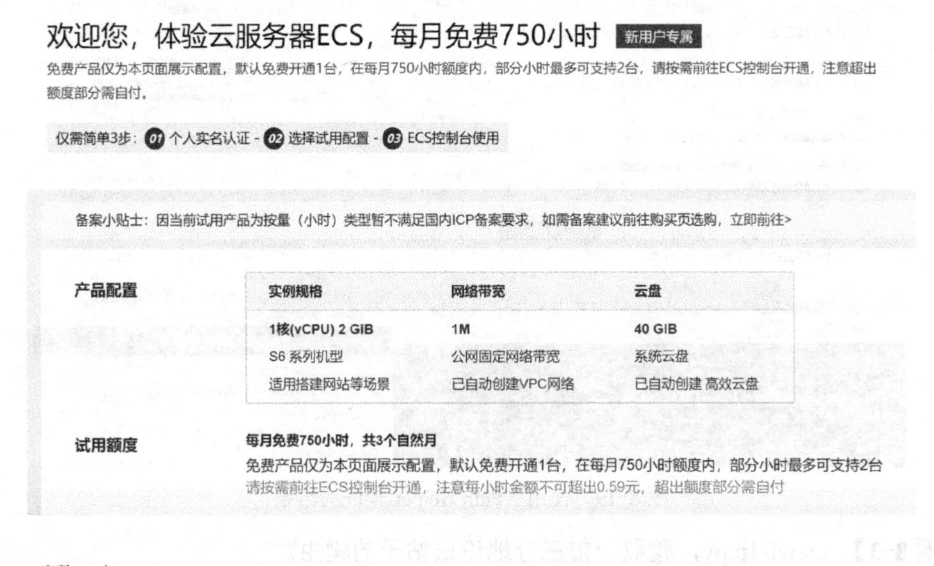

图 8-17　阿里云云服务器服务

8.3.2　本地爬虫的编写

这次的爬虫程序，打算将目标着眼于论坛网站，很多时候，论坛网站中的一些用户发表的帖子是一种有价值的信息。一亩三分地论坛是一个比较典型的国内论坛，上面有很多关于留学和国外生活的帖子，受到年轻人的普遍喜爱。本次爬虫希望在论坛页面中爬取特定的帖子，将帖子的关键信息存储到本地文件，同时通过程序将这些信息发送到自己的电子邮箱中。从技术上说，用户可以通过 requests 模块获取到页面的信息，通过简单的字符串处理，最终将这些信息通过 smtplib 库发送到邮箱中。

使用 Chrome 分析网页，如果希望提取到帖子的标题信息，可以使用右键复制其 XPath 路径。另外，Chrome 浏览器其实也还提供了一些对于解析网页有用的扩展。XPath Helper 就是这样一款扩展程序（见图 8-18），输入查询（即 XPath 表达式）后会输出并高亮显示网页中的对应元素，效果类似图 8-19，便可以帮助用户验证 XPath 路径，保证了爬虫编写的准确性。根据验证后的 XPath，就可以着手编写抓取帖子信息的爬虫了，见例 8-3。

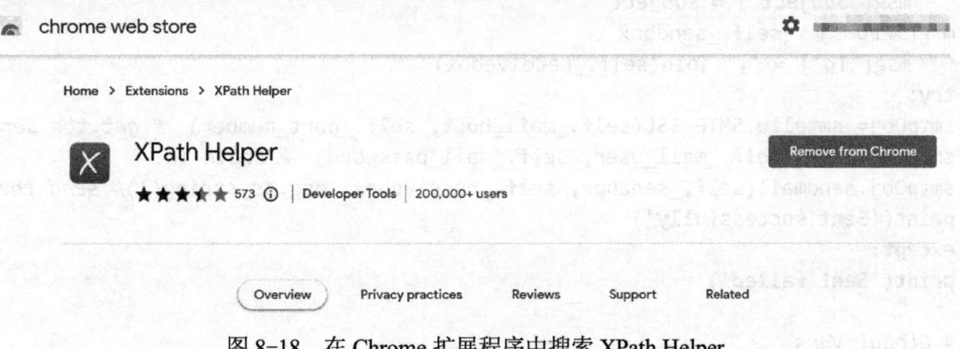

图 8-18　在 Chrome 扩展程序中搜索 XPath Helper

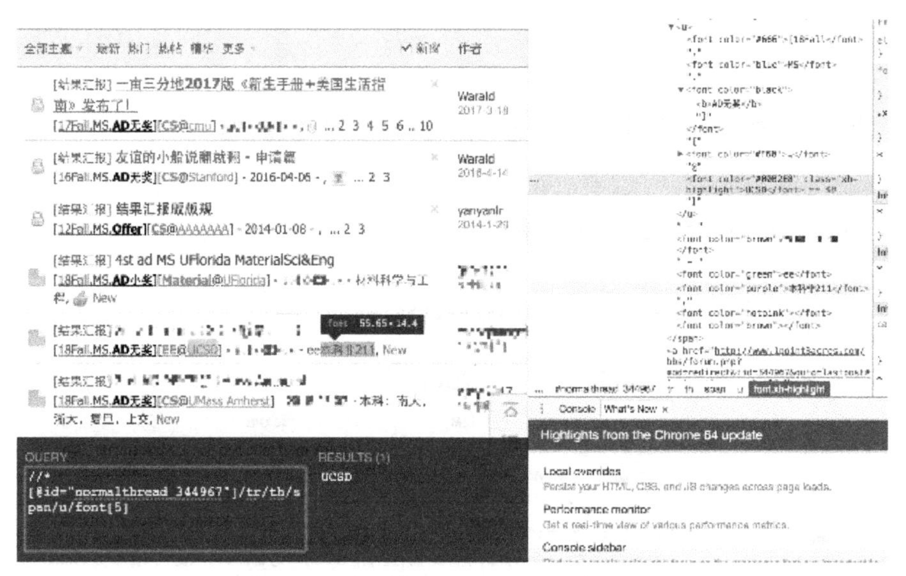

图 8-19　使用 XPath Helper 验证的结果

【例 8-3】 crawl-1p.py，爬取一亩三分地论坛帖子的爬虫。

```
from lxml import html
import requests
from pprint import pprint
import smtplib
from email.mime.text import MIMEText
import time, logging, random
import os

class Mail163():
_sendbox= 'yourmail@mail.com'
_receivebox= ['receive@mail.com']
  _mail_password = 'password'
_mail_host = 'server.smtp.com'
_mail_user = 'yourusername'
_port_number = 465 # 465 is default the port number for smtp server

def SendMail(self, subject, body):
print("Try to send...")
    msg = MIMEText(body)
    msg['Subject'] = subject
msg['From'] = self._sendbox
    msg['To'] = ','.join(self._receivebox)
try:
smtpObj= smtplib.SMTP_SSL(self._mail_host, self._port_number)  # get the server
smtpObj.login(self._mail_user, self._mail_password)  # login in
smtpObj.sendmail(self._sendbox, self._receivebox, msg.as_string())# send the mail
print('Sent successfully')
except:
print('Sent failed')

# Global Vars
```

```
    header_data = {
    'Accept':
'text/html,application/xhtml+xml,application/xml;q=0.9,image/Webp,*/*;q=0.8',
    'Accept-Encoding': 'gzip, deflate, sdch, br',
    'Accept-Language': 'zh-CN,zh;q=0.8',
    'Upgrade-Insecure-Requests': '1',
    'User-Agent': 'Mozilla/5.0 (Windows NT 6.1; WOW64) AppleWebKit/538.36 (KHTML,
like Gecko) Chrome/36.0.1985.125 Safari/538.36',
    }
    url_list = [
    'http://www.1point3acres.com/bbs/forum.php?mod=forumdisplay&fid=82&sortid=164&%1=
&sortid=164&page={}'.format(i) for i
    in range(1, 5)]
    url = 'http://www.1point3acres.com/bbs/forum-82-1.html'
    mail_sender = Mail163()
    shit_words = ['PhD', 'MFE', 'Spring', 'EE', 'Stat', 'ME', 'Other']
    DONOTCARE = 'DONOTCARE'
    DOCARE = 'DOCARE'
    PWD = os.path.abspath(os.curdir)
    RECORDTXT = os.path.join(PWD, 'Record-Titles.txt')
    ses= requests.Session()

    def SentenceJudge(sent):
      for word in shit_words:
        if word in sent:
          return DONOTCARE

    return DOCARE

    def RandomSleep():
    float_num = random.randint(-100, 100)
      float_num = float(float_num / (100))
      sleep_time = 5 + float_num
      time.sleep(sleep_time)
    print('Sleep for {} s.'.format(sleep_time))

    def SendMailWrapper(result):
    mail_subject = 'New AD/REJ @ 一亩三分地: {}'.format(result[0])
      mail_content = 'Title:\t{}\n' \
    'Link:\n{}\n' \
    '{} in\n' \
    '{} of\n' \
    '{}\n' \
    'Date:\t{}\n' \
    '---\nSent by Python Toolbox.' \
        .format(result[0], result[1], result[3], result[4], result[5], result[6])

      mail_sender.SendMail(mail_subject, mail_content)

    def RecordWriter(title):
      with open(RECORDTXT, 'a') as f:
    f.write(title + '\n')
```

```
    logging.debug("Write Done!")

  def RecordCheckInList():
  checkinlist= []
  with open(RECORDTXT, 'r') as f:
      for line in f:
  checkinlist.append(line.replace('\n', ''))

  return checkinlist

  def Parser():
  final_list = []
  for raw_url in url_list:
  RandomSleep()
  pprint(raw_url)
      r = ses.get(raw_url, headers=header_data)
      text = r.text
      ht = html.fromstring(text)
  for result in ht.xpath('//*[@id]/tr/th'):
  # pprint(result)
        # pprint('------')
  content_title = result.xpath('./a[2]/text()')# 0
  content_link = result.xpath('./a[2]/@href')  # 1
  content_semester = result.xpath('./span[1]/u/font[1]/text()')# 2
  content_degree = result.xpath('./span[1]/u/font[2]/text()')# 3
  content_major = result.xpath('./span/u/font[4]/b/text()')# 4
  content_dept = result.xpath('./span/u/font[5]/text()')# 5
  content_releasedate= result.xpath('./span/font[1]/text()')# 6

  if len(content_title) + len(content_link) >= 2 and content_title[0] != '预览':
  final = []
          final.append(content_title[0])
          final.append(content_link[0])

  if len(content_semester) >0:
  final.append(content_semester[0][1:])
  else:
  final.append('No Semester Info')
  if len(content_degree) >0:
  final.append(content_degree[0])
  else:
  final.append('No Degree Info')
  if len(content_major) >0:
  final.append(content_major[0])
  else:
  final.append('No Major Info')
  if len(content_dept) >0:
  final.append(content_dept[0])
  else:
  final.append('No Dept Info')
  if len(content_releasedate) >0:
  final.append(content_releasedate[0])
  else:
```

```
final.append('No Date Info')
# print('Now :\t{}'.format(final[0]))
if SentenceJudge(final[0]) != DONOTCARE and \
SentenceJudge(final[3]) != DONOTCARE and \
SentenceJudge(final[4]) != DONOTCARE and \
SentenceJudge(final[2]) != DONOTCARE:
final_list.append(final)
else:
        pass

  return final_list

if __name__ == '__main__':

print("Record Text Path:\t{}".format(RECORDTXT))
  final_list = Parser()
pprint('final_list:\tThis time we have these results:')
pprint(final_list)
print('*' * 10 + '-' * 10 + '*' * 10)
  sent_list = RecordCheckInList()
pprint("sent_list:\tWe already sent these:")
pprint(sent_list)
print('*' * 10 + '-' * 10 + '*' * 10)
for one in final_list:
   if one[0] not in sent_list:
pprint(one)
SendMailWrapper(one) # Send this new post
RecordWriter(one[0])  # Write New into The RECORD TXT
RandomSleep()

RecordWriter('-' * 15)

del mail_sender
del final_list
del sent_list
```

在上面的代码中，Mail163 类是一个邮件发送类，其对象可以被理解为一个抽象的发信操作。负责发信的是 SendMail()方法，shit_words 是一个包含了屏蔽词的列表。SentenceJudge()方法通过该列表判断信息是否应该保留。SendMailWrapper()方法包装了 SendMail()方法，最终可以在邮件中发出格式化的文本。RecordWriter()方法负责将抓取的信息保存到本地中，RecordCheckInList()则读取本地已保存的信息，如果本地已保存（即旧帖子），便不再将帖子添加到发送列表 sent_list（见 main 中的语句）。

Parser 是负责解析网页和爬虫逻辑的主要部分，其中连续的 ifelse 判断部分则是为了判断帖子是否包含用户关心的信息。编写爬虫完毕后，可以先使用自己的邮箱账号在本地测试一下，发送邮箱和接收邮箱都设置为自己的邮箱。

8.3.3 爬虫的部署

编辑并调试好爬虫程序后，使用 scp -P 可以将本地的脚本文件传输（实际上是一种远程拷贝）到服务器上。实际上，scp 是 secure copy 的简写，这个命令用于在 Linux 下进行远程拷贝（复制）文件，和它类似的命令有 cp，不过 cp 是在本机进行拷贝。

将文件从本地机器复制到远程机器的命令如下：

```
scp local_file remote_username@remote_ip:remote_file
```

将 remote_username 和 remote_ip 等参数替换为自己想要的内容（比如将 remote_username 换为“root”，因为 VPS 的用户名一般就是 root），执行命令并输入密码即可。如果需要通过端口号传输，命令为：

```
scp -P port local_file remote_username@remote_ip:remote_file
```

当 scp 执行完毕，用户的远程机器上便有了一份本地爬虫程序的拷贝。这时可以选择直接手动执行这个爬虫程序，只要远程服务器的运行环境能够满足要求，就能够成功运行这个爬虫。也就是说，一般只要安装好爬虫所需的 Python 环境与各个扩展库等即可，可能还需要配置数据库，本例中爬虫较为简单，数据通过文件存取，故暂不需要这一环节。不过，还可以使用一些简单的命令将爬虫变得更“自动化”一些，其中 Linux 系统下的 crontab 定时命令就是一个很方便的工具。

🕮 提示：crontab 是一个控制计划任务的命令，而 crond 是 Linux 下用来周期性地执行某种任务或等待处理某些事件的一个守护进程。如果发现机器上没有 crontab 服务，可以通过 yum install crontabs 来进行安装。crontab 的基本命令行格式是：crontab [-u user] [-e | -l | -r]，其中-u user 表示用来设定某个用户的 crontab 服务；-e 表示编辑某个用户的 crontab 文件内容。如果不指定用户，则表示编辑当前用户的 crontab 文件。-l 表示显示某个用户的 crontab 文件内容，如果不指定用户，则表示显示当前用户的 crontab 文件内容。-r 参数表示从/var/spool/cron 目录中删除某个用户的 crontab 文件，如果不指定用户，则默认删除当前用户的 crontab 文件，等于是一个归零操作。

在用户所建立的 crontab 文件中，每行都代表一项任务，每行的每个字段代表一项设置，它的格式共分为六个字段，前五段是时间设定段，第六段是要执行的命令段。

执行 crontab 命令的时间格式一般是类似图 8-20 这样的：

```
# .---------------- minute (0 - 59)
# |  .------------- hour (0 - 23)
# |  |  .---------- day of month (1 - 31)
# |  |  |  .------- month (1 - 12) OR jan,feb,mar,apr ...
# |  |  |  |  .---- day of week (0 - 6) (Sunday=0 or 7)  OR
#sun,mon,tue,wed,thu,fri,sat
# |  |  |  |  |
# *  *  *  *  *  command to be executed
```

图 8-20　crontab 的时间格式

可以在远程服务器上执行 crontab -e 命令，添加一行：

```
0 * * * * python crawl-1p.py
```

之后保存并退出（对于 vi 编辑器而言，即按下〈Esc〉键后输入“:wq”），使用 crontab -l 命令可查看到这条定时任务。之后要做的就是等待程序每隔一小时运行一次，并将爬取到的格式化信息发送到你的邮箱了。不过这里要说明的是，在这个程序中将邮箱用户名、密码等信息直接写入程序是不可取的行为，正确的方式是在执行程序时通过参数传递。这里为了重点展示远程爬虫，省去了对数据安全性的这一考虑。

8.3.4　实时查看运行结果

根据在 crontab 中设置的时间间隔，等待程序自动运行后，用户进入自己的邮箱，可以看到远程自动发送来的邮件（见图 8-21），其内容即爬取到的论坛数据（即邮件正文内容，见图 8-22）。这个程序还没有考虑性能上的问题，另外，在爬取的帖子数据较多时应该考虑使用数据库进行存储。

图 8-21　邮件列表

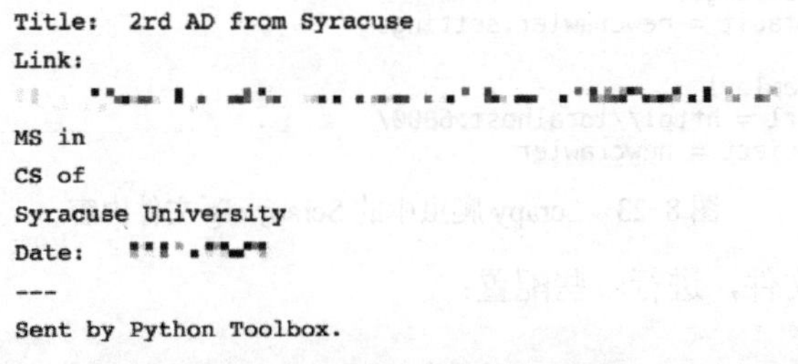

图 8-22　邮件正文内容示例

这样的结果说明，本次对爬虫程序的远程部署已经成功，本例中的爬虫较为简单，如果涉及更复杂的内容，可能还需要用到一些专为此设计的工具。

8.3.5　使用框架管理爬虫

Scrapy 作为一个非常强大的爬虫框架受众广泛，正因如此，在被用户作为基础爬虫框架进行开发的同时，它也衍生出了一些其他的实用工具，Scrapyd 就是这样一个库，它能够用来方便地部署和管理 Scrapy 爬虫。

如果在远程服务器上安装 Scrapyd，启动服务，就可以将自己的 Scrapy 项目直接部署到远程主机上。另外，Scrapyd 还提供了一些便于操作的方法和 API，借此用户可以控制 Scrapy 项目的运行。Scrapyd 的安装依然是通过 pip 命令：

```
pip install Scrapyd
```

安装完成后，在 shell 中通过 Scrapyd 命令直接启动服务，在浏览器中根据 shell 中的提示输入地址，即可看到 Scrapyd 已在运行中。

Scrapyd 的常用命令（在本地机器的命令）包括：

- 列出所有爬虫：curl http://localhost:6800/listprojects.json
- 启动远程爬虫：curl http://localhost:6800/schedule.json -d project=myproject -d spider=somespider
- 查看爬虫：curl http://localhost:6800/listjobs.json?project=myproject

另外，在启动爬虫后，会返回一个 jobid，如果想要停止刚才启动了的爬虫，就需要通过这个 jobid 执行新命令：

```
curl http://localhost:6800/cancel.json -d project=myproject -d job=jobid
```

但这些都不涉及爬虫部署的操作，在控制远程的爬虫运行之前，需要将爬虫代码上传到远程服务器上，这就涉及了打包和上传等操作。为了解决这个问题，可以使用另一个包 Scrapyd-Client 来完成。安装指令如下，依然是通过 pip 安装：

```
pip3 install Scrapyd-client
```

熟悉 Scrapy 爬虫的读者可能会知道，每次创建 Scrapy 新项目之后，会生成一个配置文件 Scrapy.cfg，见图 8-23。

```
# Automatically created by: scrapy startproject
#
# For more information about the [deploy] section see:
# https://scrapyd.readthedocs.org/en/latest/deploy.html

[settings]
default = newcrawler.settings

[deploy]
#url = http://localhost:6800/
project = newcrawler
```

图 8-23　Scrapy 爬虫中的 Scrapy.cfg 文件内容

下面打开此配置文件，进行一些配置：

```
#Scrapyd 的配置名
[deploy:Scrapy_cfg1]
#启动Scrapyd 服务的远程主机 ip，localhost 默认为本机
url = http://localhost:6800/
#url = http:xxx.xxx.xx.xxx:6800  # 服务器的IP
username = yourusername
password = password
#项目名称
project = ProjectName
```

完成之后，就能够省略 scp 等烦琐操作，通过“Scrapyd-deploy”命令实现一键部署。如果还要想实时监控服务器上 Scrapy 爬虫的运行状态，可以通过请求 Scrapyd 的 API 来实现。Scrapyd-API 库就能完美地满足这个要求，安装这个工具后，用户就可以通过简单的

Python 语句来查看远程爬虫的状态（如下面的代码），用户得到的输出结果就是以 JSON 形式呈现的爬虫运行情况。

```
from Scrapyd_api import ScrapydAPI
Scrapyd= ScrapydAPI('http://host:6800')
Scrapyd.list_jobs('project_name')
```

当然，在爬虫的部署和管理方面，还有一些更为综合性、在功能上更为强大的工具，比如由国人所开发的 Gerapy（https://github.com/Gerapy/Gerapy），这是一个基于 Scrapy、Scrapyd、Scrapyd-Client、Scrapy-Redis、Scrapyd-API、Scrapy-Splash、django、Jinjia2 等众多强大工具的库，能够帮助用户通过网页 UI 查看并管理爬虫。

安装 Gerapy 仍然是通过 pip 实现：

```
pip3 install gerapy
```

pip3 指明了是为 Python 3 安装，当计算机中同时存在 Python 2 与 Python 3 环境时，使用 pip2 和 pip3 便能够区分这一点。

安装完成之后，就可以马上使用 gerapy 命令。初始化命令是：

```
gerapy init
```

该命令执行完毕之后，就会在本地生成一个 gerapy 的文件夹，进入该文件夹（cd 命令），可以看到有一个 projects 文件夹（ls 命令）。之后执行数据库初始化命令：

```
gerapy migrate
```

它会在 gerapy 目录下生成一个 SQLite 数据库，同时建立数据库表。之后执行启动服务的命令（见图 8-24）。

```
gerapy runserver
```

```
Django version 2.0.2, using settings 'gerapy.server.server.settings'
Starting development server at http://127.0.0.1:8000/
Quit the server with CONTROL-C.
```

图 8-24　runserver 命令的结果

最后在浏览器中打开 http://localhost:8000/，就可以看到 Gerapy 的主界面，见图 8-25。

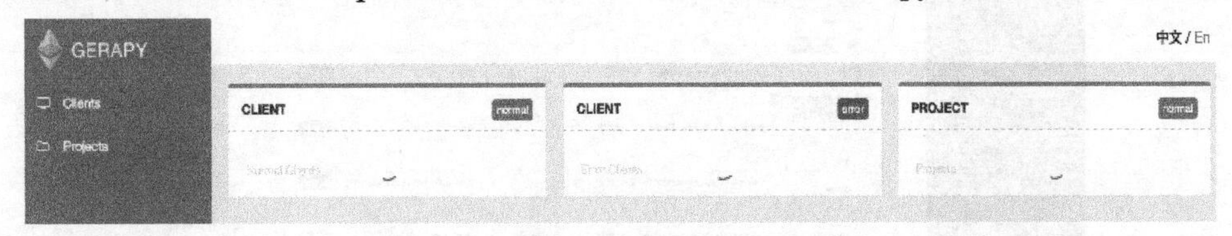

图 8-25　Gerapy 显示的主机和项目状态

Gerapy 的主要功能就是项目管理，用户可以通过它配置、编辑和部署自己的 Scrapy 爬虫。如果想要对一个 Scrapy 项目进行管理和部署，将项目移动到刚才 Gerapy 运行目录的 projects 文件夹下即可。

接下来，通过单击部署按钮进行打包和部署，单击打包按钮，即可发现 Gerapy 会提示打包成功，之后便可以开始部署。当然，对于部署了的项目，Gerapy 也能够监控其状态。Gerapy 甚至提供了基于 GUI 的代码编辑页面，如图 8-26 所示。

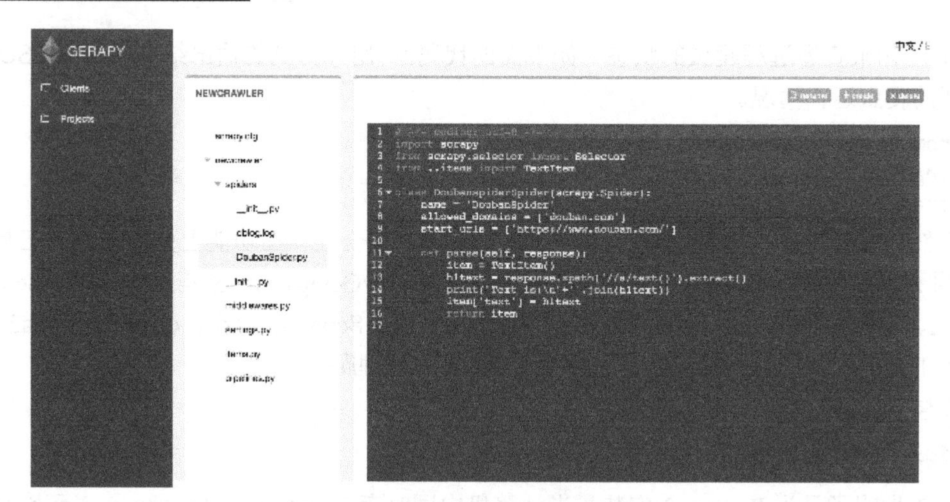

图 8-26　Gerapy 中的代码编辑页面

众所周知，Scrapy 中的 CrawlSpider 是一个非常常用的模板，CrawlSpider 通过一些简单的规则来完成爬虫的核心配置（如爬取逻辑等），因此，基于这个模板，如果要新创建一个爬虫，只需要写好对应的规则即可。Gerapy 利用了 Scrapy 的这一特性，用户如果写好规则，Gerapy 就能够自动生成 Scrapy 项目代码。

单击项目页面右上角的按钮，就能够增加一个可配置爬虫。然后在此处添加提取实体、爬取规则和抽取规则，详见图 8-27。配置完所有相关规则内容后，生成代码，最后只需要继续在 Gerapy 的 Web 页面操作，对项目进行部署和运行，也就是说，通过 Gerapy 完成了从创建到运行完毕这所有的工作。

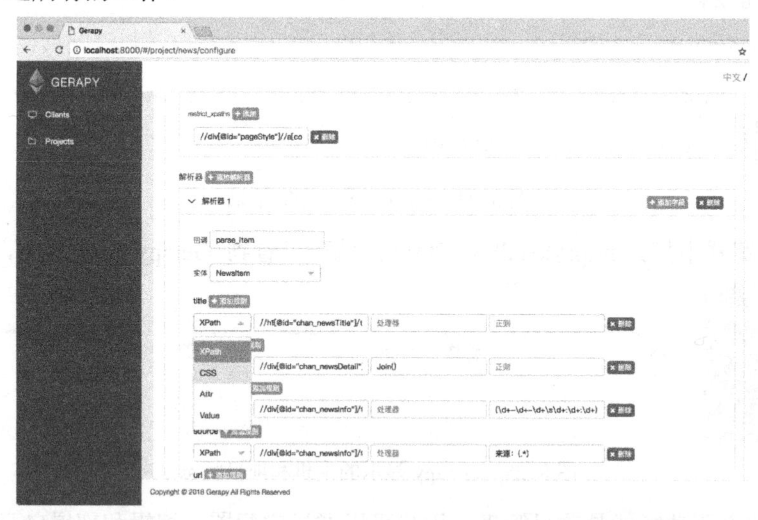

图 8-27　Gerapy 通过 UI 编辑爬虫（实体和规则等）

8.4　本章小结

本章介绍了不同应用领域的爬虫，还讨论了对爬虫的远程部署和管理。接下来的章节中将转向爬虫的另一个应用领域，那就是利用爬虫进行网站测试。

8.5　实践：基于 PyQuery 爬取菜鸟教程

8.5.1　需求说明

基于 PyQuery 爬取菜鸟教程的 Python 3 教程所有页面（https://www.runoob.com/python3/python3-tutorial.html）中的代码部分，并将其打印在控制台上。

8.5.2　实现思路及步骤

（1）首先获取到给出网站左侧边栏中所给出的页面链接并保存下来。

（2）遍历获取到的页面，使用 PyQuery 将选中所有的代码部分。

（3）将代码部分打印在控制台上。

8.6　习题

一、选择题

（1）以下哪个不是应用于爬虫方向的库（　　）。

A．requests

B．PyQuery

C．BeautifulSoup

D．pyaudio

（2）Python 中 open()函数常用的两个参数分别是（　　）。

A．文件路径和模式　　B．模式和编码

C．文件路径和编码　　D．文件路径和读写

（3）Python 程序文件的扩展名是（　　）。

A．*.python　　B．*.pt　　C．*.pyt　　D．*.py

二、判断题

（1）break 是 Python 中用于跳出循环的逻辑运算符。（　　）

（2）在 Python 中，使用==进行严格相等的判断。（　　）

（3）**也是一种 Python 运算符。（　　）

三、问答题

（1）Python 中的 pass 语句具有什么含义？

（2）Python 可以使用 pip 和 conda 两种工具管理包，请在网上查找相关资料说明两种工具各自的优势。

（3）根据图 8-20 中的 crontab 指令时间格式说明，请写出创建一个每周五 00:00～06:00 每 3min 执行一次 python run.py 任务的指令。

第 9 章 Selenium 模拟浏览器与网站测试

爬虫程序是天生为采集网络数据而生的，不过作为与网站进行交互的程序，爬虫还可以扮演网站测试的角色。对于很多 Web 应用而言，通常会将注意力放在后端的各项测试之上，前端界面测试一般会由一个程序员自行完成。使用爬虫程序，尤其是浏览器模拟，用户可以轻松地使用 Python 编写的爬虫程序来对网站进行测试，将可能需要手动的 GUI 操作使用代码自动化。事实上，Selenium 这个工具本身就是为网页测试而被开发出来的，使用 Selenium WebDriver 可以使得网站开发者十分方便地进行 UI 测试。其丰富的 API 可以帮助用户访问 DOM、模拟键盘输入，甚至运行 JavaScript。

学习目标

1．了解常见测试方式以及 Python 的单元测试。
2．熟悉 Selenium 框架。
3．掌握利用 Selenium 进行测试的方法。

9.1 测试

9.1.1 什么是测试

在人们提到“测试”这个概念时，很多时候所指代的就是“单元测试”。单元测试（有时候也叫模块测试）就是开发者所编写的一段代码，用于检验被测试代码的一个较小的、明确的功能是否正确。所以通常而言，一个单元测试是用于判断某个特定条件（或者场景）下某个特定函数的行为，而一个小模块的所有单元测试都会被集中到同一个类（class）中，并且每个单元测试都能够独立地运行。当然，单元测试的代码与生产代码也是独立的，一般会被保存在独立的项目和目录中。

作为程序开发中的重要一环，单元测试的作用包括确保代码质量、改善代码设计、保证代码重构不会引入新问题（以函数为单位进行重构的时候，只需要重新跑测试就基本可以保证重构没有引入新问题）。

除了单元测试，还会听到“集成测试”“系统测试”等其他名词，集成测试就是在软件系统集成过程中所进行的测试，一般安排在单元测试完成之后，目的是检查模块之间的接口是否正确。系统测试则是对已经集成好的软件系统进行彻底的测试，目标在于验证软件系统的正确性和性能等满足要求。本章将主要讨论单元测试。

9.1.2 什么是 TDD

按照理解，测试似乎是在代码完成之后再实现的部分，毕竟测试的是代码，但是测试却可以先行，而且还会收到良好的效果，这就是所谓的测试驱动开发（TDD），换句话说，TDD 就是先写测试，再写代码。《代码大全》中这样说：

- 在开始写代码之前先写测试用例，并不比之后再写要花多少工夫，只是调整了测试用例编写活动的工作顺序而已。
- 假如用户首先编写测试用例，那么将可以更早发现缺陷，同时也更容易修正它们。
- 首先编写测试用例，将迫使用户在开始写代码之前至少思考一下需求和设计，而这往往会催生更高质量的代码。
- 在编写代码之前先编写测试用例，能更早地把需求上的问题暴露出来。

实际上，《代码整洁之道》中还描述了 TDD 三定律：

- 定律一：在编写不能通过的单元测试前，不可编写生产代码。
- 定律二：只可编写刚好无法通过的单元测试，不能编译也算作不通过。
- 定律三：只可编写刚好足以通过当前失败测试的生产代码。产品代码能够让当前失败的单元测试成功通过即可，不要多写。

无论是先写测试还是后写测试，测试都是需要重视的环节，最终目的是提供可用的完善的程序模块。

9.2 Python 的单元测试

9.2.1 使用 unittest

在 Python 中，用户可以使用自带的 unittest 模块编写单元测试，见例 9-1。

【例 9-1】TestStringMethods.py，unittest 简单示例。

```
import unittest

class TestStringMethods(unittest.TestCase):

    def test_upper(self):
self.assertEqual('test'.upper(), 'TEST')# 判断两个值是否相等

def test_isupper(self):
self.assertTrue('TEST'.isupper())# 判断值是否为 True
self.assertFalse('Test'.isupper())# 判断值是否为 False
```

在 PyCharm IDE 中运行这个程序，可以看到与普通的脚本不同，这个程序被作为一个测试来执行，见图 9-1。

当然，也可以使用命令行来运行：

```
python3 -m unittestTestStringMethods
```

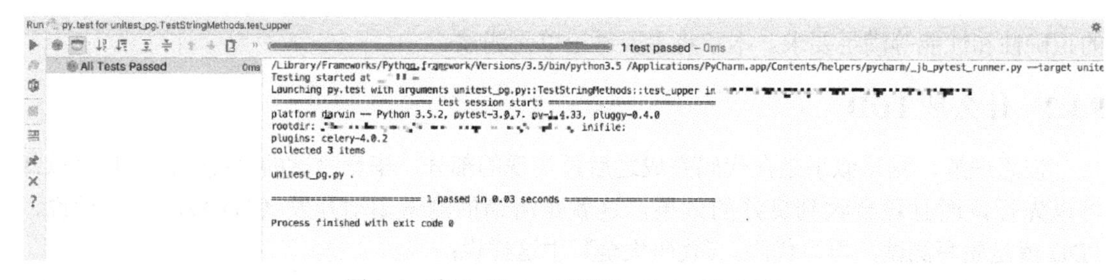

图 9-1　在 PyCharm 运行 TestStringMethods

输出为：

```
..
----------------------------------------------------------------------
Ran 2 tests in 0.000s

OK
```

使用-v 参数执行命令可以获得更多信息，见图 9-2。

```
test_isupper (TestStringMethods.TestStringMethods) ... ok
test_upper (TestStringMethods.TestStringMethods) ... ok

----------------------------------------------------------------------
Ran 2 tests in 0.000s

OK
```

图 9-2　运行 TestStringMethods 的信息

以上输出说明用户的测试都已通过。如果还想换一种方式，使用运行普通脚本的方式来执行测试，就像这样：python3 TestStringMethods.py，那么还需要在脚本末尾增加两行代码：

```
if __name__ == '__main__':
unittest.main()
```

在这个示例中，创建了一个 TestStringMethods 类，并继承了 unittest.TestCase。这里方法命名都以 test 开头，表明该方法是测试方法。实际上，不以 test 开头的方法在测试的时候就不会被 Python 解释器执行。因此，如果添加这样的一个方法：

```
def nottest_isupper(self):
self.assertEqual('TEST'.upper(),'test')
```

虽然'TEST'.upper()与'test'并不相等，但是这个测试仍然会通过，因为 nottest_isupper 方法不会被执行。在上述的各个方法里面，使用了断言（assert）来判断运行的结果是否和预期相符。其中：

- assertEqual，判断两个值是否相等。
- assertTrue/assertFalse，判断表达式的值是 True 还是 False。

而断言方法主要分为三种类型：

- 检测两个值的大小关系，即相等、大于、小于等。
- 检查逻辑表达式的值：True/False。
- 检查异常。

在实践中常用的 unittest 断言方法见表 9-1。

表 9-1　常见的 unittest 断言方法

断言方法	意义解释
assertEqual(a, b)	判断 a==b
assertNotEqual(a, b)	判断 a！=b
assertTrue(x)	bool(x) is True
assertFalse(x)	bool(x) is False
assertIs(a, b)	a is b
assertIsNot(a, b)	a is not b
assertIsNone(x)	x is None
assertIsNotNone(x)	x is not None
assertIn(a, b)	a in b
assertNotIn(a, b)	a not in b
assertIsInstance(a, b)	isinstance(a, b)
assertNotIsInstance(a, b)	not isinstance(a, b)

有时候还需要在每个测试方法的执行前和执行后做一些操作，比如，需要在每个测试方法执行前连接数据库，执行后断开连接。可以使用 eard（启动）和 eardown（退出）方法，这样就不需要再在每个测试方法中编写重复的代码。首先来改写一下刚才的测试类：

```
import unittest

class TestStringMethods(unittest.TestCase):
  def eard(self):
print("set up the test")

  def eardown(self):
print("tear down the test")

  def test_upper(self):
self.assertEqual('test'.upper(), 'TEST')# 判断两个值是否相等

def test_isupper(self):
self.assertTrue('TEST'.isupper())# 判断值是否为 True
self.assertFalse('Test'.isupper())# 判断值是否为 False

def nottest_isupper(self):
self.assertEqual('TEST'.upper(),'test')
```

再次使用命令“python3 -m unittest -v　TestStringMethods”来执行测试，见图 9-3。

可见在测试类在执行测试之前和之后会分别执行 setUp()和 tearDown()。注意，这两个函数是在每个测试的开始和结束都运行，而不是把 TestStringMethods 这个测试类作为一个整体而只在开始和结束运行一次。

```
test_isupper (TestStringMethods.TestStringMethods) ... set up the test
tear down the test
ok
test_upper (TestStringMethods.TestStringMethods) ... set up the test
tear down the test
ok

----------------------------------------------------------------------
Ran 2 tests in 0.000s

OK
```

图 9-3　再次执行 TestStringMethods 的测试

9.2.2　其他方法

除了 Python 内置的 unittest，用户还有不少别的选择，Pytest 模块就是个不错的选择，Pytest 兼容 unittest，目前很多开源项目也都在用。安装也是十分方便：

```
pip install pytest
```

Pytest 的功能比较全面而且可扩展，但是语法很简洁，甚至比 unittest 还要简单，见例 9-2。

【例 9-2】 pytestCalculate.py，pytest 模块示例。

```
def add(a, b):
  return a + b

def test_add():
  assert add(2, 4) == 6
```

这里使用 pytestCalculate.py 命令来执行测试，见图 9-4。

```
============================= test session starts ==============================
platform darwin -- Python 3.5.2, pytest-3.0.7, py-1.4.33, pluggy-0.4.0
rootdir: [illegible]
plugins: celery-4.0.2
collected 1 items

pytestCalculate.py .

=========================== 1 passed in 0.01 seconds ===========================
```

图 9-4　pytestCalculate 的测试结果

当需要编写多个测试样例的时候，可以将其放到一个测试类当中：

```
def add(a, b):
  return a + b

def mul(a, b):
  return a * b

class TestClass():
  def test_add(self):
    assert add(2, 4) == 6

def test_mul(self):
    assert mul(2,5) == 10
```

编写时需要遵循一些原则：

- 测试类以 Test 开头，并且不能带有__init__方法。

- 测试函数以 test_开头。
- 断言使用基本的 assert 来实现。

仍然可以使用“pytestpytestCalculate.py”来进行这个测试，输出结果会显示“2 passed in 0.03 seconds”。

当然，除了 unittest 和 Pytest，Python 中的单元测试工具还有很多，有兴趣的读者可以自行了解。

9.3 使用 Python 爬虫测试网站

把 Python 单元测试的概念与网络爬虫程序结合起来，用户就可以实现简单的网站功能测试。不妨来测试一下论坛类网站（即以用户发帖和回帖为主要内容的网站），这里为了举例简单起见，从一个十分基础的功能单元切入：顶帖对网站内容排序的影响。也就是说，在众多页面中，被展示在前面的页面（即页码较小）中的帖子的最后回复时间（日期）一定新于后面页面中帖子的最后回复时间，而同一页面的帖子列表中上面的帖子的最后回复时间（日期）也一定新于下面的帖子。以著名的水木论坛 BBS 为例，其爬虫类见例 9-3。

【例 9-3】 Newsmth_pg.py，水木论坛的爬虫。

```
import requests, time
from lxml import html

class NewsmthCrawl():
  header_data = {'Accept':
'text/html,application/xhtml+xml,application/xml;q=0.9, image/Webp,*/*;q=0.8',
'Accept-Encoding': 'gzip, deflate, sdch, br',
'Accept-Language': 'zh-CN,zh;q=0.8',
'Connection': 'keep-alive',
'Upgrade-Insecure-Requests': '1',
'User-Agent': 'Mozilla/5.0 (Windows NT 6.1; WOW64) AppleWebKit/537.36 (KHTML, like Gecko) Chrome/36.0.1985.125 Safari/537.36',
                }

  def set_startpage(self, startpagenum):
self.start_pagenum = startpagenum

def set_maxpage(self, maxpagenum):
self.max_pagenum = maxpagenum

def set_kws(self, kw_list):
self.kws = kw_list

def keywords_check(self, kws, str):
    if len(kws) == 0 or len(str) == 0:
      return False
    else:
      if any(kw in str for kw in kws):
        return True
      else:
        return False
```

```
      def get_all_items(self):
        res_list = []
    ses = requests.Session()

        raw_urls = ['http://www.newsmth.net/nForum/board/Joke?ajax&p={}'.
                      format(i) for I in range(self.start_pagenum, self.max_pagenum)]
        for url in raw_urls:
    resp = ses.get(url, headers=NewsmthCrawl.header_data)
          h1 = html.fromstring(resp.content)
          raw_xpath ='//*[@id="body"]/div[3]/table/tbody/td'

    for one in h1.xpath(raw_xpath):
            tup = (one.xpath('./td[2]/a/text()[0]','http://www.newsmth.net' + one.xpath
('./td[2]/a/@href')[0],
                   one.xpath('./td[8]/a/text()[0]')
            res_list.append(tup)

          time.sleep(1.2)

        return res_list
```

这个爬虫类的核心方法是 get_all_items()，这个方法会返回一个列表（list），列表中的每个元素都是一个元组（tuple），元组中有三个元素：帖子的标题、帖子的链接、帖子的最后回复日期。目的是对水木论坛笑话版面（地址是 www.newsmth.net/nForum/#!board/Joke）进行爬取。另外，keywords_check()方法会接受两个参数，kws 和 str，判断 kws 列表中是否存在某个关键词也在 str 这个字符串中，返回布尔值。不过在目前的 get_all_items()方法中还没有进行关键词检测，这个方法也没有在任何地方被调用。

简单地执行这个爬虫，输出 get_all_items()的结果，见图 9-5。

```
 '2017-10-15'),
('说说学渣吧', 'http://www.newsmth.net/nForum/article/Joke/3692733', '2017-10-15'),
('鸭子很忙的', 'http://www.newsmth.net/nForum/article/Joke/3693846', '2017-10-15'),
('淡水鱼是不是除了重金属多其他没毛病，比肉类健康多了？ (',
 'http://www.newsmth.net/nForum/article/Joke/3693845',
 '2017-10-15'),
('冷笑话', 'http://www.newsmth.net/nForum/article/Joke/3693782', '2017-10-15'),
('论文查重', 'http://www.newsmth.net/nForum/article/Joke/3693787', '2017-10-15'),
('进版是什么意思？',
 'http://www.newsmth.net/nForum/article/Joke/3693749',
 '2017-10-15'),
('[合集] 为什么有人要黑中药',
 'http://www.newsmth.net/nForum/article/Joke/3693764',
 '2017-10-15').
```

图 9-5　get_all_items()方法的结果

对应的编写一个测试类，存放在 test_newsmth.py 中，见例 9-4。

【例 9-4】 test_newsmth.py，水木论坛爬虫的测试。

```
import datetime
from newsmth_pg import NewsmthCrawl

class TestClass():
  def test_lastreplydatesort(self):
Nsc = NewsmthCrawl()
```

```
        Nsc.set_startpage(3)
        Nsc.set_maxpage(10)
        tup_list = Nsc.get_all_items()
    for i in range(1, len(tup_list)):
    dt_new = datetime.datetime.strptime(tup_list[i-1][-1],('%Y-%m-%')
        dt_old = datetime.datetime.strptime(tup_list[i][-1],('%Y-%m-%')
    assert dt_new >= dt_old
```

这个测试类只有一个测试方法，test_lastreplydatesort 的目标是获取所有“最后回复日期”然后逐个比对。因为多个帖子可能会有同一个回复日期，所以在断言语句中是“>=”而不是“>”。另外，dt_new 和 dt_old 都是使用 strptime()构造的 datetime 对象，strptime()方法的作用是按照特定时间格式，将字符串转换为时间类型。

最后，执行“pytest test_newsmth.py”来进行测试，最终测试通过，如图 9-6 所示。

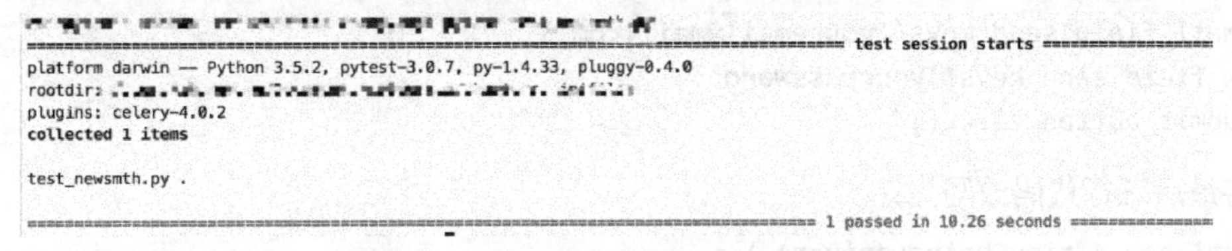

图 9-6　Pytest 测试水木论坛爬虫的结果

9.4　使用 Selenium 测试

虽然使用 Python 单元测试，用户能够对网站的内容进行一定程度的测试，但是对于测试页面功能，尤其是涉及 JavaScript 时，简单的爬虫就显得多少有点黔驴技穷了。十分幸运的是，可以利用 Selenium 这个工具，与 Python 单元测试不同的是，Selenium 并不要求单元测试必须是一个测试方法，另外，测试通过的话也不会有什么提示。Selenium 测试可以在 Windows、Linux 和 Mac 上的 Internet Explorer、Mozilla 和 Firefox 浏览器中运行，能够覆盖如此多的平台正是 Selenium 的一个突出优点。不同于普通的 Python 测试，Selenium 测试可以从终端用户的角度来测试网站。而且，通过在不同平台的不同浏览器中进行测试，也更容易使用户发现浏览器的兼容性问题。

9.4.1　Selenium 测试常用的网站交互

Selenium 进行网站测试的基础就是自动化浏览器与网站的交互，包括页面操作、数据交互等。本书之前曾对 Selenium 的基本使用做过简单的说明，有了网站交互（而不是典型爬虫程序避开浏览器界面的策略），就能够完成很多测试工作，比如找出异常表单、HTML 排版错误、页面交互问题。

用户开始页面交互的第一步都是定位元素，即使用 find_element(s)_by_*系列方法。

对于一个给定的元素（最好已经定位到了这个元素），Selenium 能够执行的操作也很多：包括单击（click()方法），双击（double_click()方法），键盘输入（send_keys()方法），清除输入（clear()方法）等。用户甚至可以模拟浏览器的前进或后退：使用 driver.forward()和 driver.back()或者是访问网站弹出的对话框：driver.switch_to_alert()。

Selenium 中的动作链（Action Chain）也是一个十分方便的设计，可以用它来完成多个动作，其效果与对一个元素显式执行多个操作是一致的。例 9-5 是一个 Selenium 登录豆瓣的例子。

【例 9-5】 Selenium 登录豆瓣。

```
from selenium import Webdriver
from selenium.Webdriver import ActionChains

path_of_chromedriver='your path of chrome driver'
driver = Webdriver.Chrome(path_of_chromedriver)
driver.get('https://www.douban.com/login')
email_field = driver.find_element_by_id('email')
pw_field = driver.find_element_by_id('password')
submit_button = driver.find_element_by_name('login')

email_field.send_keys('youremail@mail.com')
pw_field.send_keys('yourpassword')
submit_button.click()
```

将最后三行代码改写为:

```
actions= ActionChains(driver).\
  click(email_field).send_keys('youremail@mail.com') \
  .click(pw_field).send_keys('yourpassword').click(submit_button)

actions.perform()
```

效果会是完全一致的。第一种方式在两个字段上调用 send_keys()，然后单击登录按钮。第二种方式则使用一个动作链来单击每个字段并填写信息，最后登录（不要忘了在最后使用 perform()方法执行这些操作）。实际上，不仅是使用 Webdriver 自带的方法进行交互，还拥有十分强大的 execute_script()方法:

```
last_height = driver.execute_script("return document.body.scrollHeight")
while True:
# Scroll down to bottom
driver.execute_script("window.scrollTo(0, document.body.scrollHeight"))
  new_height = driver.execute_script("return document.body.scrollHeight")
  if new_height == last_height:
    break
  last_height = new_height
```

上面的代码就是一个使用 JavaScript 脚本来进行页面交互的例子，其实现的功能是不断下拉到页面底端（即浏览器右侧的滚动条）。

最后，如果用户使用 PhantomJS 等无界面浏览器来进行测试，就会发现 Selenium 的截图保存是一个十分友好的功能。以下代码都能够完成截屏动作:

```
driver.save_screenshot('screenshot-douban.jpg')
driver.get_screenshot_as_file('screenshot-douban.png')
```

截屏的意义在于，当你搞不清楚测试问题所在时，看看此时的网站实时界面总是个不错的选择。

9.4.2 结合 Selenium 进行单元测试

Selenium 可以轻而易举地获取网站的相关信息，而单元测试可以评估这些信息是否满足测试条件，因此，结合 Selenium 进行单元测试就成为十分自然的选择。下面的示例对维基百科进行测试，在搜索框搜索“Wikipedia”关键词，检测查找结果，如果没有查询结果则测试不通过，见例 9-6。

【例 9-6】 TestWikipedia.py，一个使用 Selenium 测试 Wikipedia 的程序。

```
import unittest,time
from selenium import Webdriver
from selenium.Webdriver.common.keys import Keys

class TestWikipedia(unittest.TestCase):
path_of_chromedriver='your path of chromedriver'

def eardp(self):
self.driver = Webdriver.Chrome(executable_path=TestWikipedia.path_of_chromedriver)

def test_search_in_python_org(self):
driver = self.driver
    driver.get("https://en.wikipedia.org/wiki/Main_Page")
self.assertIn("Wikipedia", driver.title)
elem= driver.find_element_by_name("search")
elem.send_keys('Wikipedia')
elem.send_keys(Keys.RETURN)
    time.sleep(3)
assert"no result"not in driver.page_source

def eardownn(self):
print("Wikipedia test done")
self.driver.close()

if __name__ =="__main__":
unittest.main()
```

在上面的代码中，测试类继承自 unittest.TestCase，继承 TestCase 类是告诉 unittest 模块该类是一个测试用例。在 setUp 方法中，创建了 Chrome WebDriver 的一个实例，下面一行使用 assert 断言的方法判断在页面标题中是否包含“Wikipedia”：

```
self.assertIn("Wikipedia", driver.title)
```

使用 find_element_by_name()方法寻找到搜索框后，发送 keys 输入，这和使用键盘输入 keys 是同样的效果。另外，一些特殊的按键可以通过导入 selenium.Webdriver.common.keys 的 Keys 类来输入（正如代码开头那样）。之后检测网页中是否存在“**no results**”这个字符串，整个测试类的逻辑基本就是这样。

之后再次在 IDE 中运行这个测试程序，可见 Wikipedia 网站通过了这次测试（见图 9-7），对于“Wikipedia”这个关键字，搜索是不会查询不到结果的。

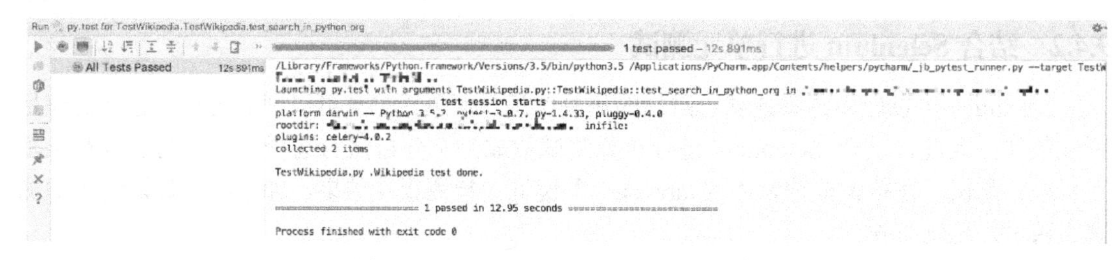

图 9-7　IDE 运行 TestWikipedia.py 的结果

当然，如果把搜索内容改为其他的“冷门”关键字，测试可能就无法通过了，例如，搜索“CANNOTSEARCH”这个理应就不会有什么结果的关键字，测试的结果如图 9-8 所示。

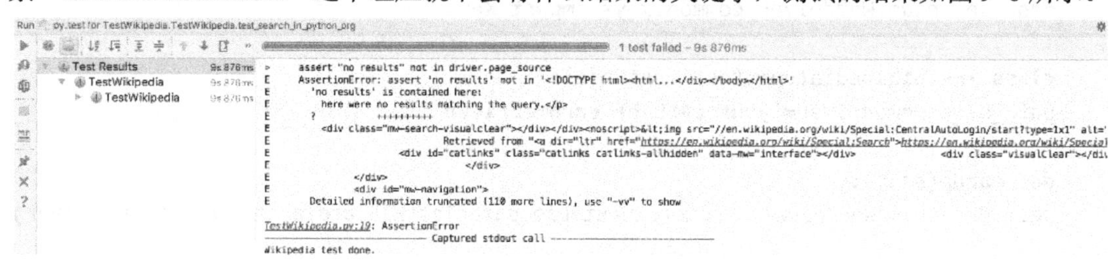

图 9-8　更改搜索关键字后的测试结果

不夸张地说，任何网站（当然也包括用户自己创建管理的网站）的内容都可以使用 Selenium 进行单元测试，并且，正如用户所看到的那样，测试代码的编写也并不复杂。

9.5　本章小结

本章重点讨论了 Python 单元测试的概念和方法，之后介绍了使用 Selenium 进行网站测试的思路。本章使用了一个维基百科的小例子来说明测试的具体编写，Selenium 测试所能做的远远不止这一点，使用 Selenium 提供的种种操作（主要以 WebDriver 的各种类方法来体现），就能够完成很多不同的测试，在这个角度上，网络爬虫与网站测试之间似乎也没有什么太大的区别了。另外，本章提到了两个 Python 单元测试工具：unittest 和 Pytest，有兴趣的读者还可以继续了解 PyUnit、Nose 等其他模块。

9.6　实践：使用 Selenium 爬取百度搜索“爬虫”的结果

9.6.1　需求说明

通过 Selenium 模拟用户进行百度搜索的操作，搜索“爬虫”一词，爬取前 5 页的数据并保存在本地。

9.6.2　实现思路及步骤

（1）将 Selenium 的目标网页设置为 https://www.baidu.com/，通过开发者工具模拟找出输入框、搜索按钮、下一页按钮的 XPath。必要时可以结合反爬虫应对方案中的随机 UA 池与随机代理池。

（2）使用 Selenium 模拟输入“爬虫”一词和单击搜索的操作，使用显示等待/sleep 等操作等待页面结果出现之后，使用正则表达式获取页面数据。

（3）模拟单击下一页按钮的操作，使用正则表达式爬取页面数据。

（4）将获取到的页面数据序列化为 JSON 格式，并保存在本地。

9.7　习题

一、选择题

（1）Selenium 中常见的时间等待方式不包括哪个（　　）。

A．Thread.Sleep　　B．Implicit Wait　　C．Explicit Wait　　D．Thread.Join

（2）Python 的 unittest 框架中不包括以下哪个断言方式（　　）。

A．assertEqual(a, b)　B．assertNull(x)　C．assertTrue(x)　D．assertIs(a, b)

（3）以下哪个方式不能提高 Selenium 脚本的执行速度（　　）。

A．使用效率更高的语言

B．尽量使用显式等待

C．禁止 JS 文件的加载

D．禁止 CSS 文件的加载

（4）以下哪个不是自动化测试的缺陷（　　）。

A．时间成本高　　B．金钱成本高

C．技术门槛高　　D．对测试质量的依赖性大

（5）以下哪个不是自动化测试的优势（　　）。

A．解放人力资源　　B．增加测试的一致性和可重复性

C．减少人力疏忽产生的错误　　D．可以发现更多 bug 所在

二、判断题

（1）Selenium 不需要 WebDriver 也能工作。（　）

（2）Selenium 无法处理 JavaScript 弹窗。（　）

（3）Selenium 无法处理 Windows 弹窗（如上传文件等）。（　）

（4）Selenium 中，driver.close()会关闭整个浏览器，即所有页面。（　）

（5）Selenium 中的元素如果被遮挡也可以被单击触发。（　）

三、问答题

（1）什么是单元测试？

（2）什么是自动化测试？

（3）Selenium 有几种定位方式，你最常用哪种，为什么？

（4）Selenium 中如何判断元素是否存在？

（5）Selenium 中如何判断元素是否显示？

第 10 章 爬虫框架 Scrapy 与反爬虫

在本章中将试图让爬虫程序变得更为强壮，并介绍主流的爬虫框架，另外还会通过网站反爬虫策略、爬虫性能和分布式爬虫几个方面进行讨论。

学习目标

1．熟悉 Scrapy 的使用。
2．掌握基于 Scrapy 框架的爬虫编写。
3．了解其他常见的爬虫框架。
4．了解常见的反爬虫机制，掌握反爬虫机制的应对方案。

10.1 爬虫框架

10.1.1 Scrapy 简介

按照官方的说法，Scrapy 是一个“为了爬取网站数据，提取结构性数据而编写的 Python 应用框架，可以应用在包括数据挖掘、信息处理或存储历史数据等各种程序中”。Scrapy 最初是为了网页抓取而设计的，也可以应用在获取 API 所返回的数据或者通用的网络爬虫开发之中。作为一个爬虫框架，用户可以根据自己的需求十分方便地使用 Scrapy 编写出自己的爬虫程序。用户要从使用 requests（或者 urllib）访问 URL 开始编写，把网页解析、元素定位等功能一行一行写进去，再编写爬虫的循环抓取策略和数据处理机制等其他功能，这些流程做下来，工作量其实也是不小的。使用特定的框架可以帮助用户更高效地定制爬虫程序。在各种 Python 爬虫框架中，Scrapy 因为合理的设计、简便的用法和十分广泛的资料等优点脱颖而出，成为比较流行的爬虫框架选择，在这里对它进行比较详细的介绍。当然，深入了解一个 Python 库相关知识最好的方式就是去它的官网或官方文档，Scrapy 的官网是 https://Scrapy.org/，读者可以随时访问并查看最新的消息。

作为可能是最流行的 Python 爬虫框架，掌握 Scrapy 爬虫编写是用户在爬虫开发中迈出的重要一步。当然，Python 爬虫框架有很多，相关资料也内容庞杂。

从构件上看，Scrapy 这个爬虫框架主要由以下组件来组成：

- 引擎（Scrapy）：用来处理整个系统的数据流处理，触发事务，是框架的核心。
- 调度器（Scheduler）：用来接受引擎发过来的请求，将请求放入队列中，并在引擎再次请求的时候返回。它决定下一个要抓取的网址，同时承担了网址去重这一重要工作。

- 下载器（Downloader）：用于下载网页内容，并将网页内容返回给爬虫。下载器的基础是 twisted，它是一个 Python 网络引擎框架。
- 爬虫（Spiders）：用于从特定的网页中提取自己需要的信息，即 Scrapy 中所谓的实体（Item）。也可以从中提取出链接，让 Scrapy 继续抓取下一个页面。
- 管道（Pipeline）：负责处理爬虫从网页中抽取的实体，主要的功能是持久化信息、验证实体的有效性、清洗信息等。当页面被爬虫解析后，将被发送到管道，并经过特定的程序来处理数据。
- 下载器中间件（Downloader Middlewares）：Scrapy 引擎和下载器之间的框架，主要是处理 Scrapy 引擎与下载器之间的请求及响应。
- 爬虫中间件（Spider Middlewares）：Scrapy 引擎和爬虫之间的框架，主要工作是处理爬虫的响应输入和请求输出。
- 调度中间件（Scheduler Middewares）：Scrapy 引擎和调度之间的中间件，从 Scrapy 引擎发送到调度的请求和响应。

它们之间的关系示意可见图 10-1。

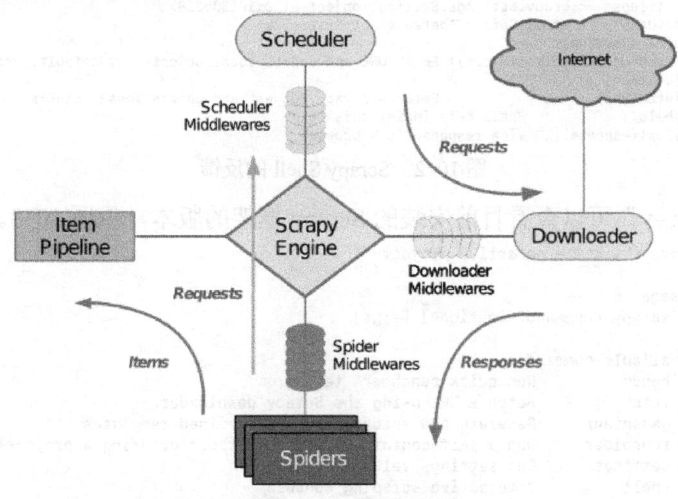

图 10-1　Scrapy 架构

具体地说，一个 Scrapy 爬虫的工作流程如下。

第一步，引擎打开一个网站，找到处理该网站的爬虫（Spider），并向该 Spider 请求第一个要爬取的 URL。第二步，引擎从 Spider 中获取到第一个要爬取的 URL 并在调度器（Scheduler）中以 Requests 调度。第三步，引擎向调度器请求下一个要爬取的 URL。第四步，调度器返回下一个要爬取的 URL 给引擎，引擎将 URL 通过下载器中间件转发给下载器（Downloader）。

一旦页面下载完毕，下载器会生成一个该页面的 Responses，并将其通过下载器中间件发送给引擎。引擎从下载器中接收到 Responses 并通过 Spider 中间件（Spider Middlewares）发送给 Spider 处理。之后 Spider 处理 Responses 并返回爬取到的 Item 及发送（跟进的）新的 Resquests 给引擎。引擎将爬取到的 Item 传递给 Item Pipeline，将（Spider 返回的）Requests

传递给调度器。重复以上从第二步开始的过程直到调度器中没有更多的 Request，最终引擎关闭网站。

10.1.2 安装与学习 Scrapy

用户可以通过 pip 十分轻松地安装 Scrapy，为了安装 Scrapy 可能首先需要使用以下命令安装 lxml 库：

```
pip install lxml
```

如果已经安装 lxml，那就可以直接安装 Scrapy：

```
pip install Scrapy
```

用户在终端中执行命令（后面的网址可以是其他域名，比如www.baidu.com）：

```
Scrapy shell www.douban.com
```

可以看到 Scrapy 的反馈，见图 10-2。

```
[s] Available Scrapy objects:
[s]   scrapy     scrapy module (contains scrapy.Request, scrapy.Selector, etc)
[s]   crawler    <scrapy.crawler.Crawler object at 0x1063c0b70>
[s]   item       {}
[s]   request    <GET http://www.douban.com>
[s]   response   <403 http://www.douban.com>
[s]   settings   <scrapy.settings.Settings object at 0x10633b358>
[s]   spider     <DefaultSpider 'default' at 0x106682ef0>
[s] Useful shortcuts:
[s]   fetch(url[, redirect=True]) Fetch URL and update local objects (by default, redirect
s are followed)
[s]   fetch(req)                  Fetch a scrapy.Request and update local objects
[s]   shelp()           Shell help (print this help)
[s]   view(response)    View response in a browser
```

图 10-2 Scrapy Shell 的反馈

使用“Scrapy –v”可以查看目前安装的 Scrapy 框架的版本，见图 10-3。

```
Scrapy 1.4.0 - no active project

Usage:
  scrapy <command> [options] [args]

Available commands:
  bench         Run quick benchmark test
  fetch         Fetch a URL using the Scrapy downloader
  genspider     Generate new spider using pre-defined templates
  runspider     Run a self-contained spider (without creating a project)
  settings      Get settings values
  shell         Interactive scraping console
  startproject  Create new project
  version       Print Scrapy version
  view          Open URL in browser, as seen by Scrapy

  [ more ]      More commands available when run from project directory

Use "scrapy <command> -h" to see more info about a command
```

图 10-3 查看 Scrapy 版本

看到这些信息就说明已经安装成功。在 PyCharm IDE 中安装 Scrapy 也很简单，在 Preference→Project Interpreter 面板中单击“+”，在搜索框中搜索并单击 Install Package 即可。如果有多个 Python 环境的话，在 Project Interpreter 中选择一个即可。

如果用户尝试在 Windows 系统中安装使用 Scrapy，可能需要预先安装一些 Scrapy 依赖的库，首先是 Visual C++ Build Tools，在此过程中可能需要安装较新版本的.Net Framework。之后需要安装 pywin32，这里需要直接下载 exe 文件安装。之后，还需要安装

twisted（如上文所述，twisted 是 Scrapy 的基础之一），使用 pip install twisted 命令即可。

当然，Scrapy 还可以使用 Conda 工具安装，这里就不再赘述了。

为了在终端中创建一个 Scrapy 项目，用户首先进入自己想要存放项目的目录下，也可以现在直接新建一个目录（文件夹），这里在终端中使用命令创建一个新目录并进入：

```
mkdir newcrawler
cd newcrawler/
```

之后执行 Scrapy 框架的对应命令：

```
Scrapy startproject newcrawler
```

这时会发现目录下多出了一个新的名为 newcrawler 的目录，查看这个目录的结构（见图 10-4），这是一个标准的 Scrapy 爬虫项目结构。

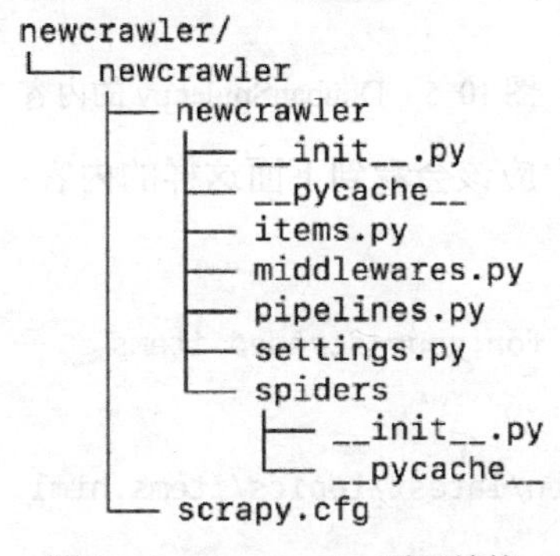

图 10-4　newcrawler 项目结构

📖 提示：在 Linux 和 MacOS 系统中可以使用 tree 命令来查看文件目录的树形结构。Linux 下执行命令“apt-get install tree”即可安装这个工具。MacOS 下可以使用 homebrew 工具并执行“brew install tree”命令来安装。

图 10-4 中，items.py 定义了爬虫的“实体”类，middlewares.py 是中间件文件，pipelines.py 是管道文件，spiders 文件夹下是具体的爬虫，scrapy.cfg 则是爬虫的配置文件。

使用 IDE 创建 Scrapy 项目的步骤几乎一模一样，在 PyCharm 中切换到 Terminal 面板（终端），执行上述各个命令即可。然后执行新建爬虫的命令：

```
Scrapy genspider DoubanSpider douban.com
```

输出为：

```
Created spider 'DoubanSpider' using template 'basic'
```

不难发现，genspider 命令就是创建一个名为“DoubanSpider”的新爬虫脚本，这个爬虫对应的域为 douban.com。在输出中发现了一个名为“basic”的模板，这其实是 Scrapy 的爬虫模板，包括 basic、crawl、csvfeed 以及 xmlfeed，后面会详细介绍。进入 DoubanSpider.py 中查看其内容（见图 10-5）。

可见它继承了 Scrapy.Spider 类，其中还有一些类属性和方法。name 用来标识爬虫，它在项目中是唯一的，每一个爬虫有一个独特的 name。parse 是一个处理 response 的方法，在 Scrapy 中，response 由每个 request 下载生成。作为 parse 方法的参数，response 是一个 TextResponse 的实例，其中保存了页面的内容。start_urls 列表是一个代替 start_requests()方法的捷径，start_requests()方法，其任务就是从 URL 生成 Scrapy.Request 对象，作为爬虫的初始请求。本书之后会遇到的 Scrapy 爬虫基本都有着类似这样的结构。

```
# -*- coding: utf-8 -*-
import scrapy


class DoubanspiderSpider(scrapy.Spider):
    name = 'DoubanSpider'
    allowed_domains = ['douban.com']
    start_urls = ['http://douban.com/']

    def parse(self, response):
        pass
```

图 10-5　DoubanSpider.py 的内容

进入 items.py 文件中，用户应该会看到下面这样的内容：

```
# -*- coding: utf-8 -*-

# Define here the models for your scraped items
#
# See documentation in:
# http://doc.Scrapy.org/en/latest/topics/items.html

import Scrapy

class NewcrawlerItem(Scrapy.Item):
# define the fields for your item here like:
    # name = Scrapy.Field()
pass
```

10.1.3　Scrapy 爬虫编写

为了定制 Scrapy 爬虫，用户要根据自己的需求定义不同的 Item，比如创建一个针对页面中所有正文文字的爬虫，将 Items.py 中的内容改写为：

```
class TextItem(Scrapy.Item):
# define the fields for your item here like:
text = Scrapy.Field()
```

之后编写 DoubanSpider.py：

```
# -*- coding: utf-8 -*-
import Scrapy
from Scrapy.selector import Selector
from ..items import TextItem

class DoubanspiderSpider(Scrapy.Spider):
name = 'DoubanSpider'
allowed_domains = ['douban.com']
    start_urls= ['https://www.douban.com/']
```

```
def parse(self, response):
item = TextItem()
        h1text = response.xpath('//a/text()').extract()
print("Text is"+''.join(h1text))
        item['text'] = h1text
return item
```

提示：对于一个爬虫项目可以有多个不同的爬虫类，因为很多时候用户想要在一组网页中收集不同类别的信息（比如一个电影介绍网页的演员表、剧情简介、海报图片等），我们可以为它们设定独立的 Item 类，再用不同的爬虫进行爬取。

这个爬虫会先进入 start_urls 列表中的页面（在这个例子中就是豆瓣网的首页），收集信息完毕后就会停止。response.xpath('//a/text()').extract()这行语句将从 response（其中保存着网页信息）中使用 xpath 语句抽取出所有“a”标签的文字内容（text）。下一句会将它们逐一打印。

在运行第一个简单的 Scrapy 爬虫之前，我们先进入 settings.py 文件中查看，它应该是长这个样子的（部分内容）：

```
# Obey robots.txt rules
ROBOTSTXT_OBEY = True

# Configure maximum concurrent requests performed by Scrapy (default: 16)
#CONCURRENT_REQUESTS = 32

# Configure a delay for requests for the same Website (default: 0)
# See http://Scrapy.readthedocs.org/en/latest/topics/settings.html#download-delay
# See also autothrottle settings and docs
#DOWNLOAD_DELAY = 3
```

ROBOTSTXT_OBEY 如果启用，Scrapy 就会遵循 robots.txt 的内容。CONCURRENT_REQUESTS 设定了并发请求的最大值，在这里是被注释掉的，也就是说没有限制最大值。DOWNLOAD_DELAY 的值设定了下载器在下载同一个网站的每个页面时需要等待的时间间隔。通过设置该选项，用户可以限制程序的爬取速度，以减轻服务器压力。

另外一些 settings.py 中的重要设置包括：

- BOT_NAME：Scrapy 项目的 bot 名称，使用 startproject 命令创建项目时会自动赋值。
- ITEM_PIPELINES：保存项目中启用的 pipeline 及其对应顺序，使用一个字典结构。字典默认为空，值（Value）一般设定在 0～1000 范围内。数字小代表优先级高。
- LOG_ENABLED：是否启用 logging，默认为 True。
- LOG_LEVEL：设定 log 的最低级别。
- USER_AGENT：默认的用户代理。

当用户运行 Scrapy 爬虫脚本后，往往会生成大量的程序调试信息，对于观察程序的运行状态是很有用的。不过，为了保持输出的简洁，用户可以设置 LOG_LEVEL。Python 中的 log 级别一般有 DEBUG、INFO、WARNING、ERROR、CRITICAL 等，其“严重性”逐渐增长，其包含的范围逐渐缩小。当我们把 LOG_LEVEL 设置为“ERROR”时，那么就只有

ERROR 和 CRITICAL 级别的日志会显示出来。日志不仅可以在终端显示，也可以用 Scrapy 命令行工具将日志输出到文件中。

接着，把目光转向 USER_AGENT，为了让用户的爬虫看起来更像一个浏览器，这样的原生 USER_AGENT 就显得不合适了：

```
#USER_AGENT = 'newcrawler (+http://www.baidu.com)'
```

将 USER_AGENT 取消注释并编辑，结果为：

```
USER_AGENT = 'Mozilla/5.0 (Windows NT 6.1; WOW64) AppleWebKit/537.36 (KHTML, like Gecko) Chrome/36.0.1985.125 Safari/537.36'
```

📖 提示：为避免被网站屏蔽，爬取网站时用户经常要定义和修改 user-agent 值（用户代理），将爬虫程序对网站的访问“伪装”成正常的浏览器请求。关于如何处理网站的反爬虫机制，在后面的章节中会继续讨论。

这些设置做完后，就可以开始运行这个爬虫了。运行爬虫的命令是：

```
Scrapy crawl spidername
```

其中 spidername 是爬虫的名称，即爬虫类中的 name 属性。

程序运行并抓取后，可以看到类似图 10-6 这样的输出，说明 Scrapy 成功进行了抓取。

图 10-6　Scrapy 的 DoubanSpider 运行的输出

除了简单的 Scrapy.Spider，Scrapy 还提供了诸如 CrawlSpider、csvfeed 等爬虫模板，其中 CrawlSpider 是最为常用的。另外，Scrapy 的 Pipeline 和 Middleware 都支持扩展，配合主爬虫类使用将取得很流畅的抓取和调试体验。

10.1.4　其他爬虫框架

Python 爬虫框架当然不止 Scrapy 一种，在其他诸多爬虫框架中，值得一提的是 PySpider、Portia 等。PySpider 是一个国产的框架，由国内开发者编写，拥有一个可视化的 Web 界面来编写调试脚本，使得用户可以进行诸多其他操作，如执行或停止程序、监控执行状态、查看活动历史等。Portia 则是另外一款开源的可视化爬虫编写工具，Portia 也提供 Web UI 页面（见图 10-7），用户只需要通过单击并标注页面上需要抓取的数据即可完成爬虫。

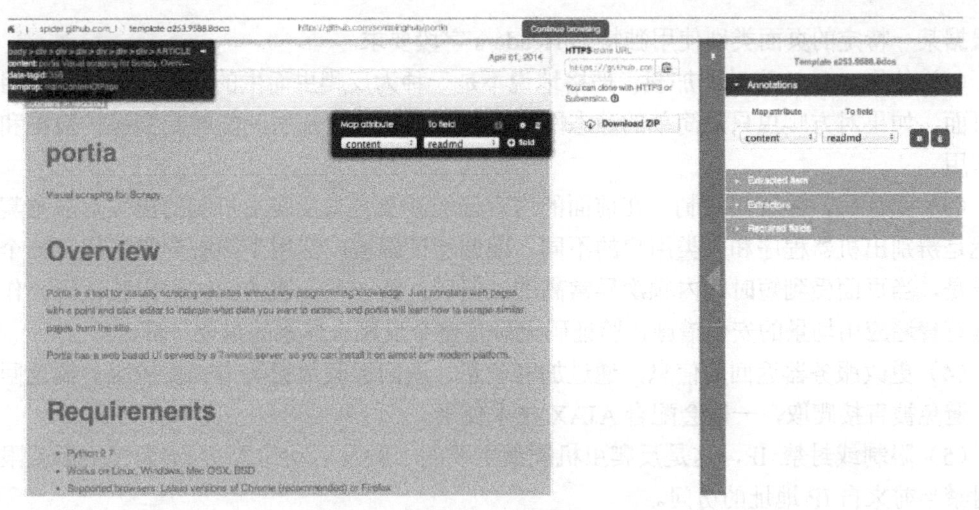

图 10-7　Portia 自带的 Web UI 界面

除了 Python，Java 语言也常常用于爬虫的开发，比较常见的爬虫框架包括 Nutch、Heritrix、WebMagic、Gecco 等。爬虫框架流行的原因，就在于开发者需要“多快好省”地完成一些任务，比如爬虫的 URL 管理、线程池之类的模块，如果自己从零做起，势必需要一段时间的实验、调试和修改。爬虫框架将一些“底层”的事务预先做好，开发者只需要将注意力放在爬虫本身的业务逻辑和功能开发上。

10.2　网站反爬虫

10.2.1　反爬虫策略简介

网站反爬虫的出发点很简单，网站的目的是服务普通人类用户，而过多的来自爬虫程序的访问无疑会增大不必要的资源压力，不仅不能够为网站带来真实流量（能够创造商业效益或社会影响力的用户访问数），反而白白浪费了服务器和运行成本。为此，网站方总是会设计一些机制来进行“反爬虫”，与之相对，爬虫编写者们使用各种方式避开网站的反爬虫机制又被称为“反反爬虫”（当然，递归地看，还存在“反反反爬虫”等）。网站反爬虫的机制从简单到复杂各不相同，基本思路就是要识别出一个访问是来自于真实用户还是来自于开发编写的计算机程序（这么说其实有歧义，实际上真实用户的访问也是通过浏览器程序来实现的）因此，一个好的反爬虫机制的最基本需求就是尽量多地识别出真正的爬虫程序，同时尽量少地将普通用户访问误判为爬虫。识别爬虫后要做的事情其实就很简单了，根据其特征限制乃至禁止其对页面的访问即可。但这也导致反爬虫机制本身的一个尴尬局面，那就是当反爬虫力度小的时候，往往会有漏网之鱼（爬虫），但当反爬虫力度大的时候，却有可能损失真实用户的流量（即“误伤”）。

从具体手段上看，反爬虫可以包括很多方式：

（1）识别 requestheaders 信息，这是一种十分基础的反爬虫手段，主要是通过验证 Headers 中的 User-Agent 信息来判定当前访问是否来自于常见的界面浏览器。更复杂的 Headers 信息验证则会要求验证 Referer、Accept-encoding 等信息，一些社交网络的页面甚至会根据某一特定的页面类别使用独特的 Headers 字段要求。

（2）使用 AJAX 和动态加载，严格地说不是一种为反爬虫而生的手段，但由于使用了动态页面，如果对方爬虫只是简单的静态网页源码解析程序，那么就能够起到保护数据和流量的作用。

（3）验证码，验证码机制（在前面的内容已经涉及）与反爬虫机制的出发点非常契合，那就是辨别出机器程序和人类用户的不同。因此验证码被广泛用于限制异常访问，一个典型场景是，当页面受到短时间内频次异常高的访问后，就在下一次访问时弹出验证码。作为一种具有普遍应用场景的安全措施，验证码无疑是整个反爬虫体系的重要一环。

（4）更改服务器返回的信息，通过加密信息、返回虚假数据等方式保护服务器返回的信息，避免被直接爬取，一般会配合 AJAX 技术使用。

（5）限制或封禁 IP，这是反爬虫机制最主要的“触发后动作”，判定为爬虫后就限制甚至封禁当前来自 IP 地址的访问。

（6）修改网页或 URL 内容，尽量使得网页或 URL 结构复杂化，乃至通过对普通用户隐藏某些元素和输入等方式来区别用户与爬虫。

（7）账号限制，即只有登录账号才能够访问网站数据。

从“反反爬虫”的角度出发，下面简单介绍几种避开网站反爬虫机制的方法，可以用来绕过一些普通的反爬虫系统，这些方法包括伪装 Headers 信息、使用代理 IP、修改访问频率、动态拨号等。

📖 提示：从道德和法律的角度出发，用户应该坚持“友善”的爬虫，不仅仅需要考虑可能会对网站服务器造成的压力（比如，用户应该至少设置一个不低于几百毫秒的访问间隔时间），更应该考虑用户对爬取到的数据采取的态度，对于很多网站上的数据（尤其是那些由网站用户创作的数据，UGC）而言，滥用这些数据可能会造成侵权行为。如有必要，在尽量避免商业应用的时候，还应该关注网站本身对这些数据的声明。

10.2.2 伪装 Headers

正因为 Headers 信息是网站方用来识别访问的最基本手段，因此用户可以在这方面下点功夫。Headers（头字段）定义了一个超文本传输协议事务中的操作参数，仅就用户在爬虫编写中最常接触的 RequestHeader（请求头字段）而言，一些常见的字段名和含义见表 10-1。

表 10-1 Headers 信息说明（部分）

字段名	含义
Accept	指定客户端能够接收的内容类型
Accept-Charset	浏览器可以接受的字符编码集
Accept-Encoding	浏览器可以支持的 Web 服务器返回内容压缩编码类型
Accept-Language	浏览器可接受的语言
Accept-Ranges	可以请求网页实体的一个或者多个子范围字段
Authorization	HTTP 授权的授权证书
Cache-Control	指定请求和响应遵循的缓存机制
Connection	是否需要持久连接

（续）

字段名	含义
Cookie	Cookie 信息
Date	请求发送的日期和时间
Expect	请求的特定的服务器行为
Host	指定请求的服务器主机的域名和端口号等
If-Unmodified-Since	只在实体在指定时间之后未被修改才请求成功
Max-Forwards	限制信息通过代理和网关传送的时间
Pragma	用来包含实现特定的指令
Range	只请求实体的一部分，指定范围
Referer	先前网页的地址
TE	客户端愿意接受的传输编码，并通知服务器接受尾加头信息
Upgrade	向服务器指定某种传输协议以便服务器进行转换（如果支持）
User-Agent	User-Agent 的内容包含发出请求的用户信息，主要是浏览器信息
Via	用于跟踪消息转发，避免请求循环，并识别请求/响应链中发送者的协议功能

请求头信息之多，在表 10-1 中其实并未完全列出，在表中最为常用的几个是 Host、User-Agent、Referrer、Accept、Accept-Encoding、Connection 和 Accep-Language，这些是用户最需要关注的字段。随手打开一个网页，观察 Chrome 开发者工具中显示的 Request Header 信息，就能够大致理解上面的这些含义，如打开百度首页时，访问（GET）www.baidu.com 的请求头信息如下：

```
    Accept:text/html,application/xhtml+xml,application/xml;q=0.9,image/Webp,image/apng,*/*;q=0.8
    Accept-Encoding: gzip, deflate, br
    Accept-Language: en,zh;q=0.9,zh-CN;q=0.8,zh-TW;q=0.7,ja;q=0.6
    Cache-Control: max-age=0
    Connection: keep-alive
    Cookie: XXX（此处略去）
    Host: www.baidu.com
    Referer: http://baidu.com/
    Upgrade-Insecure-Requests: 1
    User-Agent: Mozilla/5.0 (Macintosh; Intel MacOS X 10_13_3) AppleWebKit/537.36 (KHTML, like Gecko) Chrome/66.0.3359.181 Safari/537.36
```

使用 requests 就可以十分快速地自定义用户的请求头信息，requests 原始 GET 操作的请求头信息是非常“傻瓜”式的，几乎等于正大光明地告诉网站“我是爬虫”。WhatIsMyBrowser 是一个能够提供浏览请求识别信息的站点，其中的 Header 信息查看页面十分实用，可以通过这个页面来观察 requests 爬虫的原始 Headers 信息。当用户用 Chrome 浏览器访问这个页面，显示的请求头信息见图 10-8。

利用这个网页进行几行 Python 语句的编写，就能够看到自己 requests 原始请求头 UA 信息，只需要简单的网页解析过程即可，代码见例 10-1。

【例 10-1】 输出 requests 的原始请求头 UA 信息。

```
import requests
from bs4 import BeautifulSoup
```

```
    # 一个可以显示当前访问请求头信息的网页
    res =
    requests.get('https://www.whatismybrowser.com/detect/what-http-headers-is-my-
browser-sending')
    bs = BeautifulSoup(res.text)
    # 定位到网页中的UA 信息元素
    td_list = [one.text for one in bs.find('table',{'class':'table'}).findChildren()]
    print(td_list[-1])
```

图 10-8　WhatIsMyBrowser 网页显示的请求头信息

程序输出为：python-requests/2.18.4，如此“露骨”的 User-Agent 会被很多网站直接拒之门外，为此需要利用 requests 提供的方法和参数来修改包括 User-Agent 在内的 Headers 信息。

下面的例子简单但直观，将请求头更换为了 Android 系统（移动端）Chrome 浏览器的请求头 UA，然后利用这个参数通过 requests 来访问百度贴吧，将访问到的网页内容保存在本地，然后打开，可以看到这是与 PC 端浏览器所呈现的页面完全不同的手机端页面，见例 10-2。

【例 10-2】 更改 UA 以访问百度贴吧首页。

```
    import requests
    from bs4 import BeautifulSoup

    header_data = {
    'User-Agent':  'Mozilla/5.0  (Linux;  Android  4.0.4;  Galaxy  Nexus  Build/IMM76B)
AppleWebKit/535.19 (KHTML, like Gecko) Chrome/18.0.1025.133 Mobile Safari/535.19',
```

```
}

r = requests.get('https://tieba.baidu.com',headers=header_data)

bs = BeautifulSoup(r.content)
with open('h2.html', 'wb') as f:
  f.write(bs.prettify(encoding='utf8'))
```

在上面的代码中，通过 Headers 参数来加载了一个字典结构，其中的数据是 User-Agent 的键值对。运行程序，打开本地的 h2.html 文件，效果见图 10-9。

图 10-9　本地文件 HTML 显示的贴吧首页

这说明网站方已经认为用户的程序是来自移动端的访问，从而最终提供了移动端页面的内容。这也给了我们一个灵感，很多时候 UA 信息将会决定网站为用户提供的具体页面内容和页面效果，准确地说，这些不同的布局样式将会为用户的抓取提供便利，因为当我们在移动端浏览器上浏览很多网站时，它们提供的实际上是一个相当简洁、动态效果较少、关键内容却一个不漏的界面，因此如果有需要的话，可以将 UA 改为移动端浏览器尝试在目标网站上的效果，如果能够获得一个“轻量级”的页面，无疑会简化我们的抓取。当然，除了 UA，其他请求头中的字段也可以进行自定义并在 requests 请求中设置，具体例子可见其他章节中的相关内容。

10.2.3　代理 IP 的使用

大部分网站会根据 IP 来识别访问，因此，如果来自同一个 IP 的访问过多（如何判定“过多”也是个问题，一般是指在一段较短的时间内对同一个或同一组页面的访问次数较大），那么网站可能就会据此限制或屏蔽访问，对付这种机制的手段就是使用代理 IP，代理 IP 可以通过各种 IP 平台乃至 IP 池服务来获得，这方面的资源网络上非常多，一些开发者也维护着可以公开免费试用的代理 IP 服务（见图 10-10），用户安装这些服务即可使用它提供代理 IP 的 API 接口，省去了自己寻找并解析代理地址的麻烦。

> 📖 提示：代理 IP 应该叫“代理 IP 服务器”，其目标就是代理用户去获取网络上的信息，类似于中转站的作用。代理服务器是介于客户端（浏览器等）和服务器之间的另一台“中介”服务器，代理会访问目标网站，而用户需要通过代理来获取最终所需要的网络信息。

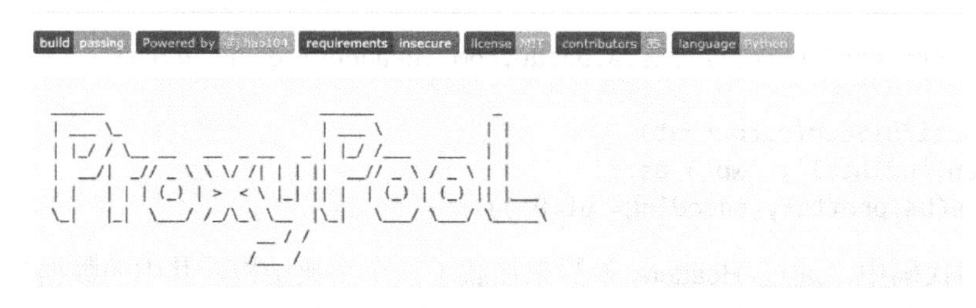

ProxyPool

爬虫代理IP池项目,主要功能为定时采集网上发布的免费代理验证入库，定时验证入库的代理保证代理的可用性，提供API和CLI两种使用方式。同时你也可以扩展代理源以增加代理池IP的质量和数量。

- 文档: document
- 支持版本:

图 10-10　GitHub 上的某爬虫 IP 代理池

在 requests 中使用代理 IP 的常见方式是使用方法中的 proxies 参数，例 10-3 是一个使用代理来访问 CSDN 博客的例子。

【例 10-3】 使用代理增加 CSDN 的博客访问量。

```
# 增加博客访问量
import re, random, requests, logging
from lxm limport html
from multiprocessing.dummy import Pool as ThreadPool

logging.basicConfig(level=logging.DEBUG)
TIME_OUT = 6  # 超时时间
count = 0
proxies= []
headers = {'Accept':
'text/html,application/xhtml+xml,application/xml;q=0.9,image/ Webp,*/*;q=0.8',
'Accept-Encoding': 'gzip, deflate, sdch, br',
'Accept-Language': 'zh-CN,zh;q=0.8',
'Connection': 'keep-alive',
'Cache-Control': 'max-age=0',
'Upgrade-Insecure-Requests': '1',
'User-Agent': 'Mozilla/5.0 (Windows NT 6.1; WOW64) AppleWebKit/537.36 (KHTML, like Gecko) '
'Chrome/36.0.1985.125 Safari/537.36',
          }

PROXY_URL = 'http://www.89ip.cn/index_{}.html'
def GetProxies():
    global proxies
    for p in range(1, 10):
        try:
            res = requests.get(PROXY_URL.format(p), headers = headers)
        except:
            logging.error('Visit failed')
            return
        ht = html.fromstring(res.text)
```

```
        raw_proxy_list = ht.xpath('//*[@class="layui-table"]/tbody/tr')
        for item in raw_proxy_list:
proxies.append(
dict(
http='{}:{}'.format(
item.xpath('./td[1]/text()')[0].strip(),
item.xpath('./td[2]/text()')[0].strip())
            )
        )

# 获取博客文章列表
def GetArticles(url):
res = GetRequest(url, prox=None)
    html = res.content.decode('utf-8')
rgx= '<li class="blog-unit">[ \n\t]*<a href="(.+?)"" target="_blank">'
ptn= re.compile(rgx)
    blog_list = re.findall(ptn, str(html))
return blog_list

def GetRequest(url, prox):
req= requests.get(url, headers=headers, proxies=prox, timeout=TIME_OUT)
return req

# 访问博客
def VisitWithProxy(url):
proxy = random.choice(proxies)  # 随机选择一个代理
GetRequest(url, proxy)

# 多次访问
def VisitLoop(url):
    for i in range(count):
logging.debug('Visiting:\t{}\tfor {} times'.format(url, i))
VisitWithProxy(url)

if __name__ == '__main__':
    global count

GetProxies()  # 获取代理
logging.debug('We got {} proxies'.format(len(proxies)))
BlogUrl= input('Blog Address:').strip(' ')
    logging.debug('Gonna visit{}'.format(BlogUrl))
try:
count = int(input('Visiting Count:'))
except ValueError:
logging.error('Arg error!')
quit()
if count == 0 or count >200:
logging.error('Count illegal')
quit()

    article_list = GetArticles(BlogUrl)
if len(article_list) == 0:
logging.error('No articles, eror!')
```

```
quit()

for each_link in article_list:
     if not 'https://blog.csdn.net' in each_link:
each_link = 'https://blog.csdn.net' + each_link
     article_list.append(each_link)
# 多线程
pool = ThreadPool(int(len(article_list) / 4))
  results = pool.map(VisitLoop, article_list)
  pool.close()
  pool.join()
  logging.DEBUG('Task Done')
```

在这段代码中，我们通过 requests.get()提供的 proxies 参数使用了代理 IP，其他大多数语句都在执行访问网页、解析网页、抓取元素（文本）的任务。保险起见，我们还为访问设置了伪装的浏览器 Headers 数据，其中包括 UA 和 Accept-Encoding 等主要字段。

另外，程序中还使用了 multiprocessing.dummy 模块，multiprocessing.dummy 这个子模块是为多线程设计的（dummy 意为“假的”“傀儡”），其所在的 multiprocessing 库主要是实现多进程，它们的 API 是相似的，dummy 子模块可以看作是对 threading 的一个包装。使用它们实现多进程或多线程的最简单方法如下：

```
from multiprocessing import Pool as ProcessPool
from multiprocessing.dummy import Pool as ThreadPool
# 使用multiprocessing 实现多进程\多线程

def f(x): # 将被执行的函数
return x * x

if __name__ == '__main__':
  with ProcessPool(5) as p: # 进程池
print(p.map(f, [1, 2, 3]))
with ThreadPool(5) as p: # 线程池
print(p.map(f, [1, 2, 3]))
```

使用这样的更换不同代理 IP 的程序，就会让网站误以为收到了不同的请求，从而达到“刷访问量”的效果，但其背后的技术原理是与躲避反爬虫机制有关的，也就是说，通过伪装不同 IP 的方式让网站方无法“记住”和“识别”用户的程序，从而避免被封禁。

10.2.4 控制访问频率

对于避免“反爬虫”而言，其实最粗暴有效的手段就是直接降低对目标网站的访问量和访问频次，某种意义上说，没有不喜欢被访问的网站，只有不喜欢被不必要的大量访问打扰的网站。有一些网站可能会阻止用户过快地访问页面或提交数据（如表单数据），因此，如果以一个比普通用户快很多的速度（“速度”一般是指频率）访问网站，尤其是访问一些特定的页面，也有可能被反爬虫机制认为是异常活动。从这个最根本的“不打扰”的原则出发，我们最有效的反“反爬虫”方法是降低访问频率，比如在代码中加入 time.sleep(2)这种暂停几秒的语句，这虽然是一种非常笨拙的方法，但如果目标是实现一个不被网站发现我们是非人类的爬虫，这有可能是最有效的方法。

另外一种策略是，在保持高访问频次和大访问量的同时尽量模拟人类的访问规律，减少机械性的迭代式抓取，这可以通过设置随机抓取间隔时间等方式来实现，机械性的间隔时间（比如每次访问都间隔 0.5s）很容易被判定为爬虫，但具有一定随机性的间隔时间（如本次间隔 0.2s，下一次间隔 1.6s）却能够起到一定的作用。另外，结合禁用 Cookie 等方式则可以避免网站“认出”我们的访问，服务器将无法通过 Cookie 信息判断爬虫是否已经访问过页面。

大型商业网站往往能够承受很高频次的访问，而一些用户流量不大的非营利性网站（试想我们打算去某大学某学院的新闻页列表中进行抓取）则不会将短时间内的高频次访问视为理所应当。无论如何，结合更换 IP 和设置合适的爬取间隔两种方式，对于用户的“反反爬虫”而言都是至关重要的。更换 IP 其实不一定需要代理这一种手段，对于直接在开发者的机器上运行和调试的爬虫程序而言，通过断线重连的方式也能够获得不同的 IP，如果机器接入的网络服务类似校园网和 ADSL（非对称数字用户线路宽带接入），都可以实现断线重连的拨号换 IP。

最后要提到的是，反爬虫的目标不仅在于保护网站不被大量非必要访问占用资源，也在于保护一些对于网站方可能有特殊意义的数据，如果在编写爬虫程序时，用户为了与反爬虫机制做斗争而必须花大量时间分析网页中对数据的隐藏和保护（最简单的例子是，页面把本可以写在一个<p></p>中的数值信息分散在一个<div></div>的多个部分中），那么在抓取数据时更应该谨慎考虑。网站使用认真的反爬虫机制，只能说明它们的确非常讨厌那些慕名而来的爬虫。

10.3 本章小结

本章突破传统 requests 爬虫的思路，以 Scrapy 为例介绍了主流的爬虫框架，并对反爬虫机制做了一些深入讨论。有兴趣的读者可以对相关资料做深入的阅读。

10.4 实践：使用反反爬虫策略抓取新浪体育频道热门新闻标题

10.4.1 需求说明

使用 Scrapy 框架，基于本书中所提供的反爬虫机制的应对方案每日抓取 http://sports.sina.com.cn/页面中近一个月以来头版的标题内容，并打印在控制台中。

10.4.2 实现思路及步骤

（1）新建一个 Scrapy 项目，目标网站设定为 http://sports.sina.com.cn/，通过使用开发者工具，用户可以得到热门新闻标题的 XPath 路径，基于此可以进行对标题的抓取。如有必要，可以使用 Selenium 模拟浏览器。

（2）设置下载间隔为 24h。

（3）随机抽取 UA，可以使用 faker.js 随机生成伪装 UA。

（4）从代理 IP 池中随机抽取代理 IP，代理 IP 需要读者自己获取。

（5）将获取数据打印在控制台中。

10.5 习题

一、选择题

（1）以下哪个选项不是 Scrapy 的持久化存储方式（　　）。

A．保存为文件　　B．保存到数据库

C．输出在控制台上　　D．以上都不是

（2）以下哪个不是 Scrapy 框架的组件（　　）。

A．Scrapy Engine　　B．Scheduler

C．Downloader　　D．Tokenizer

（3）以下哪种不是反爬虫机制（　　）。

A．检测 Headers　　B．修改 Robots.txt 文件

C．使用 AJAX 技术　　D．通过 CSS 混淆页面内容

（4）以下哪种方式可以有效解决限制 IP 访问频率的问题（　　）。

A．更换代理 IP 地址　　B．更换 UA

C．更换账号　　D．使用等待

二、判断题

（1）Scrapy 可以和 Selenium 一起使用。（　　）

（2）Scrapy 不可以更改 UA。（　　）

（3）Scrapy 可以爬取任何类型的数据。（　　）

（4）Scrapy 结合 Selenium 可以爬取大部分的网站。（　　）

（5）目前没有一种完全有效的反爬虫机制。（　　）

三、问答题

（1）为什么要使用 Scrapy 框架？Scrapy 框架有哪些优点？

（2）请简要说出 Scrapy 的工作流程。

（3）Scrapy 中间件有几种？它们的功能分别是什么？

（4）常见的反爬虫机制都有哪些？

（5）如果你的 IP 被封禁了，你要如何完成对网站的访问？

实 战 篇

第11章 实战：根据关键词爬取新闻

在如今数据大爆炸的时代，从互联网上获取各种各样的信息变得更加容易，将这些信息加工处理后进行分析和总结，用户可以获得对问题更加深入的理解。本项目将展示如何利用Python和爬虫工具根据关键词对相关新闻进行爬取，从而将与关键词相关的新闻存储成文本格式便于后续分析。具体步骤是：首先在网页上搜索关键词，利用相关技术对搜索网页出现的新闻网址进行爬取，再对网址遍历后得到新闻标题、时间以及内容，最后存储在本地的文本文件中。案例主要讲述两种爬取方式，分别是Web Scraper工具和Selenium、Xpath技术的结合。

11.1 利用Web Scraper工具

11.1.1 Web Scraper介绍

随着浏览器功能的逐渐强大、各种插件的不断兴起，许多爬虫插件涌现到人们眼前，Web Scraper便是其中之一。在Chrome或者火狐浏览器中下载Web Scraper插件，按〈F12〉键打开开发者工具即可看到操作界面，通过鼠标单击和轻松配置便可以爬取网页上的内容，例如文字、链接、图片、表格等，可以轻松实现零代码爬虫。Web Scraper图标以及简介见图11-1。

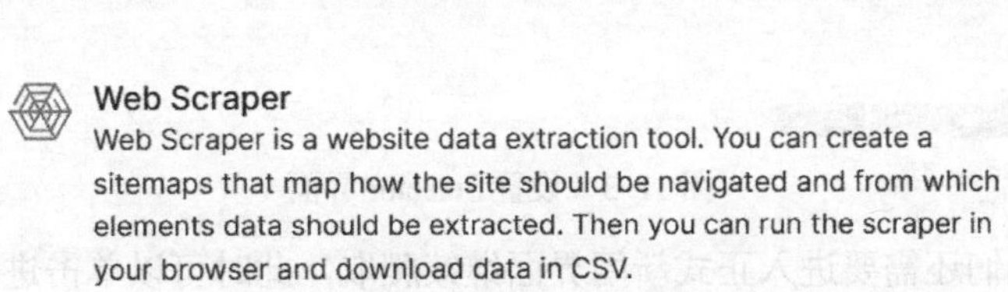

Web Scraper
Web Scraper is a website data extraction tool. You can create a sitemaps that map how the site should be navigated and from which elements data should be extracted. Then you can run the scraper in your browser and download data in CSV.

图11-1 Web Scraper图标以及简介

11.1.2　利用 Web Scraper 爬取新华网新闻

首先在新华网官网中输入关键词，例如“新能源汽车”，跳转至搜索界面后单击〈F12〉键打开开发者工具，单击 Web Scraper Dev，可以看到图 11-2 所示界面。

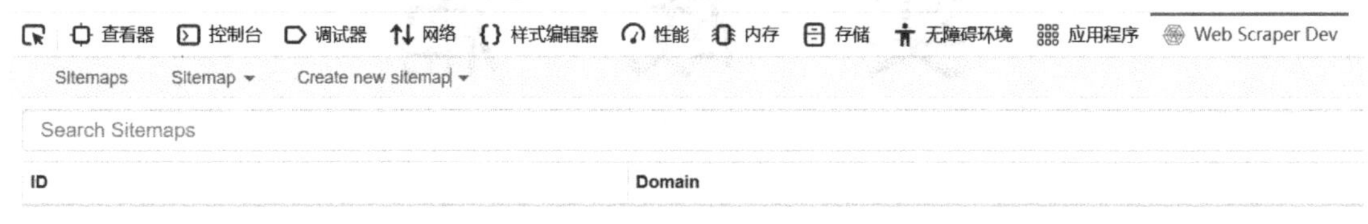

图 11-2　Web Scraper 主界面

其中，Sitemaps 表示的是网站地图，可以理解为基础网址，单击 Create new sitemap→Create sitemap 后，输入网站的名字和 URL 信息，例如在这里输入“car”和网址“http://so.news.cn/#search/0/新能源汽车/1/”，成功添加后便会进入到这个网站地图内部，接下来就可以选择想要爬取的内容了。

用户需要先爬取网页上的新闻链接，单击 Sitemaps 视图中的 Add new selector 按钮，会跳出图 11-3 所示的界面，可以在界面中设置需要爬取的内容。例如 Id 即名字设置为 link，Type 由于是链接类型，所以选择 Link，Selector 选择 Select 后可以在网页上单击元素，会自动出现该元素的 HTML 标签，如果想要爬取多个相同类型元素，可以勾选下面的 Multiple 按钮，并再在下面单击几个同类元素，就会发现已经自动选择了该界面上的所有同类元素，单击 Done selecting 确认选择，最后再单击 Save selector 按钮即可完成新闻网址的选取。此时会发现在开发者工具的界面已经出现了一条 Id 为 link 的条目，即是我们刚刚选取的爬取新闻链接的信息。

图 11-3　设置 Selector 界面

除此之外，我们还需要进入正式新闻界面继续爬取，此时可以单击进入刚刚的 Id 为 link 的条目，并且单击网页的新闻链接，进入正式新闻界面，以同样的方法 Add new selector，将新闻标题、时间和内容分别加入到 Selector 中，注意 Type 要选择为 Text 格式，且内容有多条时需要勾选 Multiple 标签。

此时单击导航栏的 Sitemap car→Selector graph 按钮，可以观察到图 11-4 所示树状结构，Web Scraper 之后便会按照此树状结构进行爬取，先通过根节点寻找到 link，进入 link 后爬取 title、time 和 content，存取后再爬取下一个 link，直到整个网页的爬取结束。

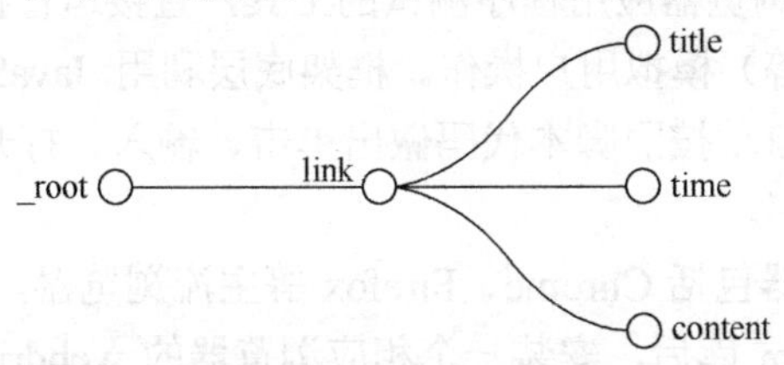

图 11-4　Sitemap 树状结构

确认选择无误后，单击 Sitemap car→Scrape 按钮，可以设置请求间隔和页面加载间隔，然后单击 Start scraping 即可开始爬取。期间会弹出浏览器界面，因为 Web Scraper 是模拟人访问浏览器的方式进行的，所以比普通的 Python 爬虫速度稍慢一些。

等待爬取完毕后，单击 Refresh data，即可看到爬取下来的以表格呈现的全部数据，单击 Sitemap car→Export data 即可选择以.XLSX 或者.CSV 格式保存，方便后续处理。爬取结果示意见图 11-5。

查看器　控制台　调试器　网络　样式编辑器　性能　内存　存储　无障碍环境　应用程序　Web Scraper Dev

Sitemaps　Sitemap car ▾　Create new sitemap ▾

Refresh Data　Experienced any problems with web scraping? Help us understand!

web-scraper-order	web-scraper-start-url	link	link-href	title	time	content
1657805843-8	http://so.news.cn/#search/0/%E6%96%B0%E8%83%BD%E6%BA%90%E6%B1%BD%E8%BD%A6/1/	2022年云南省新能源汽车下乡活动即将开启	http://yn.news.cn/hot/2022-07/13/c_1310641201.htm	2022年云南省新能源汽车下乡活动即将开启	2022年07月13日 17:49:08	据了解，活动期间，云南省级相关财政部门将对购车价格20万元以下的每辆补贴3000元，限7500个名额；对购车价格20万元（含）至30万元（含）的每辆补贴5000元，限5500个名额。消费者可同时享受活动补贴政策和其他现行各级各部门实施的有关新能源汽车消费使用优惠政策。同时，各金融机构、汽车销售企业将在活动期间加大优惠力度，积极开办抽奖、展销、直播等新能源汽车促销活动。
1657805843-10	http://so.news.cn/#search/0/%E6%96%B0%E8%83%BD%E6%BA%90%E6%B1	2022年云南省新能源汽车下乡活动即将开启	http://yn.news.cn/hot/2022-07/13/c_1310641201.htm	2022年云南省新能源汽车下乡活动即将开启	2022年07月13日 17:49:08	消费者可在活动开始后完成购车和车辆登记落户，并按照先购车落户、后申请补贴的顺序，在云闪付APP实名注册和绑定银行借记卡，并提交发票、行驶证等购车证明资料申请补贴，相关部门审核通过后由活动平台按核定补贴标准兑付补贴至消费者提供的银行借记卡账户。（完）

图 11-5　预览爬取结果

但是此时还有一个问题，如果要爬取的关键词相关的新闻数量极大，有成百上千个页面，难道要一个一个手工添加网址吗？这里 Web Scraper 也为用户提供了便利。在刚刚的基础上，单击 Sitemap car→Export Sitemap 按钮，即可看到 Sitemap 保存的关于爬取方式的信息，以 JSON 格式存取，见图 11-6。可以观察到 startUrl 中存取的是起始网址，观察一下网址的规律，例如这里的下一页网址是"http://so.news.cn/#search/0/新能源汽车/2/"，发现不同页数的网址只是修改了最后的数字，可以通过简单的 Python 程序生成全部的网址并加入到原来的 JSON 文件的 startUrl 列表中，然后把修改过后的 JSON 文件通过 Create new sitemap→Import Sitemap 按钮引入到 Web Scraper 中，单击 Scrape 按钮即可，此时就可以完成对于此关键词的所有新闻网页的爬取。

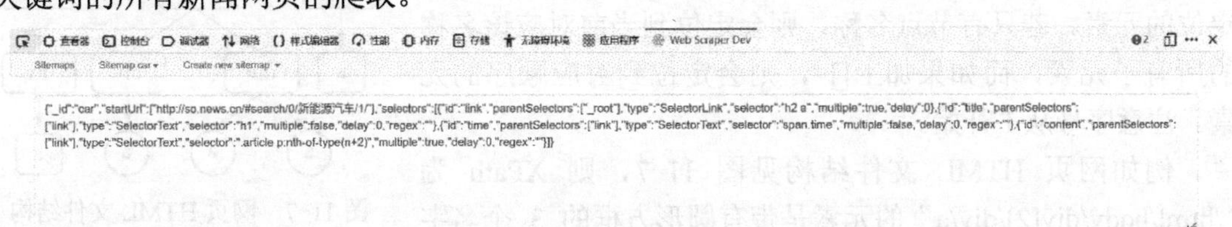

图 11-6　Sitemap 中保存的 JSON 文件

11.2 利用 Selenium 和 XPath 技术

11.2.1 Selenium 介绍

Selenium 是一个用于浏览器应用程序测试的工具，直接运行在浏览器中，通过对网页的各种操作（如单击、滑动等）模拟用户操作。框架底层利用 JavaScript 代码实现测试脚本，调用相应接口后浏览器会自动按照脚本代码做出单击、输入、打开、验证等操作，可以从终端用户的角度测试应用程序。

Selenium 支持的浏览器包括 Chrome、Firefox 等主流浏览器，而且已经集成在 Python 库中，利用 pip 安装 Selenium 库后，安装一个相应浏览器的 webdriver 驱动文件，再为存放浏览器驱动的目录添加环境变量后即可在本地使用。

Selenium 库的一些主要操作函数如下：

（1）打开浏览器，并保存驱动名 driver = webdriver.Firefox()。

（2）利用驱动打开相应 URL 链接的网页 driver.get(url)。

（3）利用驱动执行对应的 JavaScript 代码 driver.execute_script(js)。

（4）利用驱动定位相关元素，几种主要方式见表 11-1，感兴趣的读者也可以搜索其他的定位元素方式。定位元素后，可以利用 click()、drag_and_drop()等函数实现单击、拖动等操作。

表 11-1 Selenium 定位元素的几种主要方式

定位元素函数	意义
find_element_by_id	通过元素 id 定位
find_element_by_name	通过元素名定位
find_element_by_xpath	通过 xpath 路径表达式定位
find_element_by_tag_name	通过标签名定位

11.2.2 XPath 介绍

XPath 全称为 XML Path Language，是一种用来确定 XML 文档中某确定位置的语言，可以定位网页中元素的位置，与 HTML 定位的方式类似，可以在开发者工具中通过鼠标右键单击对应元素 HTML 代码来获得 XPath 路径。

XPath 路径利用“/”开头表示从根节点开始选取，后面加上节点名称以树状结构一层层依次向下，直到选取到需要定位的元素。若只有节点名称，则会定位到当前对应该名称的所有子元素，而如果加上[] ，则会定位到对应顺序的元素。注意序号从 1 开始。

例如网页 HTML 文件结构见图 11-7，则 XPath 为“/html/body/div[2]/div/a”的元素是带有圆形方框的 3 个名字为“a”的节点。

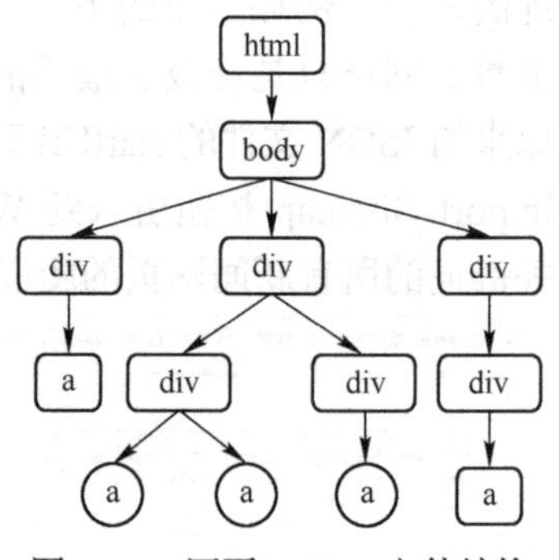

图 11-7 网页 HTML 文件结构

11.2.3　根据关键词爬取新闻

下面将通过以上介绍的 Selenium 和 XPath 技术爬取网易新闻中的关键词为“中国芯片”的相关新闻，搜索发现网址为“https://www.163.com/search?keyword=中国芯片”，观察得知网页通过向下滑动滚动条而不断加载新闻，现在需要通过 Selenium 模拟浏览器滑动滚动条的操作，通过 XPath 定位相关新闻链接。

具体代码和分析如下：

```
1.      #下载 selenium 库后，从 selenium 库中引入 webdriver
2.      from selenium import webdriver
3.      Import time
4.
5.      # 此处下载的是 Firefox 驱动，所以用 Firefox()函数打开浏览器
6.      #若下载的是 Chrome 驱动，则利用 Chrome()函数打开浏览器
7.      driver=webdriver.Firefox()
8.
9.      #将提取的新闻链接保存在 listhref 列表中
10.     listhref = []
11.     url = "https://www.163.com/search?keyword=中国芯片"
12.
13.     #通过分析网页结构可知，网页的所有新闻都存放在“class”=“keyword_list”的节点下，右键单击复制该节点 XPath 路径，为“/html/body/div[2]/div[2]/div[1]/div[2]”，再对某一个新闻进行分析，得到新闻链接存放的节点 a 的 XPath 路径，此时不用添加标号，就可以查询到所有满足条件的新闻链接
14.     xpath_name = "/html/body/div[2]/div[2]/div[1]/div[2]/div/h3/a"
15.
16.     #根据网页链接打开浏览器
17.     driver.get(url=url)
18.
19.     #这里设计了两个临时变量，分别保存现在滚动条距离页面顶层的高度和上一次滚动条的高度，用来判断滚动条是否已经到达页面底部，无法继续下滑
20.     nowTop = 0
21.     tempTop = -1
22.
23.     #不断向下滚动滚动条并且保存新闻链接
24.     while True:
25.       # 保存网页链接存取的位置节点
26.       name = driver.find_elements_by_xpath(xpath_name)
27.       #遍历各个节点
28.       for j in range(len(name)):
29.       # 判断当前下标有没有文本
30.         if name[j].text:
31.           # 有则添加进列表,通过 get_attribute 函数获得‘href’属性的值，获得新闻链接
32.           listhref.append(name[j].get_attribute('href'))
33.         else:
34.           pass
35.
36.       # 执行下拉滚动操作
37.       driver.execute_script("window.scrollBy(0,1000)")
38.       #睡眠让滚动条反应一下
39.       time.sleep(5)
```

```
40.
41.     #获得滚动条距离顶部的距离
42.       nowTop = driver.execute_script("return document.documentElement.scrollTop ||
window.pageYOffset || document.body.scrollTop;")
43.
44.     #如果滚动条距离顶部的距离不再变化，意味着已经到达页面底部，可以退出循环
45.       if nowTop == tempTop:
46.         break
47.       tempTop = nowTop
48.
49.     # 完成后关闭浏览器
50.     driver.close()
51.     #检查新闻链接是否保存成功
52.     print(listhref)
```

获得新闻链接的列表后，用户可以通过 requests、Beautiful Soup 等方法或者上述 XPath 的方法获取新闻标题、时间和内容，此处不再赘述。

11.3 本章小结

本章讲述的两个方法主要是通过模拟人操作浏览器的行为对网页数据进行爬取。相比于一些传统方法的优点是可以爬取某些反爬虫机制较强、无法直接通过网页链接返回 HTML 内容的网站，缺点是时间较长，爬取大量数据时耗时较多。

上述两个方法也有各自的优点和缺点。对于 Web Scraper 而言，操作较为简便，适合新手，且基本无须分析 HTML 网页结构，没有学习过前端知识也可以使用，但需要搜索出来的网页网址具有一定的规律，例如 URL 中利用页码表示新闻处在的不同位置，但是有些网页在单击下一页时网址不变或者通过滚动条进行新闻的加载，这种方法无法解决上述问题。而对于 Selenium 和 XPath 而言，可以解决滚动条滚动以及鼠标单击加载页面的问题，能处理绝大部分网页，但要求读者可以正确配置环境并且有一定的编码基础，了解网页结构和一些重要函数的用法。

综上所述，不同的方法有不同的适用范围和学习难度，读者可以根据应用场景以及自己的需要选择不同的方法，一个方法也许不总能解决问题，但总有方法能解决问题。

第 12 章 实战：爬取科研文献信息

有业内观察人士指出，随着中国科学技术的不断发展和教育水平的逐步提高，对专业性文献资料的需求也呈现出爆炸式的增长。任何一家文献网站都无法覆盖所有的文献资料，这就使得用户在搜索过程中投入的时间、精力成本不断增加。百度学术搜索功能的推出，就像在各文献网站中架设起了错落有致的桥梁，使得用户可以随意穿梭，最快找到自己需要的文献资料，极大地降低了搜索的成本。在本项目中使用 Python 爬虫工具，从百度学术爬取科研文献相关信息并在本地保存成可以重复使用编辑的 csv 文档。爬取的文献信息主要包括文献题目、作者、摘要、关键词、DOI、被引用量、年份、来源期刊以及百度学术该文献简介的网址，可以使得用户针对某一关键词快速查询到大量的相关文献资料并存储在本地文件中。技术方面请求网站使用了 Python 的 Requests 库，解析网页使用了 BeautifulSoup 库，反爬虫措施使用了 User-Agent 池。

12.1 科研文献数据爬取

本项目将从百度学术平台上依据用户输入的关键词爬取相关文献信息，主要过程包括数据来源网站分析、网页内容的解析、文献信息的获取、存储到本地的策略以及反爬虫措施的实现等。

本项目的实现过程大致分为如下几步：

（1）先由 Python 的 Requests 库打开 URL 得到网页 HTML 对象。

（2）使用浏览器打开网页源代码分析网页结构以及元素节点。

（3）通过 Beautiful Soup 或者正则表达式提取数据。

（4）存储数据到本地磁盘或数据库。

12.1.1 网页 URL 分析

网页 URL 分析的目的是准备解析页面所需的 URL，以及关注这些 URL 网页的结构以及元素节点，以获取文献的相关信息。

首先打开百度学术网站主页，按照用户的需求，在此输入关键词进行搜索，得到搜索结果页面的 URL。以关键词“计算机”为例，搜索结果界面的 URL 见图 12-1。

图 12-1　百度学术搜索结果界面以及 url 特征

将图 12-1 中的 url 完整复制，见图 12-2。

[计算机 - 百度学术 (baidu.com)](https://xueshu.baidu.com/s?wd=计算机&pn=10&tn=SE_baiduxueshu_c1gjeupa&ie=utf-8&usm=1&sc_f_para=sc_tasktype%3D{firstSimpleSearch}&sc_hit=1&rsv_page=1)

图 12-2　百度学术搜索界面 url

在此可以首先确定参数 wd 是输入的搜索关键词。然后手动单击按钮进行搜索结果的翻页，页面的 URL 随着页数的变化而变化。经过观察，在搜索结果的第一页时，参数 pg=0；之后每进行一次翻页，pg 的值会加 10，我们推测 pg 为搜索结果的已展示条数，由此得到每一页的 URL 变化规律。在访问时设置一个 offset 变量控制参数 pg 即可进行循环翻页访问。

12.1.2　网页响应内容获取

确定了搜索结果页面的 URL，接下来再分析如何通过 URL 请求页面信息，获取网页的响应内容。在本项目中，我们使用的是 Python 的 Requests 库。

为了尽可能地模拟真实请求，在本项目中请求时我们加入了 Header，Header 中定制了 User-Agent 信息，User-Agent（即用户代理，是指用户使用的浏览器）使程序更像人类的请求，而非机器。重构 User-Agent 是爬虫和反爬虫斗争的第一步。

下面通过一个实例对比重构 User-Agent 和直接请求的区别。首先通过向 HTTP 测试网站（http://httpbin.org/）发送 GET 请求来查看请求头信息，从而获取爬虫程序的 UA。

代码如下：

```
#导入模块
Import urllib.request
#向网站发送 GET 请求
response=urllib.request.urlopen('http://httpbin.org/get')
html = response.read().decode()
print(html)
```

程序运行后，输出的请求头信息如下：

```
{
  "args": {},
  #请求头信息
  "headers": {
    "Accept-Encoding": "identity",
    "Host": "httpbin.org",
    "User-Agent": "Python-urllib/3.7", #User-Agent信息包含在请求头中!
    "X-Amzn-Trace-Id": "Root=1-6034954b-1cb061183308ae920668ec4c"
  },
  "origin": "121.17.25.194",
  "url": "http://httpbin.org/get"
}
```

从输出结果可以看出，User-Agent 是 Python-urllib/3.7，这显然是爬虫程序访问网站。因此就需要重构 User-Agent，将其伪装成“浏览器”访问网站。

在请求添加 HTTP 头部，只要简单地传递一个 dict 给 headers 参数就可以了。添加 headers 重构了 User-Agent 字符串信息，这样就解决了网站通过识别 User-Agent 来封杀爬虫程序的问题。

接下来再分析如何获取所需的网页正文元素，使用开发者模式（按〈F12〉键）来查看元素（见图 12-3）。我们发现可以使用 a、c_abstract、sc_info 等标签分别代表文献的详细页面链接、文献摘要、文献作者出处这几个维度的数据。由于这里的粒度不够细致，需要通过文献的详细页面链接进入文献具体页面进行内容的获取。在这里选用一个简单的 HTML 解析工具 BeautifulSoup，简称 bs4，使用 BeautifulSoup 的 select，例如 title_datas = soup.select('div.sc_content > h3 > a')，就可以提取到用户需要的链接，再通过请求发送获取具体的页面信息即可。

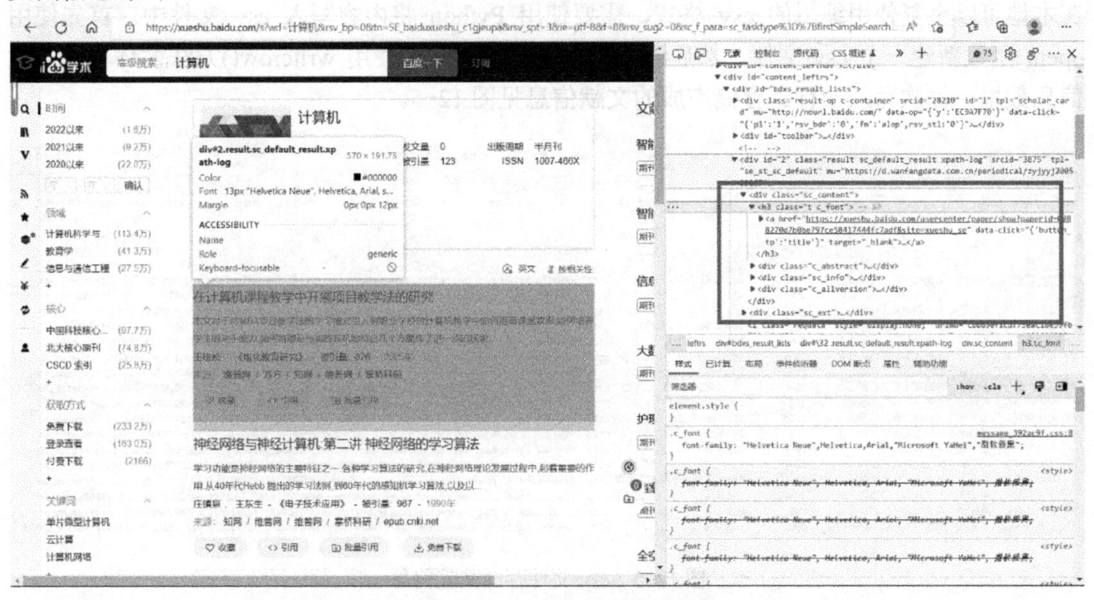

图 12-3　搜索界面网页元素

点击论文页面，使用开发者模式（按〈F12〉键）来查看元素（见图 12-4）。同样可以观察出 author_wr、kw_wr 等标签代表了文献的作者和关键词等信息。可以使用

BeautifulSoup 的 find_all 提取到用户需要的数据，存储在 list 类型的数据结构中以便之后使用。

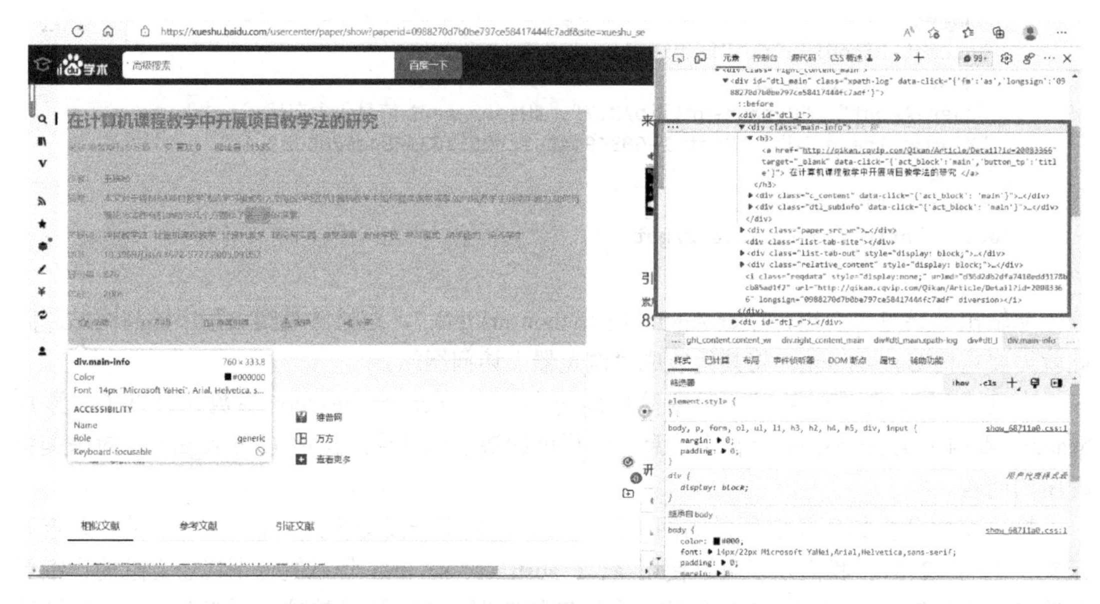

图 12-4 文献界面网页元素

12.1.3 数据持久化存储

以上完成了从网页中爬取到相关信息并存储在列表中的工作。但是为了保存为持久化、在本地可以重复使用编辑的 csv 格式，需要使用 Python 将内容写入 csv 文件中。首先使用 open()函数新建一个 csv 文件，然后创建一个 writer 对象，使用 writerow()方法循环写入文献信息数据，每次写入一行。存储完成的文献信息见图 12-5。

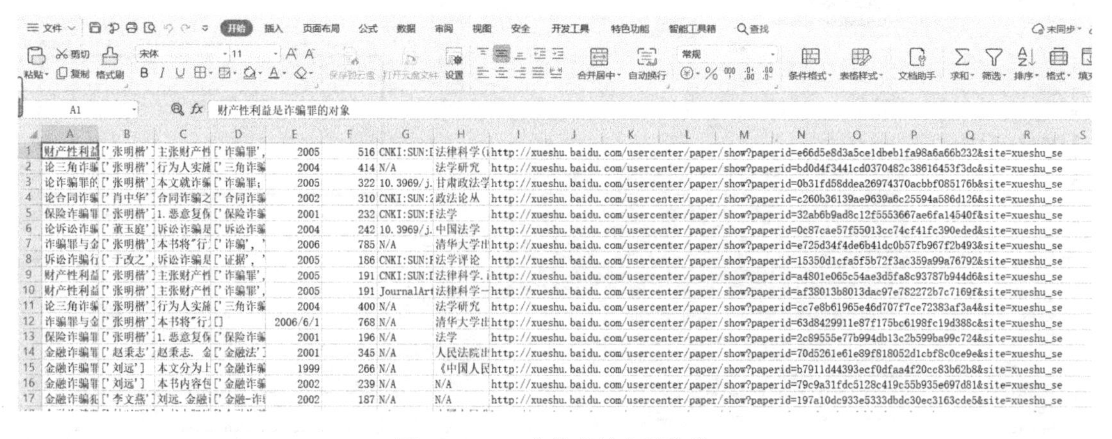

	A	B	C	D	E	F	G	H	I
1	财产性利益	['张明楷']	主张财产性	['诈骗罪',	2005	516	CNKI:SUN:I	法律科学(i	http://xueshu.baidu.com/usercenter/paper/show?paperid=e66d5e8d3a5ce1dbeb1fa98a6a66b232&site=xueshu_se
2	论三角诈骗	['张明楷']	行为人实施	['三角诈骗	2004	414	N/A	法学研究	http://xueshu.baidu.com/usercenter/paper/show?paperid=bd0d4f3441cd0370482c38616453f3dc&site=xueshu_se
3	论诈骗罪的	['张明楷']	本文就诈骗	['诈骗罪;	2005	322	10.3969/j.	甘肃政法学	http://xueshu.baidu.com/usercenter/paper/show?paperid=0b31fd58ddea26974370acbbf085176b&site=xueshu_se
4	论合同诈骗	['肖中华']	合同诈骗之	['合同诈骗	2002	310	CNKI:SUN:Z	政法论丛	http://xueshu.baidu.com/usercenter/paper/show?paperid=c260b36139ae9639a6c25594a586d126&site=xueshu_se
5	保险诈骗罪	['张明楷']	1.恶意复保	['保险诈骗	2001	232	CNKI:SUN:F	法学	http://xueshu.baidu.com/usercenter/paper/show?paperid=32ab6b9ad8c12f5553667ae6fa14540f&site=xueshu_se
6	论诉讼诈骗	['董玉庭']	诉讼诈骗是	['诉讼诈骗	2004	242	10.3969/j.	中国法学	http://xueshu.baidu.com/usercenter/paper/show?paperid=0c87cae57f55013cc74cf41fc390eded&site=xueshu_se
7	诈骗罪与金	['张明楷']	本书将"行	['诈骗', '	2006	785	N/A	清华大学出	http://xueshu.baidu.com/usercenter/paper/show?paperid=e725d34f4de6b41dc0b57fb967f2b493&site=xueshu_se
8	诉讼诈骗行	['于改之',	诉讼诈骗是	['证据', '	2005	186	CNKI:SUN:F	法学评论	http://xueshu.baidu.com/usercenter/paper/show?paperid=15350d1cfa5f5b72f3ac359a99a76792&site=xueshu_se
9	财产性利益	['张明楷']	主张财产性	['诈骗罪',	2005	191	CNKI:SUN:I	法律科学.i	http://xueshu.baidu.com/usercenter/paper/show?paperid=a4801e065c54ae3d5fa8c93787b944d6&site=xueshu_se
10	财产性利益	['张明楷']	主张财产性	['诈骗罪',	2005	191	JournalArt	法律科学一	http://xueshu.baidu.com/usercenter/paper/show?paperid=af38013b8013dac97e782272b7c7169f&site=xueshu_se
11	论三角诈骗	['张明楷']	行为人实施	['三角诈骗	2004	400	N/A	法学研究	http://xueshu.baidu.com/usercenter/paper/show?paperid=cc7e8b61965e46d707f7ce72383af3a4&site=xueshu_se
12	诈骗罪与金	['张明楷']	本书将"行	[]	2006/6/1	768	N/A	清华大学出	http://xueshu.baidu.com/usercenter/paper/show?paperid=63d8429911e87f175bc6198fc19d388c&site=xueshu_se
13	保险诈骗罪	['张明楷']	1.恶意复保	['保险诈骗	2001	196	N/A	法学	http://xueshu.baidu.com/usercenter/paper/show?paperid=2c89555e77b994db13c2b599ba99c724&site=xueshu_se
14	金融诈骗罪	['赵秉志']	赵秉志. 金	['金融法']	2001	345	N/A	人民法院出	http://xueshu.baidu.com/usercenter/paper/show?paperid=70d5261e61e89f818052d1cbf8c0ce9e&site=xueshu_se
15	金融诈骗罪	['刘远']	本文分为上	['金融诈骗	1999	266	N/A	《中国人民	http://xueshu.baidu.com/usercenter/paper/show?paperid=b7911d44393ecf0dfaa4f20cc83b62b8&site=xueshu_se
16	金融诈骗罪	['刘远']	本书内容包	['金融诈骗	2002	239	N/A	N/A	http://xueshu.baidu.com/usercenter/paper/show?paperid=79c9a31fdc5128c419c55b935e697d81&site=xueshu_se
17	金融诈骗犯	['李文燕']	刘远. 金融i	['金融-诈	2002	187	N/A	N/A	http://xueshu.baidu.com/usercenter/paper/show?paperid=197a10dc933e5333dbdc30ec3163cde5&site=xueshu_se

图 12-5 csv 文件存储文献信息

12.1.4 爬虫代码编写

通过以上的分析，可以开始进行代码的编写。如上面的步骤，我们请求网页用到了

Requests、bs4 等，解析具体字段的时候用到了正则表达式，数据存储则可以放在 csv 文件中。具体的代码如下。

1．主函数部分

```
Import queue

Import random
Import time
Import requests, os, re
Fromcollections import namedtuple, defaultdict
fromurllib.parse import urlencode
Fromurllib import parse
frombs4 import BeautifulSoup
Import pandas as pd
Import csv
Import json

if__name__ == '__main__':
    keywords0 = ['大数据']   #在此可以输入多个关键词，程序会根据关键词进行检索
    for kw in keywords0:
        keywords_set.add(kw)
        keyword_queue.put(kw)   #维护一个 keyword 队列，进行关键词的添加
    while not keyword_queue.empty():
        keywords = keyword_queue.get()
        print("-----Searching keywords: "+keywords+"-----")
        for i in range(25):  # 页数
            offset = i*10
            text = get_page(keywords, offset)   #搜索页面的响应内容
            all_titles, all_authors, all_abstracts, all_paper_urls = get_urls (text)
#获取文献初步信息和链接
            if len(all_paper_urls) == 0:
                continue
            print("----------Page "+str(i+1) +"----------")
            all_dois = []
            all_cite_cnts = []
            all_publish_times = []
            all_keywords = []
            all_orgs = []
            for k in range(len(all_paper_urls)):
                new_text = get_download(all_paper_urls[k])
        #进入文献详情 url，获取更多文献信息
                cur_doi, cur_cite_cnt, cur_publish_time, cur_keywords, cur_org =
get_doi(new_text)
                all_dois.append(cur_doi)
                all_cite_cnts.append(cur_cite_cnt)
                all_publish_times.append(cur_publish_time)
                all_keywords.append(cur_keywords)
                all_orgs.append(cur_org)
                cur_paper_cnt += 1
                 print("Paper info acquired: "+str(cur_paper_cnt) +" of "+str(req_
paper_cnt))
                time.sleep(4)      #每个文献爬取完成后，让程序休眠 4s
```

```
            papers = set_paper(all_titles, all_authors, all_abstracts, all_keywords,
all_publish_times, all_cite_cnts,all_dois, all_orgs, all_paper_urls)
            # 学术成果信息存在 papers 中
            save_data(papers)  # 保存为 csv
            if cur_paper_cnt>= req_paper_cnt:
                exit(0)
```

主函数作为整个程序的串联，利用其他函数完成了整个爬虫的过程。

2. get_page 函数

```
def get_page(keywords, offset):
    # Requests 设置请求头 Headers
    headers = {
            'User-Agent':  'Mozilla/5.0  (Macintosh;  Intel  Mac  OS  X  10_11_4)
AppleWebKit/537.36 (KHTML, like Gecko) Chrome/53.0.2785.116 Safari/537.36'
    }
#设置 url 参数，参数来源于搜索页面的 URL
    params = {
        'wd': keywords,
        'pn': offset,
        'tn': 'SE_baiduxueshu_c1gjeupa',
        'ie': 'utf-8',
        'sc_hit': '1'
    }
    url = "http://xueshu.baidu.com/s?"+urlencode(params)
    try:
        response = requests.get(url, headers=headers)
        # 如果有字符串百度安全验证，说明爬虫程序被监测到，让程序休眠 2s 再次尝试
        if'百度安全验证'inresponse.content.decode():
            print('Failed to access page')
            time.sleep(2)
        else:
            print('Page successfully accessed')
        # 获取搜索页面的响应内容
        if response.status_code == 200:
            return response.text
    except requests.ConnectionError:
        return None
```

get_page 函数通过用户输入的关键词和页面数获取搜索页面的响应结果，并将结果返回。页面数在主函数中递增，所以实现了针对搜索结果翻页的效果。

3. get_urls 函数

```
def get_urls(text):
    all_titles = []  # 主题
    all_abstracts = []  # 摘要
    all_authors = []  # 作者
    all_paper_urls = []  # 论文初步网址

    soup = BeautifulSoup(text, 'lxml')
    title_datas = soup.select('div.sc_content > h3 > a')  # select 返回值类型为
<class 'list'>
```

```
        author_datas = soup.find_all('div', 'sc_info')  # find_all 返回值类型为<class
'bs4.element.ResultSet'>
        abstract_datas = soup.find_all('div', 'c_abstract')

        for item in title_datas:
            result = {
                'title': item.get_text(),
                'href': item.get('href')  # 关于论文的详细网址，经过观察发现需要提取部分内容
            }
            all_titles.append(item.get_text())
            wd = str(parse.urlparse(item.get('href')).query).split('&')[0]
            paperid = wd.split('=')
            params = {
                'paperid': paperid[1],
                'site': 'xueshu_se'
            }
            url = 'http://xueshu.baidu.com/usercenter/paper/show?'+urlencode(params)
            all_paper_urls.append(url)

        for abs in abstract_datas:  # abs 类型是<class 'bs4.element.Tag'>
            str_list = []
            for l in abs.contents:  # l 的类型是<class 'bs4.element.NavigableString'>
                str_list.append(str(l).replace('\n', '').strip())
                all_abstracts.append("".join(str_list).replace('<em>', '').replace
('</em>', ''))

        for authors in author_datas:  # authors 类型为<class 'bs4.element.Tag'>
             for span in authors.find_all('span', limit=1):  # 此时 span 类型为<class
'bs4.element.Tag'>
                each_authors = []
                for alist in span.find_all('a'):
                    each_authors.append(alist.string)
                all_authors.append(each_authors)

        Return all_titles, all_authors, all_abstracts, all_paper_urls
```

get_urls 函数使用 Beautiful Soup 库解析了百度学术的搜索页面内容（即 get_page 函数返回的获取内容），得到了每个文献的基本信息和文献详情的链接，并将其存储在列表中等待之后访问。

4．get_download 函数和 get_doi 函数

```
    # 获取每个文献页面的详细信息
    def get_download(url):
        headers = {
            'User-Agent':  'Mozilla/5.0  (Macintosh;  Intel  Mac  OS  X  10_11_4)
AppleWebKit/537.36 (KHTML, like Gecko) Chrome/53.0.2785.116 Safari/537.36'
        }
        try:
            response = requests.get(url, headers=headers)
            if response.status_code == 200:
                return response.text
```

```
        except requests.ConnectionError:
            return None

    # 对于每个文献页面爬取的详细页面内容进行提取
    def get_doi(text):
        bs = BeautifulSoup(text, 'lxml')
        keyWords = bs.find_all('div', {'class': 'kw_wr'})
        ret_keywords = []
        for kw in keyWords:
            kwd = kw.find_all('a')
            if len(kwd) == 0:
                ret_keywords = "N/A"
            else:
                for l in kwd:
                    kwstr = l.text.replace('\n', '').strip()
                    if kwstr!= '':
                        ret_keywords.append(kwstr)

        Doi = bs.find_all('p', {'class': 'kw_main', 'data-click': "{'button_tp':'doi'}"})
        if len(Doi) == 0:
            ret_doi = "N/A"
        else:
            ret_doi = Doi[0].text.replace('\n', '').strip()

        cite_cnt = bs.find_all('a', {'class': 'sc_cite_cont'})
        if len(cite_cnt) == 0:
            ret_cite_cnt = "N/A"
        else:
            ret_cite_cnt = cite_cnt[0].text.replace('\n', '').strip()

         publish_time  =  bs.find_all('p',  {'class':  'kw_main_s',  'data-click':
"{'button_tp':'published_time'}"})
        if len(publish_time) == 0:
                publish_time  =  bs.find_all('p',  {'class':  'kw_main',  'data-click':
"{'button_tp':'year'}"})
        if len(publish_time) == 0:
            ret_publish_time = "N/A"
        else:
            ret_publish_time = publish_time[0].text.replace('\n', '').strip()

        org = bs.find_all('div', {'class': "journal_title"})
        if len(org) == 0:
            org = bs.find_all('a', {'class': "journal_title"})
        if len(org) == 0:
            ret_org = "N/A"
        else:
            ret_org = org[0].text.replace('\n', '').strip()

        searchs = bs.find_all('a', {'data-click': "{'button_tp':'sc_search'}"})
        for search in searchs:
```

```
        search_wd = search.text.replace('\n', '').strip()
        if search_wdnotinkeywords_set:
            keywords_set.add(search_wd)
            keyword_queue.put(search_wd)

    return ret_doi, ret_cite_cnt, ret_publish_time, ret_keywords, ret_org
```

这两个函数的作用与之前的函数类似，只是分别用来获取每个文献页面的详细信息和对于每个文献页面爬取的详细页面内容进行提取（前文是对搜索界面进行这样的操作），在此如果不需要文献更进一步信息，则可以忽略。

5．save_data 函数

```
# 将文献主题、作者、摘要、下载路径转换成字典保存，使用 csv 进行存储
def save_data(papers):
    path = "lunwen.csv"
    with open(path, 'a+', newline='', encoding='utf-8') ascsvfile:
        writer = csv.writer(csvfile)
        # writer.writerow(["名称", "作者", "摘要", "关键词", "发表年份", "引用量",
"DOI", "来源", "文献链接"])
        for p in papers:
            writer.writerow([p[0], str(p[1]), p[2], p[3], p[4], p[5], p[6], p[7],
p[8]])

    csvfile.close()
```

save_data 函数是将列表存储的文献信息以一行信息存入本地的 csv 文件中，使用了 writerow()方法。

6．程序分析

整个程序的实现思路和上文中提到的一致。首先由用户输入想要爬取的文献关键词，由 get_page 函数打开 URL 得到网页 HTML 对象。get_urls 函数通过 Beautiful Soup 库得到的搜索网页源代码进行分析，获取简要的文献信息和文献详情页的链接。对于文献详情页面也进行获取 HTML 和解析的操作，即可得到每一篇文献的具体信息。最后执行存储数据到本地 csv 文件的操作。

12.1.5　大数据量文献爬虫

要想进行数据分析，必须有足够多的数据来源，足够大的数据量。然而百度学术针对关键词搜索只会显示前几百条搜索结果（搜索出来可能有上千万条，但显示出来的只有 600 条左右），想要对单个关键词爬取大量论文信息并不可行。实践表明，超出显示范围的 URL 会直接跳转回第一页，后面爬取的内容全部重复。

因此，我们在之前爬虫的基础上进行了改变，改进了爬虫的关键词搜索算法，采用了 BFS 搜索。爬取关键词的前 25 页信息，对每篇文章，进入文章页面后，将其“研究点分析”中的关键词入队（判重），第一个关键词爬取完毕后，再从队首取出下一个关键词进行爬取。同样，将每篇搜到的文章的“研究点分析”字段（见图 12-6）的所有词语入队……这样即可实现无尽的搜索。在全局变量中设置文章需求量，并在爬取文章时进行计数，当爬取的文章总数超过需求量时直接退出。

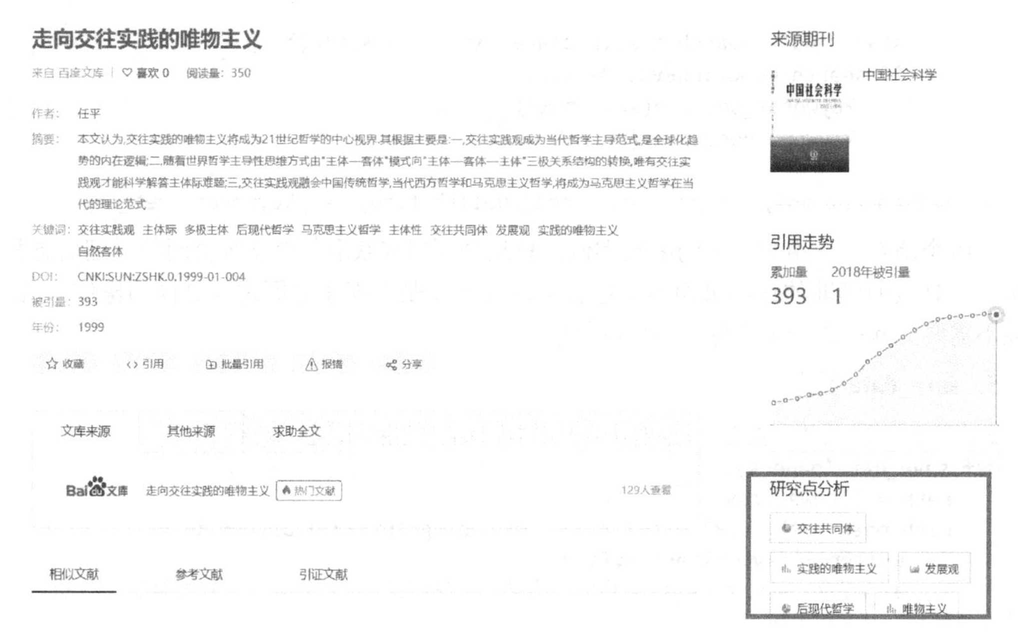

图 12-6 “研究点分析”字段 BFS 搜索

12.1.6 针对反爬虫的措施

本项目实现的一个重难点就是网页的反爬虫措施。百度学术会采用百度安全验证来进行反爬虫，如果不采取任何其他措施的话，爬取数十条左右的文献信息就会被封禁 IP。

我们首先尝试了每爬取 1 条信息使程序休眠 2s 的方法，但是依旧会被网站监测到。可以采用建立 User-Agent 池的方法作为应对。

在编写爬虫程序时，我们构建了一个 User-Agent（用户代理）池，就是把多个浏览器的 UA 信息放进列表中，然后再从中随机选择。构建用户代理池，能够避免总是使用一个 UA 来访问网站，因为短时间内总使用一个 UA 高频率访问的网站，可能会引起网站的警觉，从而封杀掉 IP。

这里构建的 User-Agent（用户代理）池如下：

```
user_agent_list = [
        "Mozilla/5.0 (Windows NT 6.1; WOW64) AppleWebKit/537.1 "
        "(KHTML, like Gecko) Chrome/22.0.1207.1 Safari/537.1",
        "Mozilla/5.0 (X11; CrOS i686 2268.111.0) AppleWebKit/536.11 "
        "(KHTML, like Gecko) Chrome/20.0.1132.57 Safari/536.11",
        "Mozilla/5.0 (Windows NT 6.1; WOW64) AppleWebKit/536.6 "
        "(KHTML, like Gecko) Chrome/20.0.1092.0 Safari/536.6",
        "Mozilla/5.0 (Windows NT 6.2) AppleWebKit/536.6 "
        "(KHTML, like Gecko) Chrome/20.0.1090.0 Safari/536.6",
        "Mozilla/5.0 (Windows NT 6.2; WOW64) AppleWebKit/537.1 "
        "(KHTML, like Gecko) Chrome/19.77.34.5 Safari/537.1",
        "Mozilla/5.0 (X11; Linux x86_64) AppleWebKit/536.5 "
        "(KHTML, like Gecko) Chrome/19.0.1084.9 Safari/536.5",
        "Mozilla/5.0 (Windows NT 6.0) AppleWebKit/536.5 "
        "(KHTML, like Gecko) Chrome/19.0.1084.36 Safari/536.5",
        "Mozilla/5.0 (Windows NT 6.1; WOW64) AppleWebKit/536.3 "
```

```
            "(KHTML, like Gecko) Chrome/19.0.1063.0 Safari/536.3",
            "Mozilla/5.0 (Windows NT 5.1) AppleWebKit/536.3 "
            "(KHTML, like Gecko) Chrome/19.0.1063.0 Safari/536.3",
            "Mozilla/5.0 (Macintosh; Intel Mac OS X 10_8_0) AppleWebKit/536.3 "
            "(KHTML, like Gecko) Chrome/19.0.1063.0 Safari/536.3",
            "Mozilla/5.0 (Windows NT 6.2) AppleWebKit/536.3 "
            "(KHTML, like Gecko) Chrome/19.0.1062.0 Safari/536.3",
            "Mozilla/5.0 (Windows NT 6.1; WOW64) AppleWebKit/536.3 "
            "(KHTML, like Gecko) Chrome/19.0.1062.0 Safari/536.3",
            "Mozilla/5.0 (Windows NT 6.2) AppleWebKit/536.3 "
            "(KHTML, like Gecko) Chrome/19.0.1061.1 Safari/536.3",
            "Mozilla/5.0 (Windows NT 6.1; WOW64) AppleWebKit/536.3 "
            "(KHTML, like Gecko) Chrome/19.0.1061.1 Safari/536.3",
            "Mozilla/5.0 (Windows NT 6.1) AppleWebKit/536.3 "
            "(KHTML, like Gecko) Chrome/19.0.1061.1 Safari/536.3",
            "Mozilla/5.0 (Windows NT 6.2) AppleWebKit/536.3 "
            "(KHTML, like Gecko) Chrome/19.0.1061.0 Safari/536.3",
            "Mozilla/5.0 (X11; Linux x86_64) AppleWebKit/535.24 "
            "(KHTML, like Gecko) Chrome/19.0.1055.1 Safari/535.24",
            "Mozilla/5.0 (Windows NT 6.2; WOW64) AppleWebKit/535.24 "
            "(KHTML, like Gecko) Chrome/19.0.1055.1 Safari/535.24",
            'Mozilla/5.0 (Macintosh; Intel Mac OS X 10_11_4) AppleWebKit/537.36
(KHTML, like Gecko) Chrome/53.0.2785.116 Safari/537.36'
        ]
```

之后将请求网页的 Headers 的用户代理从中随机选择，即可以达到我们爬取大量文献信息而不被封禁的需求。

Headers 的改变如下：

```
    headers = {
        #从用户代理池中随机选择
        'User-Agent': random.choice(user_agent_list),
    }
```

最后，利用项目的爬虫程序实现了百万级数据库的目标，也证明了方案的可行性。

12.2　本章小结

本章使用 Requests 加上 Beautiful Soup 的组合来抓取百度学术科研文献信息，并将数据保存在本地，使爬取到的数据能更加持久化。同时对爬虫程序中用到的模块做了一些简单的介绍，对大数据量的爬虫和如何应对反爬虫机制提供了一种思路和解决方案。本章中使用到的 Python 库和方法在爬虫程序中经常用到，在日常学习中掌握这些常用模块的基本用法是很有用的。

第 13 章 实战：蒸汽平台游戏数据爬取

在现实生活中，我们往往需要从平台购买商品，如在淘宝等电商平台购买实体商品，此时就需要对不同商品之间的价格和评价进行比较。本项目将使用 Python 的爬虫工具，从网站中爬取信息并以 csv 格式和 JSON 格式的数据存储。对于数据量较大的网站，采用多线程技术能够提高数据的获取效率。本项目借助 Python 的 threading 库实现多线程任务，利用 Selenium 库完成网页 HTML 信息的分析和获取，最后使用 Pandas 和 JSON 完成数据的存储。

13.1 爬取蒸汽平台上最受好评的前 100 个游戏信息

本项目将从蒸汽游戏平台上爬取最受好评的前 100 个游戏，利用 Selenium 库对网页的 HTML 文本进行分析获取数据，同时借助 Python 的多线程技术对爬虫程序进行简单的优化。最终结果可以保存为独立的 JSON 文件，或保存为 csv 格式的表格数据。

13.1.1 多线程

用户要获取蒸汽平台上所有的游戏并且按好评度降序排列，就需要访问搜索页面并选择排序依据为用户评测，见图 13-1。从这个页面可以单击每个游戏继续访问游戏详细信息页面。因此多线程策略就是由一个主线程从这个页面获取所有游戏的页面链接，将这些链接以队列的数据结构存储。其他的线程从队列中获取链接，访问游戏页面获取详细信息。对于多线程的同步问题可以借助互斥锁来解决。

利用 Python 中的 threading 库可以实现多线程。具体的方法就是创建一个爬虫类继承原有的 Thread 类，之后将需要多线程执行的部分重写在 run 方法中。

13.1.2 搜索页面分析和爬虫实现

1. 页面分析

我们需要从这个页面中获取的信息有两个，一个是每个游戏页面的链接，另一个是搜索页面的总页数。因为这个页面可以向后翻页，为了能够遍历所有的游戏我们需要知道总页数。

利用浏览器的开发者工具（快捷键〈F12〉），用户可以查看页面中每个组件元素的源代码，见图 13-2，选中页码按钮进行查看，可以发现所有的页码按钮都包含在 class name 为 search_pagination_right 的组件之下。用户可以借助 Selenium 库中的组件搜索方法对 class name 进行搜索，进一步获取到页码的最大值即总页数。

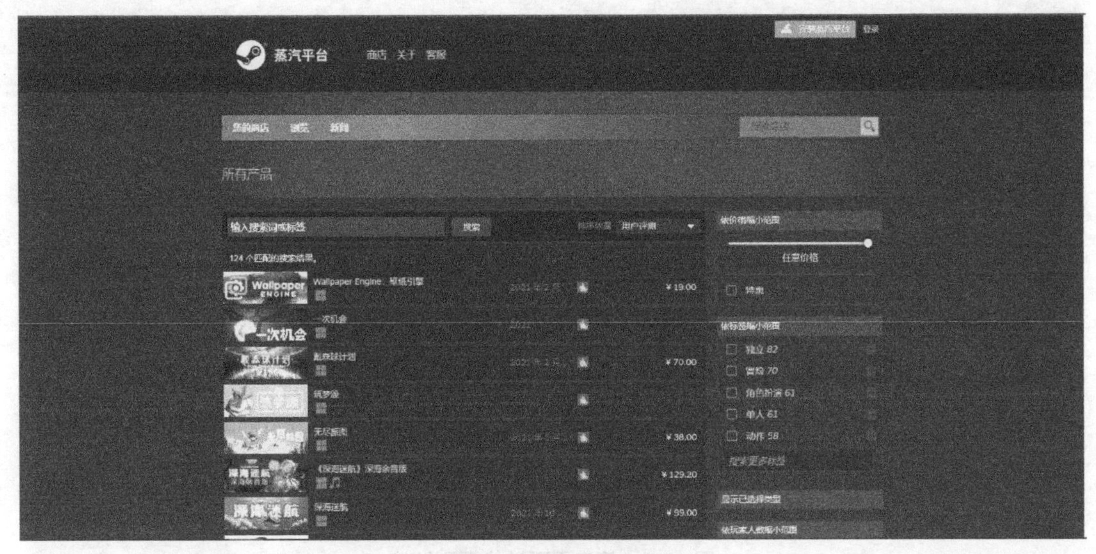

图 13-1　搜索游戏页面

图 13-2　搜索页面源码

类比上面的过程，也可以获知游戏页码链接在 HTML 源码中的位置，见图 13-3，选中所有搜索结果，所有的游戏组件都在 id 为 search_resultsRows 的组件之下，Selenium 库同样支持对于 id 的搜索。而具体的链接存在于 tag 为 a 的组件的 href 属性之中。

2. 爬虫实现

爬取总页数的爬虫代码如下。

```
pages = driver.find_element("class name", "search_pagination_right")
page_str = re.split(r"[ ]+", pages.text)
page_numbers = []
for str_ in page_str:
    if str_.isdigit():
        page_numbers.append(str_)
total_page = int(max(page_numbers))
```

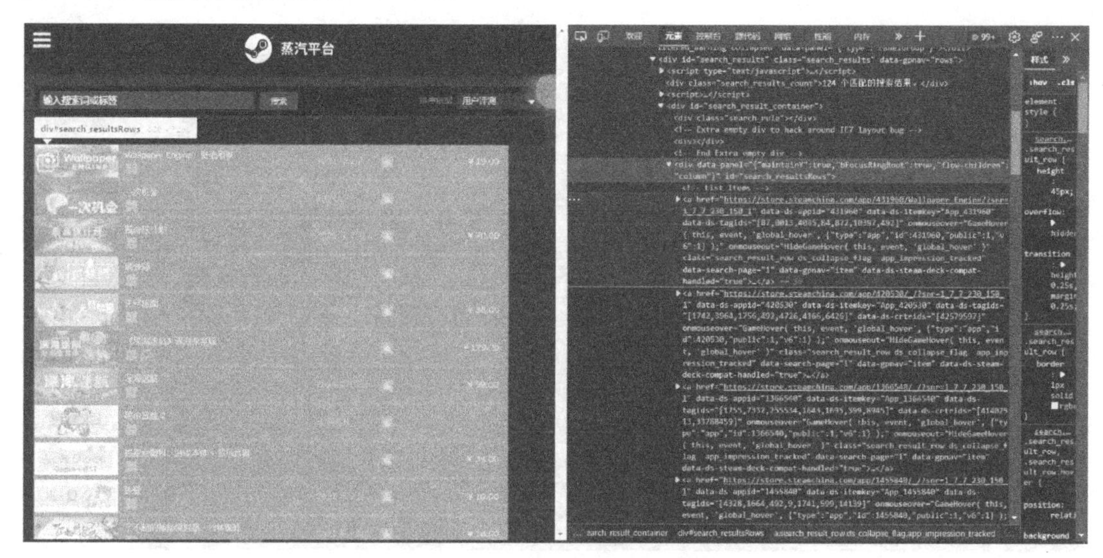

图 13-3　搜索页面游戏页码链接

因为获取到的字符串中可能包含无关的信息，需要进行数字检查之后再比较大小，获得最大的页码。

获取总页数之后就可以在 while 循环中获取所有的游戏链接，爬取游戏链接的代码如下。

```
games = driver.find_element("id", "search_resultsRows")
game_links_area = games.find_elements("tag name", "a")
game_link_list_lock.acquire()
for game in game_links_area:
    game_link_list.append(game.get_attribute("href"))
game_link_number += 1
game_link_list_lock.release()
```

这里的代码使用了已经定义的互斥锁 game_link_list_lock 来保证不同线程之间的同步。

13.1.3　游戏页面分析和爬虫实现

1．页面分析

在游戏页面中我们需要获取的具体信息包含名称、价格以及总体好评率。

同样使用上述的方法查看游戏名称组件所在的位置，见图 13-4，它位于 class name 为 apphub_AppName 的组件 text 中。

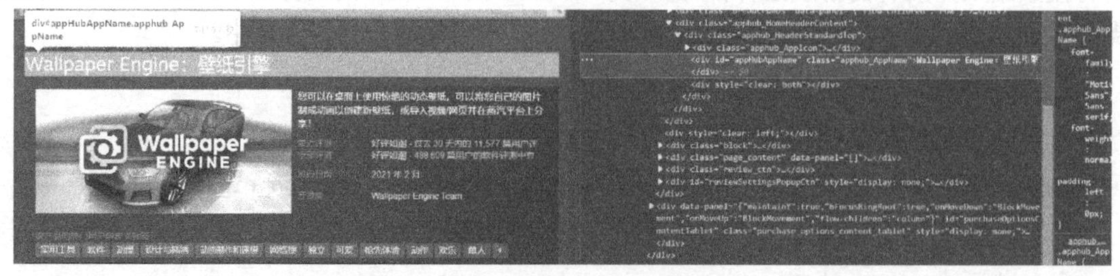

图 13-4　游戏名称组件源码

此外还有一些特殊情况，如果游戏以捆绑包的形式发售，那么名称将在 class name 为

pageheader 的组件 text 中，见图 13-5。

图 13-5　游戏捆绑包名称组件源码

对于游戏的价格也存在两种情况，分别是原价和折扣价格。它们有共同的父组件，class name 为 game_purchase_action。

我们首先定位到 game_purchase_action，之后可以继续向下搜索，见图 13-6 和图 13-7，可以分别搜索元素 game_purchase_action_bg 和 discount_final_price your_price，以获取原价和折扣价格。

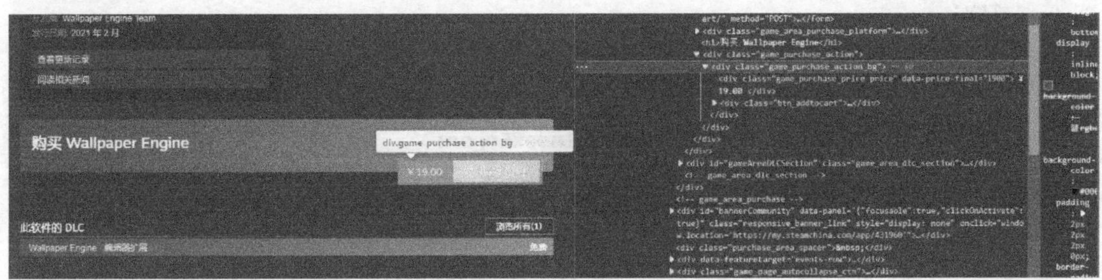

图 13-6　游戏原价组件源码

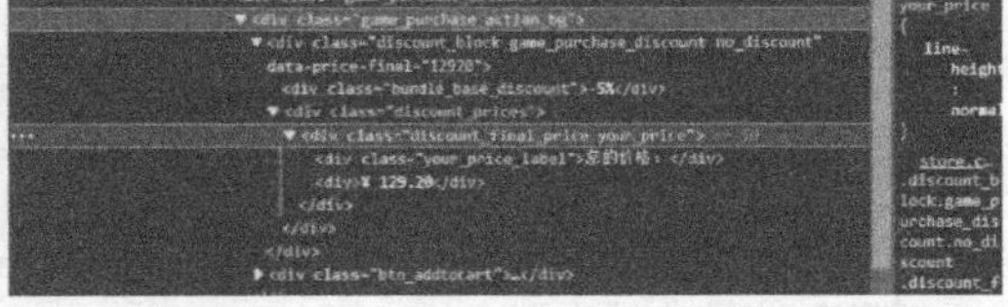

图 13-7　游戏折扣价格组件源码

见图 13-8，游戏的总体评价信息位于 game_review_summary 组件的 data-tooltip-html 属性中。

图 13-8　游戏总体评价信息组件源码

2. 爬虫实现

首先爬取游戏名称。

```
game_driver.get(game)
# 信息提取
game_info = game_driver.find_element("class name", "tablet_grid")
# Name
try:
    game_name = game_info.find_element("class name", "apphub_AppName").text
except NoSuchElementException:
    try:
        game_name = game_info.find_element("class name", "pageheader").text
    except NoSuchElementException as expt:
        print(expt)
        continue
```

然后爬取游戏价格。

```
# Price
try:
    purchase_area = game_driver.find_element("class name", "game_purchase_action")
    try:
        price = purchase_area.find_element("class name", \
        "game_purchase_action_bg").text
        price = re.findall(r"¥ \d+\.?\d*", price)[0][2:]
    except NoSuchElementException or IndexError:
        try:
            price = purchase_area.find_element("class name", "discount_final_price \
            your_price").text
            price = re.findall(r"¥ \d+\.?\d*", price)[0][2:]
        except NoSuchElementException or IndexError:
            price = "尚未推出"
except NoSuchElementException:
    price = "尚未推出"
```

最后爬取游戏评价。

```
# favorable rate
try:
    reviews = game_driver.find_element("id", "review_histogram_rollup_section"). \
    find_element("class name", "game_review_summary").get_attribute("data-tooltip-\
    html")
    favorable_rate = re.findall(r"\d{2}%", reviews)[0]
except NoSuchElementException or IndexError:
    favorable_rate = "暂无评价"
```

存储数据注意要使用互斥锁。

```
# 数据存储
file_lock.acquire()
save_infos(game_name, price, favorable_rate) # save_infos 函数用于存储数据
file_lock.release()。
```

13.1.4　信息存储和结果展示

1．信息存储

```
    def save_infos(name, price, favorable_rate):
        # JSON 格式存储
        with open(data_path + f"/{hash(name)}.json", "w", encoding="utf-8") as data_
file:
            data = {
    "Name": name,
    "Price": price,
    "Favorable Rate": favorable_rate,
            }
    json.dump(data, data_file, indent=4, ensure_ascii=False)
            data_file.close()
        # 输出到 csv 文件
        new_line = pd.DataFrame(
            {
    "Name": name,
    "Price": price,
    "Favorable Rate": favorable_rate,
            },
            index=[1]
        )
        new_line.to_csv(csv_data_path,  encoding="utf_8_sig",  index=False,  mode="a",
header=False)
```

2．结果展示

csv 文件保存结果如图 13-9 所示。

A1　Wallpaper Engine：壁纸引擎

	A	B	C	D	E	F	G
1	Wallpaper	19	98%				
2	一次机会	尚未推出	98%				
3	戴森球计	70	97%				
4	《深海迷	129.2	暂无评价				
5	筑梦颂	尚未推出	97%				
6	深海迷航	99	96%				
7	拣爱合辑	34	暂无评价				
8	无尽旅图	38	97%				
9	雨中冒险	尚未推出	96%				
10	拣爱	10	96%				
11	了不起的	18	96%				
12	面条人	58	94%				
13	了不起的	18	98%				
14	笼中窥梦	48	94%				
15	深海迷航	37	93%				
16	恐龙乐园	尚未推出	94%				
17	忍者龟：	尚未推出	92%				
18	蜡烛人：	48	92%				
19	改变	22	92%				
20	喵斯快跑	尚未推出	96%				
21	赦免者 -	15	92%				
22	勇者赶时	尚未推出	92%				
23	喵斯快跑	尚未推出	90%				
24	艾希	38	90%				
25	冒险公社	28	90%				
26	月影之塔	48	90%				
27	暖雪 Wari	尚未推出	90%				

图 13-9　csv 文件保存结果

JSON 文件保存结果如图 13-10 所示。

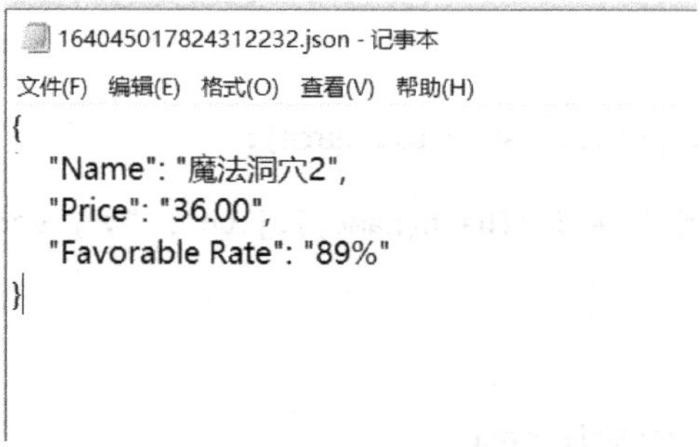

```
1640450178243122232.json - 记事本
文件(F) 编辑(E) 格式(O) 查看(V) 帮助(H)
{
    "Name": "魔法洞穴2",
    "Price": "36.00",
    "Favorable Rate": "89%"
}
```

图 13-10　JSON 文件保存结果

13.2　本章小结

本项目从 HTML 页面解析出发，设计了多线程策略，简单分析了页面的源码。通过分析源码结构，可以借助 Selenium 库爬取所需的数据。最后利用 Pandas 和 JSON 库完成了数据的保存。

第 14 章 实战：Scrapy 框架爬取股票信息

前几章介绍了使用浏览器的插件 Webscraper 爬取信息，使用 Requests 和 BeautifulSoup 两个第三方库来抓取、解析页面进而实现爬虫，使用第三方库 Selenium 来模拟真实的人打开浏览器、获取数据的行为来构建爬虫。以上工具已经足够用户进行简单的、定制化的数据爬取。初学者在进行上述爬虫工具实践时，会发现一些问题，比如一部分代码比较通用，但是将其用到新项目时又不像 import 第三方库那样方便；爬取出现问题需要调试时，缺少合适的调试工具；存储爬取的数据，尤其是需要调整存储格式时，涉及的代码很烦琐；想添加延迟策略、代理 ip、多线程爬取等功能时，可能需要重构代码，时间成本太高，也容易出现不容易发现的错误……种种原因使得采用一个标准的框架来解决上述编程痛点变得非常重要。本章将介绍 Scrapy 如何应用于爬虫的构建，学会使用它是爬虫技术更为精进的基础。

14.1 任务介绍

本项目爬取的目标网站为 https://data.eastmoney.com/report/stock.jshtml。网站页面见图 14-1。

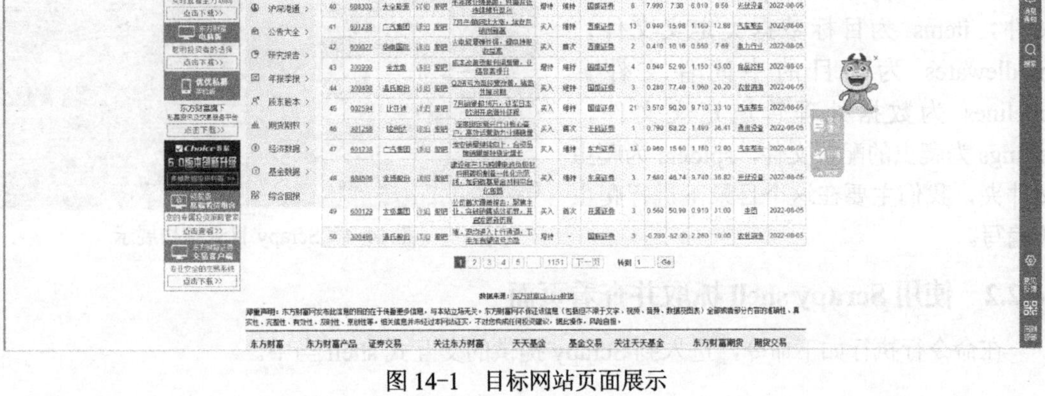

图 14-1 目标网站页面展示

其中，表格里的数据是本项目的目标数据，共 1151 页。本章内容只爬取“股票代码”“股票简称”“报告名称”三个字段的数据，其他字段的抓取原理是相同的。

14.2 Scrapy 项目实战

本节将介绍如何使用 Scrapy 框架来创建项目、分析网页、编写爬虫、存储数据。

14.2.1 新建 Scrapy 爬虫项目

首先介绍的是如何使用 Scrapy 提供的命令行工具来创建一个新的 Scrapy 项目。进入到目标文件夹下，打开终端，输入以下代码。

```
# stock 为爬虫项目的名称，可以更改
scrappy start project stock
```

这里需要注意，如果使用了虚拟环境安装 Scrapy，则需要检查是否通过 conda 命令激活了相关环境，否则该命令无法执行成功。执行成功的界面见图 14-2。

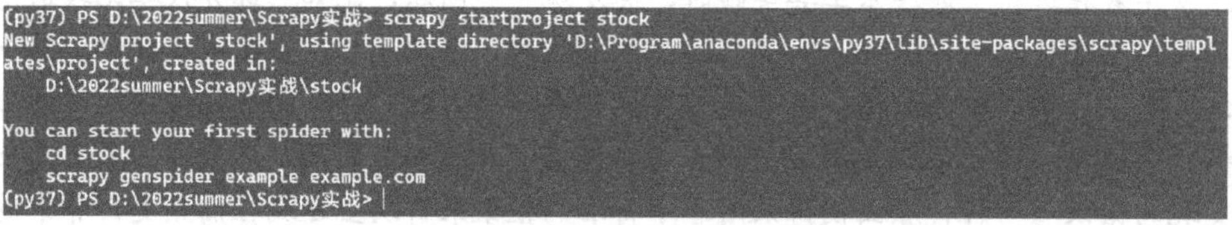

```
(py37) PS D:\2022summer\Scrapy实战> scrapy startproject stock
New Scrapy project 'stock', using template directory 'D:\Program\anaconda\envs\py37\lib\site-packages\scrapy\templ
ates\project', created in:
    D:\2022summer\Scrapy实战\stock

You can start your first spider with:
    cd stock
    scrapy genspider example example.com
(py37) PS D:\2022summer\Scrapy实战>
```

图 14-2 Scrapy 项目创建成功示例

如果出现如图 14-3 所示报错，则需要输入以下命令。

```
pip install -I cryptographt
```

```
  File "D:\Program\anaconda\envs\py37\lib\site-packages\OpenSSL\_util.py", line 5, in <module>
    from cryptography.hazmat.bindings.openssl.binding import Binding
  File "D:\Program\anaconda\envs\py37\lib\site-packages\cryptography\hazmat\bindings\openssl\binding.py", line 14,
 in <module>
    from cryptography.hazmat.bindings._openssl import ffi, lib
ImportError: DLL load failed: 找不到指定的程序。
```

图 14-3 创建 Scrapy 项目报错示例图

执行成功后会出现一个 stock 文件夹，这就是使用 Scrapy 创建出的爬虫项目。其目录结构见图 14-4。

其中 Scrapy 为 Scrapy 框架部署设置文件，items 为目标数据类定义文件，middlewares 为项目的中间件文件，pipelines 为数据处理管道定义文件，settings 为爬虫的配置文件，spiders 为爬虫文件夹，我们主要在这个目录下进行爬虫的编写。

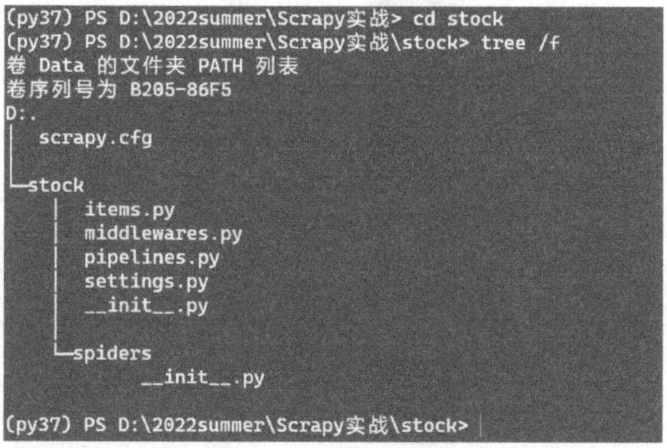

```
(py37) PS D:\2022summer\Scrapy实战> cd stock
(py37) PS D:\2022summer\Scrapy实战\stock> tree /f
卷 Data 的文件夹 PATH 列表
卷序列号为 B205-86F5
D:.
│  scrapy.cfg
│
└─stock
    │  items.py
    │  middlewares.py
    │  pipelines.py
    │  settings.py
    │  __init__.py
    │
    └─spiders
            __init__.py

(py37) PS D:\2022summer\Scrapy实战\stock>
```

图 14-4 Scrapy 目录结构展示

14.2.2 使用 Scrapy shell 抓取并查看页面

在命令行执行如下命令，进入到 Scrapy 提供的交互式 shell 当中。

```
scrappy shell "https://data.eastmoney.com/report/stock.jshtml"
```

执行成功后界面见图 14-5。

```
2022-08-07 15:19:52 [protego] DEBUG: Rule at line 2768 without any user agent to enforce it on.
2022-08-07 15:19:52 [protego] DEBUG: Rule at line 2790 without any user agent to enforce it on.
2022-08-07 15:19:52 [scrapy.core.engine] DEBUG: Crawled (200) <GET https://data.eastmoney.com/report/stock.jshtml>
 (referer: None)
[s] Available Scrapy objects:
[s]   scrapy     scrapy module (contains scrapy.Request, scrapy.Selector, etc)
[s]   crawler    <scrapy.crawler.Crawler object at 0x000001E7F7A669E8>
[s]   item       {}
[s]   request    <GET https://data.eastmoney.com/report/stock.jshtml>
[s]   response   <200 https://data.eastmoney.com/report/stock.jshtml>
[s]   settings   <scrapy.settings.Settings object at 0x000001E7F7A66828>
[s]   spider     <DefaultSpider 'default' at 0x1e7f8071898>
[s] Useful shortcuts:
[s]   fetch(url[, redirect=True]) Fetch URL and update local objects (by default, redirects are followed)
[s]   fetch(req)                  Fetch a scrapy.Request and update local objects
[s]   shelp()           Shell help (print this help)
[s]   view(response)    View response in a browser
>>>
```

图 14-5　成功进入 Scrapy shell 示意

可以看到“Available Scrapy objects”的字样，紧跟其后列出的是向目标网站发出请求后 Scrapy 得到的可用对象。因为目前还没有编写爬虫，所以“spider”对象为 Scrapy 默认的爬虫。这里需要重点关注的是“response”对象，可以看到返回了“200”状态码，说明页面抓取成功。按照给出的提示，执行如下命令。

```
View(response)
```

此时交互式的 shell 界面会返回 True，见图 14-6。然后使用系统默认浏览器打开 response 文件，打开后的界面见图 14-7。

图 14-6　Scrapy shell 返回 True

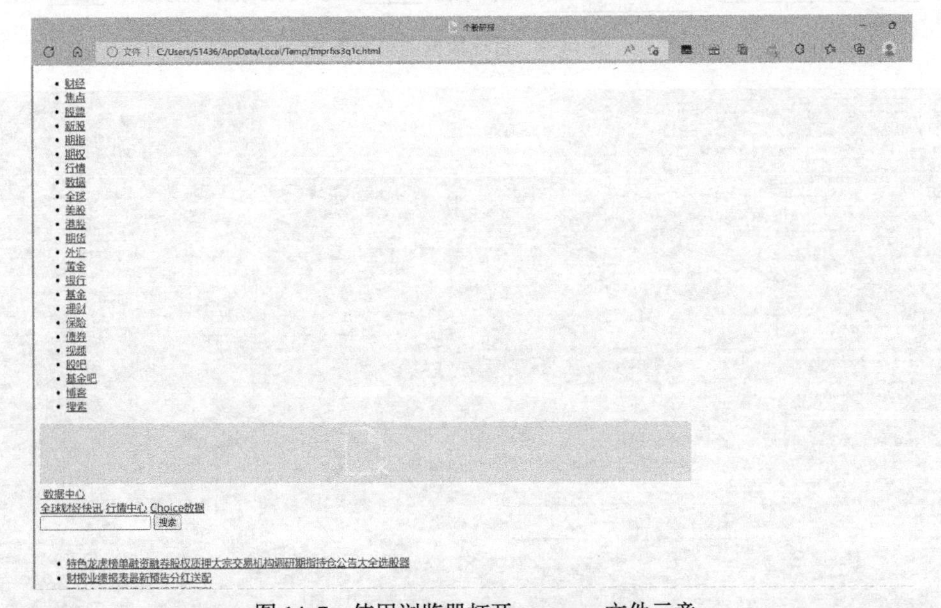

图 14-7　使用浏览器打开 response 文件示意

使用浏览器浏览该 response 文件，并没有看到目标数据，说明我们看到的可能只是 HTML 模板。单击右键，在菜单栏里选择“查看源代码”，深入寻找目标数据。源代码见图 14-8。

```
<!DOCTYPE html>
<!-- 2022-08-07 15:19:11 at server[86] -->
<html lang="zh_CN">
<head>
  <meta charset="UTF-8">
  <meta name="keywords" content="机构研究报告,研报中心,研报,个股评级,买入评级,个股研报,盈利预测,行业研究,行业研报,策略研究"/>
  <meta name="description" content="东方财富网研报中心提供沪深两市最全面的研报信息，将国内各大机构研究报告优化整合，第一时间提供各大券商研究所报告之精华，深入解析上市公司最新变化、发展方向、成长性以及业
  <meta name="viewport" content="width=device-width, initial-scale=1.0">
  <meta http-equiv="X-UA-Compatible" content="ie=edge">
  <meta name="mobile-agent" content="format=html5; url=https://emdata.eastmoney.com/ybzx/index.html">
  <title>个股研报</title>
  <link rel="stylesheet" href="/newstatic/css/main.css">
  <base target="_blank">
  <!--[if lte IE 8]>
  <script src="//emres.dfcfw.com/js/ie8.js" charset="utf-8"></script>
  <![endif]-->
  <script>
    var service={ENV:"production"}
  </script>
  <link rel="stylesheet" href="/newstatic/css/report.css">
<script>
    var page_type="stock";
    var page_parent_type="个股研报";
</script>
</head>
<body>
  <div class="main">
    <div id="topgg"></div>
    <div class="mainnav">


    <ul>
        <li>
            <a href="//finance.eastmoney.com/">财经</a><span class="img"></span> </li>
        <li><a href="//finance.eastmoney.com/yaowen.html">焦点</a><span class="img"></span></li>
        <li><a href="//stock.eastmoney.com/">股票</a><span class="img"></span></li>
        <li><span class="red"><a href="//stock.eastmoney.com/newstock.html">新股</a><span class="img"></span></span>
        </li>
        <li><a href="//stock.eastmoney.com/gzqh.html">期指</a><span class="img"></span></li>
        <li><a href="//option.eastmoney.com/">期权</a><span class="img"></span></li>
        <li><span class="red"><a href="//quote.eastmoney.com/flash/sz300059.html">行情</a><span
                    class="img"></span></span></li>
        <li><a href="/">数据</a><span class="img"></span></li>
        <li><a href="//stock.eastmoney.com/global.html">全球</a><span class="img"></span></li>
        <li><a href="//stock.eastmoney.com/america.html">美股</a><span class="img"></span></li>
        <li><a href="//hk.eastmoney.com/">港股</a><span class="img"></span></li>
        <li><a href="//futures.eastmoney.com/">期货</a><span class="img"></span></li>
        <li><a href="//forex.eastmoney.com/">外汇</a><span class="img"></span></li>
        <li><a href="//gold.eastmoney.com">黄金</a><span class="img"></span></li>
```

图 14-8　使用浏览器查看原始 response 文件

在目标网站中找到目标数据第一条，见图 14-9。并在源代码中尝试搜寻“东方电缆”，见图 14-10。可以看到，目标数据属于“script”标签，所以没有展示在图 14-7 中。这说明该网站可能使用了异步加载的方式来加载这部分数据。

序号	股票代码	股票简称	相关	报告名称	东财评级	评级变动	机构	近一月个股研报数	2022盈利预测		2023盈利预测		行业	日期
									收益	市盈率	收益	市盈率		
1	603606	东方电缆	详细 股吧	点评报告：订单结构大幅优化，全年有望落地百亿订单	买入	维持	国海证券	6	1.990	37.79	2.670	28.27	电网设备	2022-08-07

图 14-9　目标数据的第一条

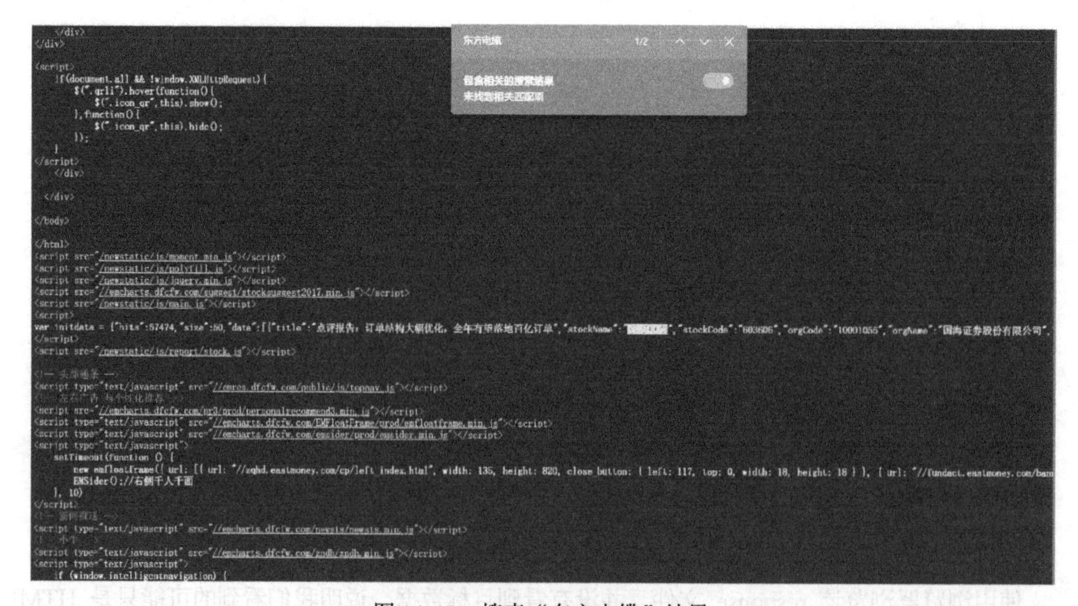

图 14-10　搜索“东方电缆”结果

返回目标网页，单击第二页，见图 14-11，观察浏览器网址栏的变化。

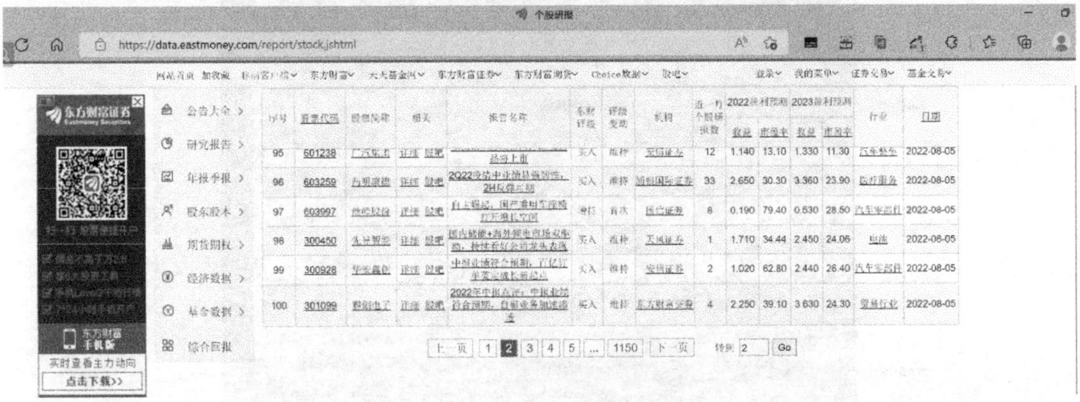

个股研报

https://data.eastmoney.com/report/stock.jshtml

公告大全 研究报告 年报季报 股东股本 期货期权 经济数据 基金数据 综合回报

序号	股票代码	东财评级	评级变动	近一月个股研报数	2022 收益	2022 市盈率	2023 收益	2023 市盈率	日期
95	601238	买入	维持	12	1.140	13.10	1.330	11.30	2022-08-05
96	603259	买入	维持	33	2.650	30.30	3.360	23.90	2022-08-05
97	603997	增持	首次	8	0.190	79.40	0.530	28.50	2022-08-05
98	300450	买入	维持	1	1.710	34.44	2.450	24.06	2022-08-05
99	300928	买入	维持	2	1.020	62.80	2.440	26.40	2022-08-05
100	301099	买入	维持	4	2.250	39.10	3.630	24.30	2022-08-05

上一页 1 2 3 4 5 … 1150 下一页 转到 2 Go

东方财富证券 东方财富手机版 实时查看主力动向 点击下载>>

图 14-11　访问原网站第二页

发现网址仍然是 https://data.eastmoney.com/report/stock.jshtml。可以确定的是，该页面的表格数据部分使用了异步加载机制，此时需要找到相应的数据接口。使用〈F12〉快捷键进入开发者模式，选中最上方菜单栏的“网络”选项，来监听网络请求。单击第三页，然后发现下方列表出现了三个请求。选择 JSON 请求类别，可以看到只剩下一个请求，见图 14-12。预览该 JSON 请求返回的文件，可以看到其内容就是目标数据。

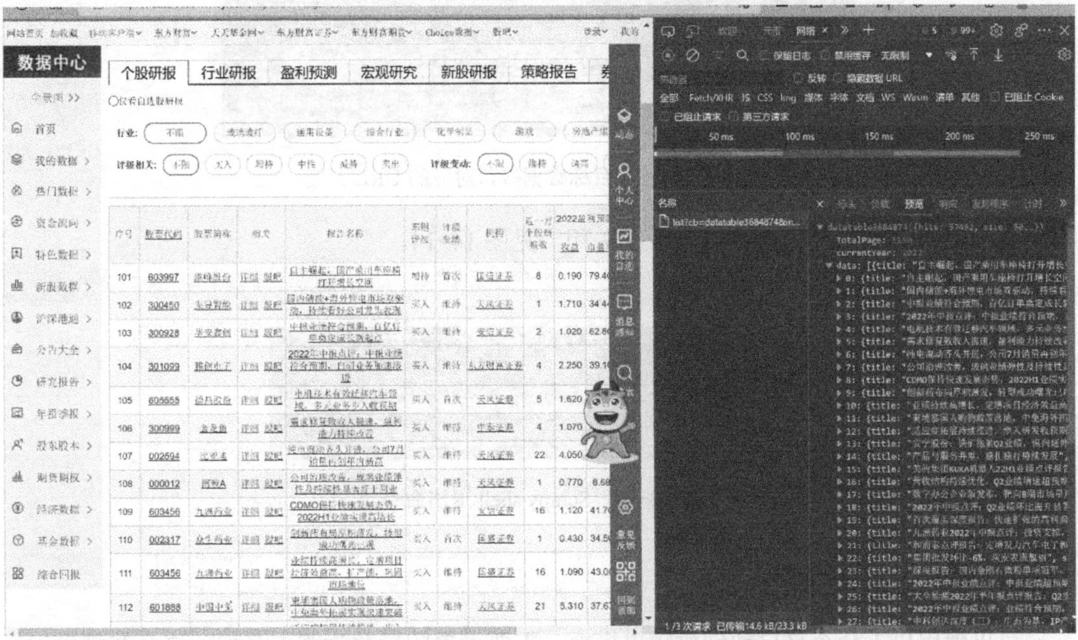

数据中心 个股研报 行业研报 盈利预测 宏观研究 新股研报 策略报告

首页 我的数据 热门数据 资金流向 特色数据 新股数据 沪深港通 公告大全 研究报告 年报季报 股东股本 期货期权 经济数据 基金数据 综合回报

序号	股票代码	近一月个股研报数	2022 收益
101	603997	8	0.190
102	300450	1	1.710
103	300928	2	1.020
104	301099	4	2.250
105	605655	5	1.620
106	300999	4	1.070
107	002594	22	4.050
108	000012	1	0.770
109	603456	16	1.120
110	002317	1	0.430
111	603456	16	1.090
112	601888	21	5.310

1/3 次请求　已传输 14.6 kB/23.3 kB

图 14-12　目标数据的数据请求接口寻找示意

单击“标头”，记录并分析请求的 URL，见图 14-13。可以看到，URL 中“?”符号的后面就是用户可以更改的查询选项，本项目中主要用到“pageNo”这个查询选项，通过更改这一选项创建出的 URL 可以实现表格数据的爬取。

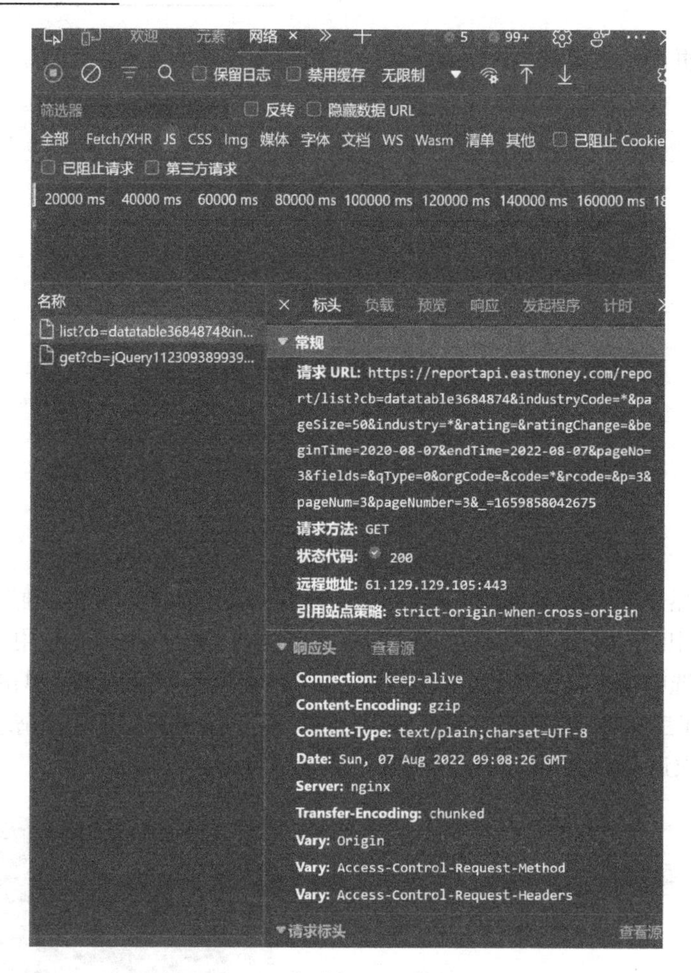

图 14-13　目标数据接口对应的 URL

Scrapy shell 可以通过执行以下命令关闭，见图 14-14。

```
exit()
```

```
>>> view(response)
True
>>>
>>> exit()
(py37) PS D:\2022summer\Scrapy实战\stock>
```

图 14-14　Scrapy shell 退出命令

14.2.3　爬虫代码编写

可以使用以下命令来自动创建爬虫模板。需要设置的参数为爬虫名称，这会在爬虫运行阶段用到。此外还需要设置爬取网站的域名，以限定爬虫范围。

```
# scrappy genspider 爬虫名称 目标网站域名
Scrappy genspider stockinfo eastmoney.com
```

运行结果见图 14-15。

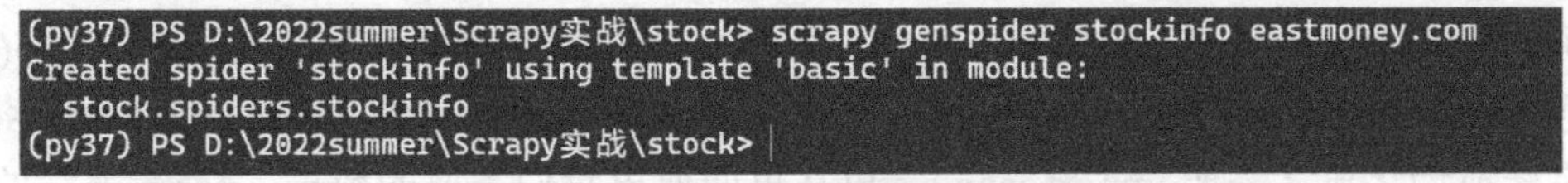

```
(py37) PS D:\2022summer\Scrapy实战\stock> scrapy genspider stockinfo eastmoney.com
Created spider 'stockinfo' using template 'basic' in module:
  stock.spiders.stockinfo
(py37) PS D:\2022summer\Scrapy实战\stock>
```

图 14-15　爬虫创建成功结果

此时在 spiders 文件夹下，会出现一个名为“stockinf.py”的文件，是根据 Scrapy 内置模板创建的爬虫文件，打开后见图 14-16。

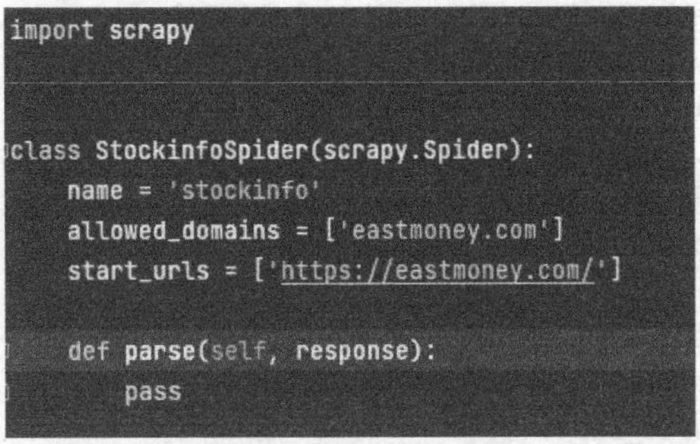

```
import scrapy


class StockinfoSpider(scrapy.Spider):
    name = 'stockinfo'
    allowed_domains = ['eastmoney.com']
    start_urls = ['https://eastmoney.com/']

    def parse(self, response):
        pass
```

图 14-16　爬虫模板文件

模板文件里需要重新设置的是 start_urls 对象以及 parse 方法。Scrapy 会默认从 start_urls 里的网址开始爬取。在请求网址得到 response 对象后，会自动调用 parse 方法进行数据提取。将这两个地方的代码重写后，本项目的爬虫就初步成型。start_urls 部分重构代码如下。

```
start_urls = []
# pageNo 的值需要替换
# 需要额外注意的是，beginTime 的值也需要替换
# 因为 endTime 和 beginTime 默认值都是当天，数据量较少，可能不足一页
url_template =
"https://reportapi.eastmoney.com/report/list?cb=datatable36848
74&industryCode=*&pageSize=50&industry=*&rating=&ratingChange=
&beginTime={}&endTime=2022-08-
07&pageNo={}&fields=&qType=0&orgCode=&code=*&rcode=&p=3&pageNu
m=3&pageNumber=3&_=1659858042675"
begin_time = '2022-08-01'
for i in range (3):
    start_urls.append(url_template.format(begin_time, i+1))
```

其中 URL 接口模板如下。加粗部分是需要自定义数值的地方。

```
https://reportapi.eastmoney.com/report/list?cb=datatable3684874&industryCode=*&pageSize=50&industry=*&rating=&ratingChange=&beginTime={}&endTime=2022-08-07&pageNo={}&fields=&qType=0&orgCode=&code=*&rcode=&p=3&pageNum=3&pageNumber=3&_=1659858042675
```

在浏览器中访问此 URL，见图 14-17。

datatable5439085({"hits":57830,"size":50,"data":[{"title":"事件点评：业绩符合预期，单吨盈利迈入上行通道","stockName":"中伟股份","stockCode":"300919","orgCode":"80000049","orgName":"华鑫证券有限责任公司","orgSName":"华鑫证券","publishDate":"2022-08-03 00:00:00.000","infoCode":"AP202208031576864783","column":"002004006003","predictNextTwoYearEps":"8.6500000000","predictNextTwoYearPe":"17.0000000000","predictNextYearEps":"6.2100000000","predictNextYearPe":"23.7000000000","p
池","emRatingCode":"007","emRatingValue":"3","emRatingName":"买入","lastEmRatingCode":"007","lastEmRatingValue":"3","lastEmRatingName":"买入","ratingChange":3,"reportType":2,"author":["11000240525.尹斌","11000264733.黎江涛"],"indvIsNew":"001","researcher":"尹斌,黎江涛","newListingDate":"2020-12-23 00:00:00.000","newPurchaseDate":"2020-12-11 00:00:00.0","newIssuePrice":24.6,"newPeIssueA":115.56,"indvAimPriceT":"","indvAimPriceL":"","attachType":"0","attachSize":473,"attachPages":5,"encodeUrl":"yjPg+S8Bvy/zk8VFpQqjGdVSjDHXVVAfEdl0ZCwWPFA=","sRatingName":"推荐","sRatingCode":"0101","market":"SHENZHEN","authorID":["11000240525","11000264733"],"count":6,"orgType":"white"},{"title":"疫情造成短期波动，静待后续盈利改善","stockName":"普洛药业","stockCode":"000739","orgCode":"10000082","orgName":"国金证券股份有限公司","orgSName":"国金证券","publishDate":"2022-08-03 00:00:00.000","infoCode":"AP202208031576862351","column":"002004002002","predictNextTwoYearEps":"1.5900000000","predictNextTwoYearPe":"11.9700000000","predictNextYearEps":"1.2240000000","predictNextYearPe":"15.5400000000","p

图 14-17　数据接口返回文件

可以看到返回的并不是标准的 JSON 文件，JSON 格式的字符串被“datatable5439085()”中的括号括住，需要使用正则表达式去除（需要 import re），然后使用自带的 JSON 库将 json 字符串转换为字典（需要 import json），再从里面取出我们需要的数据。parse 方法的代码如下。

```
def parse(self, response):
    # 取出 response 的 body 部分
    body = response.body.decode(encoding='utf-8')
    # 使用正则表达式去除 JSON 字符串
    rex = re.compile(r'\w+[(]{1}(.*)[)]{1}')
    json_str = rex.findall(body)[0]
    # 加载 JSON 字符串
    json_data = json.loads(json_str)
    # 得到数据列表
    data_list = json_data['data']
    # 创建迭代器，Scrapy 会自动识别迭代器并保存数据
    for record in data_list:
        # 返回一条数据
        yield {
                # 经过核实，找到所需数据对应的 key 名称
                # 股票代码
                'stockCode': record['stockCode'],
                # 股票名称
                'stockName': record['stockName'],
                # 标题
                'title': record['title']
        }
```

因为一次请求返回的 response 里会有多条数据，所以需要构建一个迭代器来返回每一条数据。Scrapy 会自动识别这个迭代器，并读取每条数据。到此，一个简单的 Scrapy 爬虫就构建完毕，下面讲解如何运行这个爬虫。

14.2.4 运行并存储数据

在终端使用以下命令来运行爬虫。

```
# scrapy crawl 爬虫名称 -O 存储文件名称
scrapy crawl stockinfo -O data.json
scrapy crawl stockinfo -O data.json
scrapy crawl stockinfo -O data.jl
scrapy crawl stockinfo -O data.csv
```

Scrapy 会自动创建存储文件。如已存在 data.json，参数-O 表示存储时会覆盖 data.json 文件；-o 表示存储时不覆盖 data.json 文件的内容，而是采取追加的形式，这种做法会使 JSON 文件的内容不符合 JSON 标准形式（一个 JSON 文件存在两个 json 字符串）。因此可以选择保存后缀为 jl 的文件，jl 是 json line 的缩写，Scrapy 会识别该后缀，并将爬取到的每条 JSON 数据转换成文件中的一行。其效果见图 14-18。也可以采用.csv 为后缀，Scrapy 会将结果保存为 csv 表格的形式。

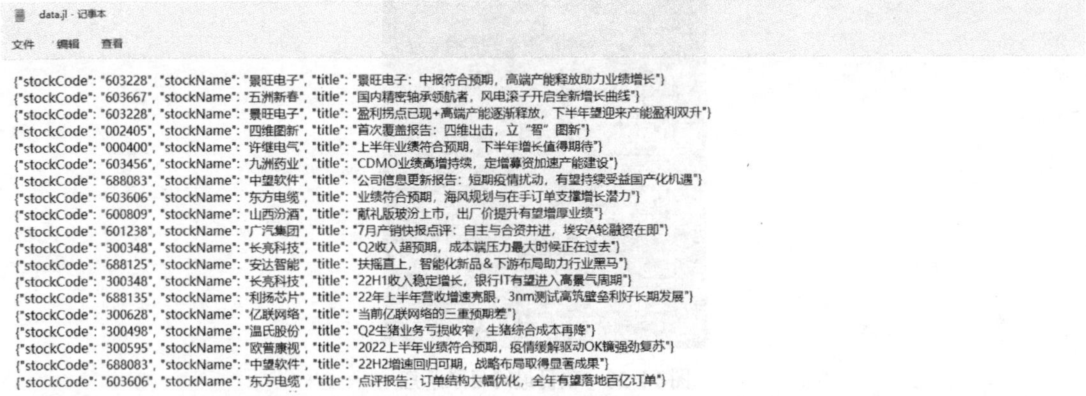

data.jl - 记事本

文件　编辑　查看


```
{"stockCode": "603228", "stockName": "景旺电子", "title": "景旺电子：中报符合预期，高端产能释放助力业绩增长"}
{"stockCode": "603667", "stockName": "五洲新春", "title": "国内精密轴承领航者，风电滚子开启全新增长曲线"}
{"stockCode": "603228", "stockName": "景旺电子", "title": "盈利拐点已现+高端产能逐渐释放，下半年望迎来产能盈利双升"}
{"stockCode": "002405", "stockName": "四维图新", "title": "首次覆盖报告：四维出击，立“智”图新"}
{"stockCode": "000400", "stockName": "许继电气", "title": "上半年业绩符合预期，下半年增长值得期待"}
{"stockCode": "603456", "stockName": "九洲药业", "title": "CDMO业绩高增持续，定增募资加速产能建设"}
{"stockCode": "688083", "stockName": "中望软件", "title": "公司信息更新报告：短期疫情扰动，有望持续受益国产化机遇"}
{"stockCode": "603606", "stockName": "东方电缆", "title": "业绩符合预期，海风规划与在手订单支撑增长潜力"}
{"stockCode": "600809", "stockName": "山西汾酒", "title": "献礼版玻汾上市，出厂价提升有望增厚业绩"}
{"stockCode": "601238", "stockName": "广汽集团", "title": "7月产销快报点评：自主与合资并进，埃安A轮融资在即"}
{"stockCode": "300348", "stockName": "长亮科技", "title": "Q2收入超预期，成本端压力最大时候正在过去"}
{"stockCode": "688125", "stockName": "安达智能", "title": "扶摇直上，智能化新品&下游布局助力行业黑马"}
{"stockCode": "300348", "stockName": "长亮科技", "title": "22H1收入稳定增长，银行IT有望进入高景气周期"}
{"stockCode": "688135", "stockName": "利扬芯片", "title": "22年上半年营收增速亮眼，3nm测试高筑壁垒利好长期发展"}
{"stockCode": "300628", "stockName": "亿联网络", "title": "当前亿联网络的三重预期差"}
{"stockCode": "300498", "stockName": "温氏股份", "title": "Q2生猪业务亏损收窄，生猪综合成本再降"}
{"stockCode": "300595", "stockName": "欧普康视", "title": "2022上半年业绩符合预期，疫情缓解驱动OK镜强劲复苏"}
{"stockCode": "688083", "stockName": "中望软件", "title": "22H2增速回归可期，战略布局取得显著成果"}
{"stockCode": "603606", "stockName": "东方电缆", "title": "点评报告：订单结构大幅优化，全年有望落地百亿订单"}
```


图 14-18　.jl 后缀保存结果示意

运行结果见图 14-19。可以看到日志会记录下已经爬取到的数据的具体值、请求数量、爬取到的数据数量等重要信息。

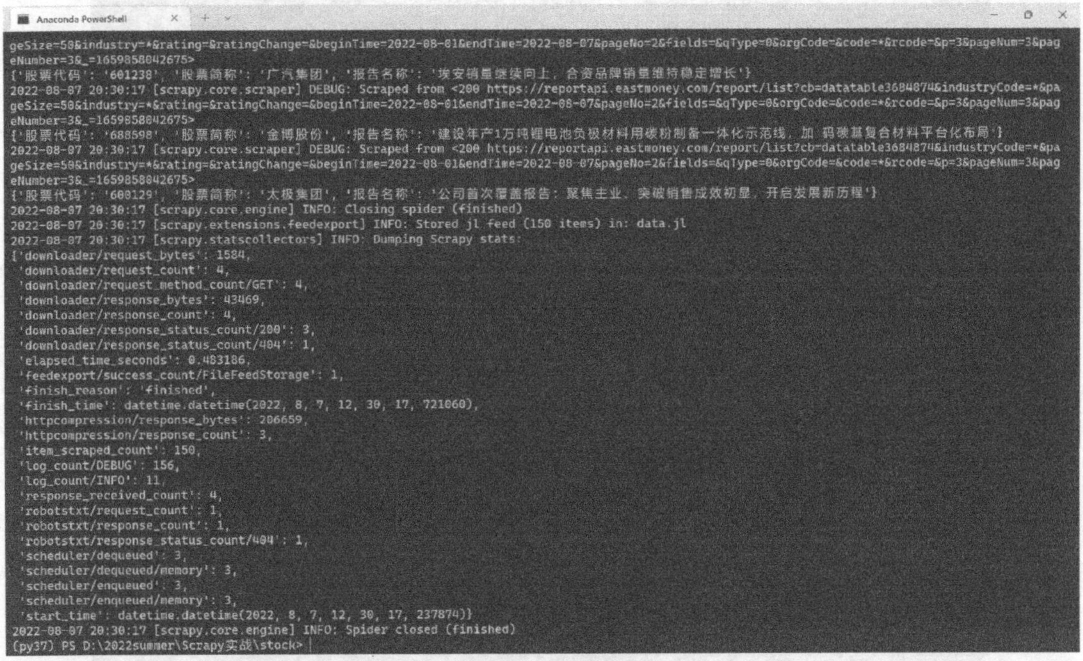

Anaconda PowerShell

```
geSize=50&industry=*&rating=&ratingChange=&beginTime=2022-08-01&endTime=2022-08-07&pageNo=2&fields=&qType=0&orgCode=&code=*&rcode=&p=3&pageNum=3&pag
eNumber=3&_=1659858042675>
{'股票代码': '601238', '股票简称': '广汽集团', '报告名称': '埃安销量继续向上，合资品牌销量维持稳定增长'}
2022-08-07 20:30:17 [scrapy.core.scraper] DEBUG: Scraped from <200 https://reportapi.eastmoney.com/report/list?cb=datatable3684874&industryCode=*&pa
geSize=50&industry=*&rating=&ratingChange=&beginTime=2022-08-01&endTime=2022-08-07&pageNo=2&fields=&qType=0&orgCode=&code=*&rcode=&p=3&pageNum=3&pag
eNumber=3&_=1659858042675>
{'股票代码': '688598', '股票简称': '金博股份', '报告名称': '建设年产1万吨锂电池负极材料用碳粉制备一体化示范线，加码碳基复合材料平台化布局'}
2022-08-07 20:30:17 [scrapy.core.scraper] DEBUG: Scraped from <200 https://reportapi.eastmoney.com/report/list?cb=datatable3684874&industryCode=*&pa
geSize=50&industry=*&rating=&ratingChange=&beginTime=2022-08-01&endTime=2022-08-07&pageNo=2&fields=&qType=0&orgCode=&code=*&rcode=&p=3&pageNum=3&pag
eNumber=3&_=1659858042675>
{'股票代码': '600129', '股票简称': '太极集团', '报告名称': '公司首次覆盖报告：聚焦主业、突破销售成效初显，开启发展新历程'}
2022-08-07 20:30:17 [scrapy.core.engine] INFO: Closing spider (finished)
2022-08-07 20:30:17 [scrapy.extensions.feedexport] INFO: Stored jl feed (150 items) in: data.jl
2022-08-07 20:30:17 [scrapy.statscollectors] INFO: Dumping Scrapy stats:
{'downloader/request_bytes': 1584,
 'downloader/request_count': 4,
 'downloader/request_method_count/GET': 4,
 'downloader/response_bytes': 43469,
 'downloader/response_count': 4,
 'downloader/response_status_count/200': 3,
 'downloader/response_status_count/404': 1,
 'elapsed_time_seconds': 0.483186,
 'feedexport/success_count/FileFeedStorage': 1,
 'finish_reason': 'finished',
 'finish_time': datetime.datetime(2022, 8, 7, 12, 30, 17, 721060),
 'httpcompression/response_bytes': 206659,
 'httpcompression/response_count': 3,
 'item_scraped_count': 150,
 'log_count/DEBUG': 156,
 'log_count/INFO': 11,
 'response_received_count': 4,
 'robotstxt/request_count': 1,
 'robotstxt/response_count': 1,
 'robotstxt/response_status_count/404': 1,
 'scheduler/dequeued': 3,
 'scheduler/dequeued/memory': 3,
 'scheduler/enqueued': 3,
 'scheduler/enqueued/memory': 3,
 'start_time': datetime.datetime(2022, 8, 7, 12, 30, 17, 237874)}
2022-08-07 20:30:17 [scrapy.core.engine] INFO: Spider closed (finished)
(py37) PS D:\2022summer\Scrapy实战\stock>
```

图 14-19　爬虫运行结果示意

JSON 格式的数据将会被自动保存到项目最外层的目录当中。此时项目的目录结构见图 14-20。

14.2.5　设置文件修改

本节将介绍一些常用的设置参数。爬虫设置文件为 settings.py 文件，见图 14-21，可以看到这个文件里有非常多的设置，但是几乎都被注释了，可以根据爬虫的需要来激活相应设置。同时也可以根据自己需要查阅文档，添加未被列出的设置。

```
D:.
│  data.json
│  scrapy.cfg
│
└─stock
    │  items.py
    │  middlewares.py
    │  pipelines.py
    │  settings.py
    │  __init__.py
    │
    ├─spiders
    │  │  stockinfo.py
    │  │  __init__.py
    │  │
    │  └─__pycache__
    │          stockinfo.cpython-37.pyc
    │          __init__.cpython-37.pyc
    │
    └─__pycache__
            settings.cpython-37.pyc
            __init__.cpython-37.pyc
```

图 14-20　项目最终目录示意

```
# Scrapy settings for stock project
#
# For simplicity, this file contains only settings considered important or
# commonly used. You can find more settings consulting the documentation:
#
#     https://docs.scrapy.org/en/latest/topics/settings.html
#     https://docs.scrapy.org/en/latest/topics/downloader-middleware.html
#     https://docs.scrapy.org/en/latest/topics/spider-middleware.html

BOT_NAME = 'stock'

SPIDER_MODULES = ['stock.spiders']
NEWSPIDER_MODULE = 'stock.spiders'


# Crawl responsibly by identifying yourself (and your website) on the user-agent
#USER_AGENT = 'stock (+http://www.yourdomain.com)'

# Obey robots.txt rules
ROBOTSTXT_OBEY = True

# Configure maximum concurrent requests performed by Scrapy (default: 16)
#CONCURRENT_REQUESTS = 32

# Configure a delay for requests for the same website (default: 0)
# See https://docs.scrapy.org/en/latest/topics/settings.html#download-delay
# See also autothrottle settings and docs
#DOWNLOAD_DELAY = 3
# The download delay setting will honor only one of:
#CONCURRENT_REQUESTS_PER_DOMAIN = 16
#CONCURRENT_REQUESTS_PER_IP = 16

# Disable cookies (enabled by default)
#COOKIES_ENABLED = False

# Disable Telnet Console (enabled by default)
#TELNETCONSOLE_ENABLED = False

# Override the default request headers:
```

图 14-21　settings.py 文件示意

例如可以在这里更改默认的请求头，代码见图 14-22。使用时将注释符号去掉，并将默认请求头更改为需要的内容即可。

```
# Override the default request headers:
#DEFAULT_REQUEST_HEADERS = {
#   'Accept': 'text/html,application/xhtml+xml,application/xml;q=0.9,*/*;q=0.8',
#   'Accept-Language': 'en',
#}
```

图 14-22　默认请求头设置

可以设置爬取数据的延迟，见图 14-23。

```
# Configure a delay for requests for the same website (default: 0)
# See https://docs.scrapy.org/en/latest/topics/settings.html#download-delay
# See also autothrottle settings and docs
#DOWNLOAD_DELAY = 3
# The download delay setting will honor only one of:
#CONCURRENT_REQUESTS_PER_DOMAIN = 16
#CONCURRENT_REQUESTS_PER_IP = 16
```

图 14-23　设置爬取数据的延迟

可以设置并发请求的数量，见图 14-24。

```
# Configure maximum concurrent requests performed by Scrapy (default: 16)
#CONCURRENT_REQUESTS = 32
```

图 14-24　设置并发请求数量

在存储数据时，中文数据可能会出现乱码或者系统无法识别的编码，这时就需要向 settings.py 文件加入如下设置。

```
FEED_EXPORT_ENCODING = 'utf-8'
```

或者

```
FEED_EXPORT_ENCODING = 'GB2312'
```

需要注意，这项设置在原 settings,py 文件中是没有的，属于被省略的设置内容。

14.3　本章小结

本章通过一个简单的爬虫，介绍了 Scrapy 框架的入门级使用方法。可以明显感觉出，Scrapy 框架是一个非常优秀的框架，其多种多样的功能极大简化了爬虫编写过程。然而，Scrapy 的魅力远不止于此，它丰富的扩展性使它能够胜任更大型、更复杂的爬虫项目的编写，例如直接将爬取的数据传递给数据库等，读者如有需求，请阅读相关文档来进一步利用 Scrapy 提供的扩展性能。

参 考 文 献

[1] MITCHELL R. Web scraping with Python: collecting data from the modern Web[M]. Sebastopol: O'Reilly Media，2015.

[2] CHUN W. Core Python programming[M]. Upper Saddle River: Prentice Hall Professional，2001.

[3] LAWSON R. Web scraping with Python[M]. Birmingham: Packt Publishing Ltd，2015.

[4] PILGRIM M，WILLISON S. Dive Into Python 3[M]. New York: Apress，2009.

[5] MARTELLI A，RAVENSCROFT A，ASCHER D. Python cookbook[M]. Sebastopol: O'Reilly Media，2005.

[6] VANDERPLAS J. Python data science handbook: essential tools for working with data[M]. Sebastopol: O'Reilly Media，2016.

[7] 范传辉. Python 爬虫开发与项目实战[M]. 北京：机械工业出版社，2017.

[8] 李庆扬，王能超，易大义. 数值分析[M]. 北京：清华大学出版社，2008.

[9] 李航. 统计学习方法[M]. 北京：清华大学出版社，2019.

[10] 周志华. 机器学习[M]. 北京：清华大学出版社，2016.

[11] 崔庆才. Python 3 网络爬虫开发实战[M]. 北京：人民邮电出版社，2021.

[12] 布拉德肖，希拉齐尔，霍多罗夫. MongoDB 权威指南[M]. 牟天垒，王明辉，译. 北京：人民邮电出版社，2021.

[13] 刘延林. Python 爬虫与反爬虫开发从入门到精通[M]. 北京：北京大学出版社，2021.

[14] 唐松. Python 网络爬虫从入门到实践[M]. 2 版. 北京：机械工业出版社，2021.

[15] 明日科技，李磊，陈风. Python 网络爬虫从入门到实践[M]. 长春：吉林大学出版社，2020.